普通高等学校智能采矿工程专业系列教材
国家自然科学基金面上项目(51874276)
国家自然科学基金青年科学基金项目(52004273)
江苏省自然科学基金青年基金项目(BK20200639)
教育部新工科研究与实践项目(E-KYDZCH20201809)

智能采矿导论

主　编　方新秋　梁敏富
副主编　李　川　臧传伟　杨　科
许兴亮　常聚才　张向阳

中国矿业大学出版社
·徐州·

内 容 提 要

本书涵盖智能采矿发展背景及意义、智能采矿发展过程及建设构想、智能采矿的基本概念及发展展望、智能采矿系统架构及关键技术、煤矿开采环境智能感知体系及关键技术、智能传感器及系统接入测试技术、光纤光栅智能感知技术、煤矿开采环境信息智能处理方法、采矿系统智能控制基本概念及关键技术、采煤工作面智能控制基础理论及关键技术、掘进工作面智能控制基础理论及关键技术、采掘装备煤岩截割技术、采掘装备状态监控与智能控制技术等内容。

本书可作为高等院校采矿工程专业及其相关专业的教学用书,同时也可供从事煤矿开采的生产技术管理、科研及采矿现场技术人员参考。

图书在版编目(CIP)数据

智能采矿导论 / 方新秋,梁敏富主编. —徐州:中国矿业大学出版社,2020.11(2023.4 重印)

ISBN 978-7-5646-4822-0

Ⅰ.①智… Ⅱ.①方… ②梁… Ⅲ.①矿山开采 Ⅳ.①TD8

中国版本图书馆 CIP 数据核字(2020)第 229421 号

书　　名 智能采矿导论
主　　编 方新秋 梁敏富
责任编辑 陈红梅
出版发行 中国矿业大学出版社有限责任公司
(江苏省徐州市解放南路 邮编 221008)
营销热线 (0516)83884103 83885105
出版服务 (0516)83995789 83884920
网　　址 http://www.cumtp.com **E-mail**:cumtpvip@cumtp.com
印　　刷 江苏淮阴新华印务有限公司
开　　本 787 mm×1092 mm 1/16 **印张** 10.75 **字数** 268 千字
版次印次 2020 年 11 月第 1 版 2023 年 4 月第 3 次印刷
定　　价 40.00 元

《普通高等学校智能采矿工程专业系列教材》

编审委员会

前　言

“智能采矿导论”课程的主要任务为：使学生掌握智能采矿系统的知识体系，了解煤矿智能化开采的发展背景与发展趋势，熟悉智能采矿系统的总体架构、组成及配套系统，掌握智能采矿的基本概念及关键技术，培养学生综合运用所学基础理论和专业知识分析解决智能采矿技术问题的基本能力，增强学生对智能采矿新技术的学习兴趣，为学生从事相关工作做全方位的准备，提高学生未来就业的竞争力。

“智能采矿导论”是一门多学科交叉的综合性、应用性专业课程，它涉及采矿工程、机械工程、智能信息处理技术、光纤光栅传感技术、自动化技术、计算机技术等多学科的知识。在学习本课程时，学生需要查阅大量的最新文献，不断加深对课本知识的理解，了解最新的智能采矿技术、装备与工艺系统，从而培养利用多种工具收集资料信息、归纳分析总结及表述报告的能力，拓展对智能采矿的直观感受，提升解决复杂工程问题的组织协调能力与团队合作意识。

在编写本书过程中，得到了许多专家和老师的关心与支持，他们提出了宝贵的意见和建议，中国矿业大学谢小平、吴刚、吕嘉琨、权志桥、马国玺、王建炜等研究生参与了全书的文字校对及图表绘制工作，在此谨向他们致谢。

本书参考了众多专家和学者的文献资料，还引用了一些前人的研究成果，在此向所有文献资料的作者表示感谢和敬意！

本书编写得到华晋焦煤有限责任公司、隆德矿业有限责任公司、黄陵矿业集团有限责任公司、陕西陕煤榆北煤业有限公司等单位有关领导和技术人员的大力支持和帮助，他们提供了大量的资料和素材，在此表示诚挚的感谢！

由于编者水平所限，书中难免有疏漏和欠妥之处，敬请读者不吝指正。

编　者

2020 年 1 月

目　录

第 1 章 绪论

1.1 矿业发展及煤矿开采特征

1.1.1 矿产资源概述

所谓矿产资源，是指由地质成矿作用形成的赋存于地下或出露于地表，呈固态、液态和气态的，具有开发利用价值的自然资源。我国现行的《矿产资源分类细目》把矿产分为能源矿产(13 种)、金属矿产(59 种)、非金属矿产(95 种)和水气矿产(6 种)。矿产资源是重要的自然资源，一般不可再生，并且储量有限。

矿产资源是地壳在其长期形成、发展与演变过程中的产物，是自然界矿物质在一定的地质条件下，经一定地质作用而聚集形成的。矿业是以矿产资源为劳动对象的产业，也是国民经济的基础产业。人类的生存和发展离不开原料和燃料，而这些都需要借助采矿工程把它们从地壳中开采出来并进行加工利用。从产业范畴看，矿业涉及冶金、有色、黄金、煤炭、油气、核原料、化工、建材等相关部门；从生产过程看，矿业包括矿产资源的地质勘查、设计建设、矿床开采、矿物加工等环节。

我国是世界上最早开发和利用矿产资源的国家之一。长期的采矿生产实践逐渐形成煤炭开采、金属矿山开采、建材开采、石油和天然气开采等传统产业。煤炭、金属和非金属固体矿床开采在技术、方法、装备及遇到的问题上大体相近，均称为采矿。根据埋深和开采技术条件，固体矿床开采分井工开采和露天开采。我国煤炭以井工开采为主，露天开采的比重在15%左右，黑色金属和建材的露天开采比重在 90%左右，有色金属和铀矿露天开采的比重分别为 32%和 20%。

无论是何种矿业，其产业发展与扩大矿产资源的开发利用，对客观世界和经济社会的发展与进步都产生了巨大的、无可替代的促进作用。矿产资源产业属于劳动密集型艰苦行业，与其他产业相比，矿产资源产业具有以下特征：

(1) 资源特征。赋存于地壳浅层中的矿产资源，不仅其所赋存的地质环境非常复杂，而且其空间位置、形态、分布等极富变化。

(2) 动态特征。由于工作场地多、工序复杂，矿山生产要素具有动态特征，即除了少部分人员设备工作位置固定以外，大多数人员和设备的位置在生产过程中不断变更。

(3) 工艺离散。与加工企业的工艺流程相比，矿山企业的生产工艺具有离散(工艺不连续)和分散(作业场所多)的特点,各工序之间的协调运行是确保矿山高效安全生产的基础。

(4) 环境恶劣。矿山生存环境恶劣、作业空间狭小,与露天开采相比,地下矿山的电磁屏蔽性强、噪声大,正常通信难以实现,生产指挥困难。

(5) 信息复杂。不仅生产系统内部存在大量的多源、异质信息流动,而且系统内部与外部环境之间,如电力、设备供应、矿产品需求市场等,均存在着信息的交换和流动。

1.1.2 矿业发展阶段

根据人类对矿产资源的开发利用规模和水平、矿产资源的配置方式和矿产资源开发与环境保护的关系,可将矿业发展分为四个阶段。

1) 初始矿业:矿业 0.0 时代(初级发展阶段)

人类对矿产资源仅有浅显的认识,仅对矿产资源进行简单的加工和应用;矿产资源的开发利用促进了社会的发展且几乎没有负面影响,矿业发展极为缓慢,矿产资源的生产和消费比较少,矿业还没有成为一个完整的产业,从业人员少、地位低。旧石器时代石器的使用开启了矿业 0.0 时代,经过长期的发展,到 18 世纪 60 年代第一次工业革命开始,矿业发展进入了下一个阶段。

2) 掠夺矿业:矿业 1.0 时代(掠夺发展阶段)

人类对矿产资源具有比较高的认识,对矿产资源进行了全面开发和利用,矿业的发展极大地推动了社会的发展且产生了巨大的负面影响,属于劳动密集型产业,矿业从业人员数量巨大,资源开发与利用方式粗放,环境破坏严重,掠夺资源式发展使资源所在地生存条件遭到严重毁坏,资源供给地与资源消耗地矛盾尖锐。以蒸汽机作为动力机被广泛使用为标志的第一次工业革命极大地推动了经济的发展,经济的加速发展引起了资源的旺盛需求,煤炭、石油、天然气、铁、铜、铝等大宗矿产资源的产量和消耗量快速增长,200 多年的资源消耗远远超过矿业发展 0.0 时代近万年的资源消耗。这一阶段的矿业大发展虽然产生了许多问题,但对推动经济社会发展发挥了重要的支撑作用。

3) 绿色矿业:矿业 2.0 时代(共赢发展阶段)

进入 21 世纪以来,经济发展进入一个新的调整期。随着人类对矿产资源的无序开发利用,负面影响越来越突出,人类意识到需要改变矿产资源的开发利用方式,尤其是开始意识到环境保护的重要性,矿业发展开始向 2.0 时代转变。人类对矿产资源具有深刻的认识,对矿产资源进行了充分的开发和利用,矿业发展极大地推动了社会的发展,矿业高速发展,由劳动密集型产业转变为技术密集型产业:矿业从业人员大量减少,绿色勘查、绿色开发、绿色利用,通过共赢配置资源,资源所在地环境得到改善、经济与矿业同步发展。

4) 智能矿业:矿业 3.0 时代(智能发展阶段)

资源实行按需配置的方式,与其他产业相融合,充分发挥经济社会发展的基础性作用。伴随着我国经济的飞速发展,矿业支撑着我国成为世界第二大经济体的可持续发展,成绩斐然。另外,随着计算机技术、大型无轨设备、通信技术、网络技术、软件技术等研究成果进入矿业领域,使矿山生产方式发生了显著变化,现代高新技术将持续引领和推动着矿业发展。大数据、互联网、遥感探测等新技术与矿业不断交叉融合,为矿业发展带来日益强劲的新动能。新时代背景下,智能化是彻底解决矿山安全隐患、提高效率、节约能耗、降低成本、提升企业竞争能力的关键,成为矿业发展的必由之路,也是矿山企业提高核心竞争力、实现可持续发展的必然选择,更是矿业发展的方向。

1.1.3 煤矿开采特征

煤矿开采是一个复杂的生产过程，需要综合运用地质、测量、井巷掘进与支护、采煤、运输、提升、通风、排水、动力供应、安全、机械化、自动化等技术。主要分为露天开采和井工开采。为保证煤矿安全开采，井下和地面生产系统需要做好配合。煤矿井工开采具有如下特征：

（1）受煤层赋存条件严重制约。开采地点、规模和工作条件取决于煤层赋存条件。

（2）工作场所不断移动。采掘装备及人员要不断转移到新的采掘作业地点，工程服务时间相对较短，服务次数和范围相对较少，这就要求合理安排采掘接替，源源不断地开掘后续巷道工程和准备出新的工作面。

（3）生产系统复杂。井下生产环节多、工序复杂，为保证正常生产应以开采为中心，建立并完善运输、提升、通风、排水、供电、压风、供水、排矸、通信、监测等生产系统，还要协调好其间的配合，组织好生产。

（4）设置人工构筑物保护工作空间。从设计、施工到使用，开掘在地下的采掘工程一般必须进行人工支护，并且大多具有临时支护性质。

（5）安全问题突出。井下生产时，要与可能发生的顶板、瓦斯、矿井水、火灾、煤尘等自然灾害做斗争，一些深矿井还要同高温热害和高应力做斗争，这就增加了开采的难度，同时安全工作成为各项工作的重中之重。

（6）开采对象具有随机性和多变性。煤层赋存条件和地质构造分布具有随机性且变化较大，甚至在同一工作面的不同部位或同一巷道的邻近段落亦不尽相同。

（7）开采条件逐渐变差。开采顺序和过程一般是先近后远、先浅后深、先简单后复杂、先容易后困难，开采条件一般会越来越差，使煤矿开采成为规模效益递减行业。

（8）破坏生态环境。采用以垮落法为主的采空区处理方法，开采后会引起岩层移动和地表塌陷，导致地下水位下降，耕地和植被破坏。井下排出的矸石除占用耕地外，其自燃往往产生有害气体而造成大气污染。井下排出的污风含有大量的粉尘、烟雾和瓦斯，使空气质量下降。

（9）消耗的材料不构成产品实体。煤炭生产过程要消耗大量材料，这些材料虽然在生产成本中占较大比重，但消耗的材料不构成产品实体。

随着我国煤矿开采理论与技术的发展，绿色开采、深地开发、智能采矿、未来矿业已成为煤矿开采的四大主题。智能采矿是研究和阐述固体矿床开采技术、理论和方法的科学，并以煤矿开采为主、以智力资源为依托、以知识和技术创新为动力，打造矿业发展由工业经济向知识经济过渡的新型产业形态。实现智能采矿就是一场矿业的技术革命，而以开采环境数字化、采掘装备智能化、生产过程遥控化、信息传输网络化和经营管理信息化为基本内涵，以安全、高效、经济、环保为目标的集约化、规模化的采矿工程，构成了智能采矿的核心内容。

1.2 智能采矿创新进展

1.2.1 智能采矿的出现背景及意义

在我国的能源结构中，煤炭始终是支撑经济发展的主体能源，在国民经济建设中有着举足轻重的地位。在未来相当长时期内,煤炭仍然是我国经济高速增长的重要保障,以煤炭为主的能源消费格局在未来很长时间内都无法改变。随着我国国民经济的快速发展,对煤炭的需求量逐年加大,导致近年来煤炭开采速度加快,煤炭开采所面临的地质条件越来越复杂,开采难度也在不断加大。为了提高回采效率和降低人力资源使用率,我国开始着手研究智能采矿。

智能采矿的发展是个渐进的过程,是矿业科技创新的重要方向,是工业经济向知识经济过渡的产业形态,是21世纪矿业发展的前瞻性目标。目前,煤矿智能化建设的新高潮正在全国兴起,企业的积极性空前高涨,但是所处于初级阶段,存在发展理念不清晰、研发滞后企业发展需求、智能化建设技术标准与规范缺失、技术装备保障不足、研发平台不健全、高端人才匮乏等问题,亟须通过不断地进行理论、技术与装备创新,来推动智能采矿的发展,其对于我国煤炭工业快速发展有着重要的意义。

第一,实现采矿作业室内化。大批矿工将远离深井高温、高瓦斯的环境,极大地改善作业条件,从根本上解决矿山生产安全问题。

第二,实现生产过程遥控化。大量减少艰苦劳动岗位和井下作业工人,大幅提高井下劳动生产率,降低井下通风、降温等成本费用。

第三,实现技术队伍知识化。产业向人才密集型过渡,职工素质大幅提高,队伍结构和待遇大大改善,矿工这一弱势群体的社会地位将发生根本改变。

第四,推动矿业的全面升级。矿业实现跨越式发展,改变艰苦行业、高危行业的环境条件,还将带动机械、信息等产业链的延伸和发展。

综上所述,智能采矿的发展对我国煤矿事业具有深远的影响,开拓了我国采矿事业的新天地,其科学与工程技术意义巨大。

1.2.2 智能采矿的发展过程

智能采矿作为一种发展中的概念,其具体内涵的界定尚无广泛共识,缺少普遍适用性和精确性。可以认为,智能采矿作为学术研究与工程应用的结合,正在经历着一个伴随自动化、数字化和智能化技术的发展和演化过程。目前,矿山生产模式大致经历了四个阶段:

一是原始阶段,主要通过手工和简单挖掘工具进行矿产采掘活动,无规划、低效率、资源浪费极大。

二是机械化阶段,大量采用机械设备完成自动化生产任务,机械化程度较高,但仍无规划,生产较粗放,资源浪费比较严重。

三是数字矿山阶段,采用自动化生产设备进行作业生产,采用信息化系统作为经营管理工具,实现数字化整合、数据共享,但仍面临系统集成、信息融合等诸多问题,并且核心目标仍着眼于扩大开采量,对绿色矿山、人文关怀、可持续发展等方面不够重视。

四是智能矿山阶段,以“两化融合、智能制造”为指引,通过信息技术的全面集成应用,使矿山具有人类般的思考、反应和行动能力,实现物-物、物-人、人-人的信息集成与智能响应,主动感知、分析,并快速做出正确处理。

矿业在为经济社会可持续发展和人类生活水平不断改善而提供物质财富的过程中,积极与科技发展相融合,并引入一种全新理念,即构建一种新的采矿模式,实现资源与开采环境数字化、技术装备智能化、生产过程控制可视化、信息传输网络化、生产管理与决策科学化。在该目标的实现过程中,智能矿山已经成为矿业科技和矿山管理工作者的美好憧憬,人们希冀未来的采矿设备能够在井下安全场所或地面进行远程遥控，乃至全面采用无人操控的智能设备进行井下开采，使采矿无人化，逐步实现智能矿山。

1.2.2.1 国外智能采矿进展

自20世纪90年代开始发展智能开采技术和装备以来，芬兰、瑞典、美国、德国、澳大利亚等国家，都提出了自己的研究技术方案，主要是以工业自动化技术为基础实现煤机装备的程序控制、远程可视化监控、装备状态监测等功能。2001年，澳大利亚联邦科学与工业研究组织(Commonwealth Scientific and Industrial Research Organization，CSIRO)承担了澳大利亚煤炭协会研究计划设立的综采自动化项目，进行综采工作面自动化和智能化研究，设计开发了LASC(long-wall automation steering committee)系统。2005年，该项目通过军用高精度光纤陀螺仪和定位导航算法实现了采煤机精确定位、工作面调直系统和工作面水平控制，并将LASC系统首次在澳大利亚的贝塔南(Beltana)矿试验成功。目前，该系统在澳大利亚50%以上长壁工作面应用，并推广至金属矿山开采中。2006年，欧盟委员会批准了“采掘机械的机械化和自动化”专项基金项目，包括德国、英国、波兰、西班牙等国在内的研究机构相继开展了煤岩界面、防撞技术、采煤机位置监测等相关研究，并取得了丰硕成果。同年，美国久益(JOY)公司推出了虚拟采矿技术方案，以实现地面远程精准操控为研究目标。2008年，CSIRO对LASC系统进行了技术优化，完善了工作面自动化系统原型，增加了采煤机自动控制、煤流负荷匹配、巷道集中监控等功能，实现了工作面的全自动化割煤。2009年，英国曼彻斯特大学、德国亚琛大学、保加利亚普罗夫迪夫大学的相关研究机构开发了“煤机领路者”系统，并在德国北莱茵威斯特伐利亚(North-Rhein Westphalia)矿得到了成功应用。2012年，JOY公司开发的新型采煤机自动化长壁系统，集成了工作面取直系统，可实现采煤机的全自动智能化控制。2015年，艾柯夫(Eickhoff)公司联合德国玛珂(Marco)、德国贝克(Becker)等公司在俄罗斯建设了一套远程控制自动化薄煤层综采系统，已经接近于“无人工作面”，如图1-1所示。

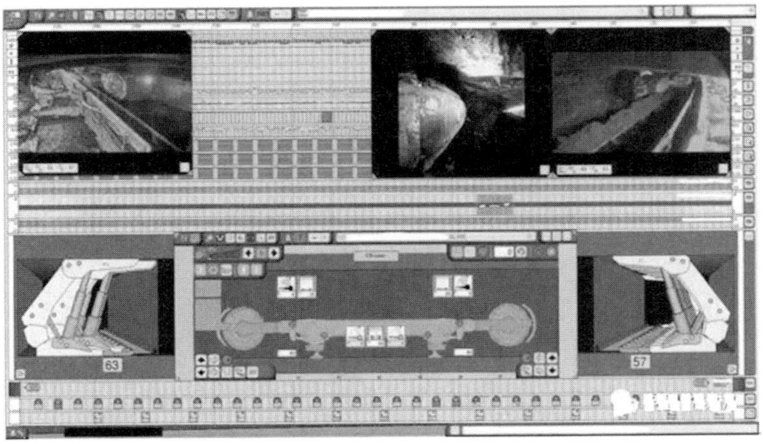

图1-1 智能化综采系统现场应用

1.2.2.2 我国智能采矿进展

改革开放40多年来，我国煤炭工业全面发展以综合机械化为标志的现代开采技术，经过多年的持续科研攻关与创新实践,我国煤矿实现了人工炮采、普通机械化开采、综合机械化开采到自动化开采的跨越,在煤层赋存条件较优越的矿区探索并实践了智能化、无人化开采技术。

无人化开采是智能化采矿的高级阶段和发展目标,近年来一些学者开展了相关理论研究,但在装备水平和技术手段上距离真正实现无人化开采仍存在很多技术瓶颈,还需要不断提升采煤装备水平。在最终实现无人化开采之前,智能采矿成为行业内的研究热点和发展趋势。智能采矿技术是传感器技术、通信技术、自动化技术、信息技术等一系列技术的高度集成,通过"三机"联动的自动控制、开采环境的实时监测等关键技术才能实现真正意义上的智能化开采,实现有限条件下的无人开采目标。

虽然我国智能化开采起步晚且处于初级阶段,但近几年发展迅速,目前正进入技术创新发展的关键阶段。诸多专家和煤炭企业把握技术发展新趋势并提出了一系列的理论、技术和成套装备等研究成果,为我国智能化采矿提供了重要机遇。另外,在国家"863"计划(国家高技术研究发展计划)、"973"计划(国家重点基础研究发展计划)、国家重点研发计划及国家自然科学基金支持下,我国智能化开采取得了一系列的创新成果:实现了"液压支架电液控+记忆割煤+可视化远程干预控制"、液压支架自适应控制、工作面远程视频监控、系统协调联动、采煤机动态精准定位、采煤机自动调高、煤矿探测机器人、基于煤层分布的采煤机截割路径规划等。与此同时,在生产地质条件较好的采煤工作面也积极进行了智能化开采实践探索,为全面推进煤矿智能化发展积累了宝贵的经验。

总之,我国在智能矿山建设上整体处于前进上升的趋势,也有了领先发展的企业。可以说,我国煤矿智能化建设已经在稳步推进中。

1.3 智能采矿的建设构想

1.3.1 智能采矿的建设定位

矿山企业的智能化建设该如何开展,是当前矿业界讨论的热点问题。作为传统的资源开发与加工型企业,矿山长久以来被视为高消耗、高投资、高危险、高污染、劳动密集的生产型企业。矿山在完成传统企业的现代化转变过程中,其自身的生产流程、加工工艺、作业对象、市场与原料等方面存在诸多特殊性、不可知性和不可控性,矿山企业的智能化建设在定位和目标上难以把握。这主要取决于我国矿山的信息化建设现状:一方面,我国的矿山企业信息化建设起步较晚,在地质资源的数字化、生产过程的自动化以及生产经营与决策的智能化等方面,与矿业发达国家的矿山装备具有较大的差距;另一方面,随着信息技术的迅猛发展,使得矿山企业,尤其是现代矿山企业直接面对信息技术发展的前沿技术和最新的管理理念,然而这些先进的技术和理念与我国矿山企业的融合却成为最大的瓶颈。由此可见,硬件系统、自动控制系统、网络系统等可以快速与国际接轨,而软件系统、系统集成与规划、管理理念的提升与管理过程的规范化则仍然需要做大量的工作。所有这些都决定了我国矿山智能化建设内容复杂,架构庞大,规划相对困难,但同时也反映出国内智能矿山的起点高、技术新、设备先进等一系列特征。

"两化"融合则为解决这一问题提供了一个新的思路。"两化"融合是指以信息化带动工业化、以工业化促进信息化，是信息化和工业化的高层次的深度结合。将信息化与工业化深度融合、用信息技术改造传统矿业是打造智能矿山的智力支持；而智能矿山是矿山技术变革、技术创新的一种必然，是"两化"融合战略在矿业的具体体现。另外，将信息化和工业化这两个现代企业不可忽视的发展方向相互融合、相互推进，使它们一体化地在矿山企业的生产、经营、管理中发挥作用，才可以真正地实现跨越式发展，对建设以"生产要素智能感知、生产设备自主运行、关键作业无人少人、生产系统自我诊断、生产经营智能决策"为核心内涵特征的智能矿山具有重要意义。

1.3.2 智能采矿的基本概念

智能采矿是在数字矿山技术发展的基础上提出来的，它是将信息化与工业化深度融合的矿山开采技术变革，利用智能装备、工业物联网、云计算、大数据、移动互联网、人工智能等技术与现代煤矿开发技术深度融合，形成全面感知、实时互联、分析决策、自主学习、动态预测、协同控制的智能系统，实现煤矿开拓、采掘、运通、洗选、安全保障、经营管理等过程的智能化运行，从而实现安全、高效、经济、环保为目标的采矿工艺过程。而智能采矿最核心的煤矿智能化开采技术内涵则是指在不需要人工直接干预情况下，通过采掘环境的智能感知、采掘装备的智能调控、采掘作业的自主巡航，由采掘装备独立完成的采掘作业过程。

1.3.3 智能采矿的研究内容

实现智能采矿的核心内涵是建设包括资源、设计、生产、安全及管理等功能于一体的矿山综合信息平台；研发(引进)自动定位和导航、遥控全自动高效"采、掘、运"等成套设备，以及地下矿山无线通信系统等；研究与智能采掘设备相适应的集约化开采系统和采矿工艺。智能采矿的主要内容包括：

(1) 发展矿业软件产业。我国矿业软件产业发展很快，国产软件基本取代了进口产品。当前的目标在于开发与建立矿产资源评价、开采优化设计、安全生产管理、生产过程管控等功能集于一体的矿山综合信息平台，以实现资源高度共享，为智能采掘提供支撑。

(2) 研发智能采掘设备。没有先进的装备，就不可能有先进采矿技术工艺。要重视引进国外技术、合作开发，以加快提升我国智能采掘设备的开发水平；要加大投入，以基础较好的厂家为主体，走"引进→消化→吸收→再创新"的道路。

(3) 建设智能采矿示范区。实践智能采掘，要以重点矿山为依托，从建设示范工程起步；在当前基础比较薄弱的情况下，示范工程的目标应着眼于引进装备与技术，通过示范为我国矿业转型发展、产业升级提供技术支撑。

(4) 培养新型的矿业人才。知识是第一生产要素，现在培养的人才，影响今后几十年的矿业发展。为了适应矿业发展形势，需要优化采矿工程人才的知识结构；在职人员要结合岗位扩大知识面，学以致用；对矿业类高等院校在校学生要开设"数字矿山技术""智能采矿"等必修课。

(5) 从实际出发稳步推进。我国矿山数目多，大中型矿山是推动智能采矿的主力，应该走在前头；小型矿山应依据自身条件和需要，从实际出发，不求整体推进，而是有选择地移植、集成、开发应用相关成果，逐步提升采矿科技水平。

1.4 智能采矿的发展展望

1.4.1 矿业大数据和云计算

1.4.1.1 大数据的产生和发展

工业革命以来,人类更加注重数据的作用,不同的行业先后确定了数据标准,并积累了大量的结构化数据,计算机和网络的兴起,大量数据分析、查询、处理技术的出现使得高效地处理大量的传统结构化数据成为可能。近年来,随着互联网的快速发展,音频、文字、图片视频等半结构化、非结构化数据大量涌现,社交网络、物联网、云计算广泛应用,使得个人可以更加准确快捷地发布、获取数据。在科学研究、互联网应用、电子商务等诸多应用领域,数据规模、数据种类正在以极快的速度成长,大数据时代已悄然降临。

在维基百科中,关于大数据的定义为:大数据是指利用常用软件工具来获取、管理和处理数据所耗时间超过可容忍时间的数据集。互联网数据中心(internet data center,IDC)对大数据做出的定义为:大数据一般会涉及 2 种或 2 种以上数据形式,它要收集超过 100 TB 的数据,并且是高速、实时数据流;或者是从小数据开始,但数据每年会增长 60%以上。

目前,企业界和学术界都一致认为,大数据具有 4 个“V”特征,即容量(volume)、种类(variety)、速度(velocity)和价值(value)。

(1) 容量巨大。海量的数据集从 TB 级别提升到 PB 级别。

(2) 种类繁多。大数据数据源有多种,数据格式和种类不同于以前所规定的结构化数据范畴。

(3) 价值密度低。如视频的例子,在不间断连续监控的过程中,可能有意义的数据仅有 1～2 s。

(4) 速度快。包含大量实时、在线数据处理分析的需求 1 s 定律。

大数据技术使人们能够更好地利用之前不能使用的各个数据类型,找出被忽略的信息,促进企业组织更加高效、智能。但随着对大数据研究的不断深入,人们也更加意识到在大数据技术向人们敞开“方便之门”的同时,也带来了众多的挑战:

(1) 大数据需要更为专业化的管理技术人才。

(2) 大数据的合理利用需要解决容量大、类别多和时效性高的数据处理问题。

(3) 大数据的利用对信息安全提出了更高要求。

(4) 大数据的高效集成与安全管理问题。

1.4.1.2 云计算的产生和发展

21 世纪初,随着网络的快速发展,网络上需要处理的任务越来越多,需要存储的信息和处理的数据也越来越庞大。在技术方面,分布式计算、并行计算和网格计算快速发展,可以不用再受地理资源的限制,充分利用世界各地的计算资源,将各地的软件、硬件和其他信息资源通过网络连接在一起,进而实现大量的数据存储和复杂的数据计算。但是,随着计算机存储技术的发展、Web2.0 的实现、多核技术的广泛应用,人们迫切需要一种更加强大的计算能力和服务,以提高资源利用率,于是云计算(cloud computing)应运而生。

云计算是网格计算、分布式计算、并行计算、效用计算、网络存储、虚拟化、负载均衡等传统计算机技术和网络技术发展融合的产物。其核心思想是将大量用网络连接的计算资源统一管理和调度，构成一个计算资源池向用户按需服务。通俗地说，云计算其实就是让计算、存储、网络、数据、算法、应用等软硬件资源像电一样，即插即用。

目前，云计算的服务形式主要有：SaaS（software as a service），PaaS（platform as a service）和 IaaS(infrastructure as a service)。

1）软件即服务(SaaS)

SaaS 提供商将应用软件统一部署在自己的服务器上，用户根据需求通过互联网厂商订购应用软件服务，服务提供商根据客户所定软件的数量、时间的长短等因素收费，并且通过浏览器向客户提供软件的模式。

2）平台即服务(PaaS)

PaaS 是一种分布式平台服务，厂商提供开发环境、服务器平台、硬件资源等服务给客户，用户在其平台基础上定制开发自己的应用程序并通过其服务器和互联网传递给其他客户。

3）基础设施服务(IaaS)

IaaS 是将内存、I/O 设备、存储和计算能力整合成一个虚拟的资源池为整个业界提供所需要的存储资源和虚拟化服务器等服务。这是一种托管型硬件方式，用户付费使用厂商的硬件设施。

1.4.1.3 大数据和云计算的关系

大数据技术能处理各种类型的海量数据，包括微博、图片、文章、电子邮件、文档、音频、视频以及其他类型的数据；它对数据的处理速度非常快，几乎实时；它具有普及性，因为它使用的都是最普通的低成本硬件。云计算技术则将计算任务分布在大量计算机构成的资源池上，使用户能够按需获取计算处理能力、存储空间和其他服务，实现了廉价获取超能计算和存储的能力，这种“低成本硬件＋低成本软件＋低成本运维”模式更加经济和实用，能够很好地支持大数据存储和处理需求，使得从大数据中获得有价值的信息成为可能。大数据和云计算的异同点具体见表 1-1。

表 1-1 云计算和大数据技术的异同

项目	大数据	云计算
总体关系	云计算为大数据提供了有力的工具和途径，大数据为云计算提供有价值的用武之地	
相同点	都为数据存储和处理服务； 都需要占用大量的存储和计算资源，都要用到海量数据存储技术、海量数据管理技术等处理技术	
背景	现有的数据处理不能胜任社交网络和物联网产生的大量异构数据，但这些数据存在很大价值	基于互联网的相关服务日益丰富和频繁
目的	充分挖掘海量数据中的信息	通过互联网更好地调用、扩展和管理计算及存储方面的资源和能力
对象	数据	IT 资源、能力和应用
推动力量	从事数据存储与处理的软件厂商； 拥有大量数据的企业	生产计算及存储设备的厂商； 拥有计算及存储资源的企业
价值	发现数据中的价值	节省 IT 部署成本

由表 1-1 可知，大数据着眼于“数据”，关注实际业务，包括数据采集、分析与挖掘服务，看重的是信息积淀，即数据存储能力；云计算着眼于“计算”，关注解决方案，提供基础架构，看重的是计算能力，即数据处理能力。

综上所述，云计算的根本是计算，而大数据就是这一计算之内的对象。大数据重视存储能力，而云计算则是计算能力的表现。一方面，大数据需要对自身进行计算和处理，但需要借助云计算的强大计算能力；另一方面，大数据的业务需求，体现了云计算的实际应用能力。因此，大数据与云计算相辅相成，体现出各自的实用价值，又在发展过程中不断相互促进，从而完成超乎传统理解的信息处理，成为众多领域挖掘自身潜在价值与发展方向的有效方式。

1.4.1.4 矿业大数据特征与关键技术

随着数字矿山建设的推进和煤矿信息化不断发展，煤矿数据体量和种类快速增长，这些数据共同构成了智能矿山大数据。智能矿山大数据根据其来源的不同，可分为两大类。第一大类：内部数据，包括煤矿企业生产经营业务数据和设备环境物联网数据。其中，生产经营业务数据主要来自煤矿企业传统信息化系统，如安全管理系统、ERP（企业资源计划）系统、SRM（供应链关系管理）系统、SCM（供应链管理）系统、CMES（煤矿生产执行）系统等。设备环境物联网数据主要是指煤矿各种设备、仪表及矿山环境在数据采集与监视控制系统中或在物联网运行模式下产生的实时监测数据。第两大类：外部数据，来源有煤炭市场信息、同行业信息、设备供应商服务信息、气象信息、互联网信息、其他公共服务部门信息等。智能矿山大数据具体包括以下特征：

1）数据规模大

大量机器设备的高频数据、环境监测数据和互联网数据等持续涌入，使得智能矿山的数据规模急剧增长。数据量将达到 PB 级，甚至 EB 级别的大型集团企业数量在不断增长。

2）多样

智能矿山数据结构复杂，既有结构化和半结构化的传感数据，也有非结构化数据。同时数据分布广泛，分布于机器设备、开采环境、管理系统、互联网等。

3）速度快

智能矿山数据采集与处理速度需求多样，生产现场监测控制类的数据采集、处理要求达到毫秒级。

4）价值密度低

相对单一业务信息系统数据而言，大数据由于体量巨大，其价值密度显著降低。

5）时序性

智能矿山大数据因包括大量的设备环境物联网的有时间戳数据，强调时序性，如安全监测数据、设备状态监测数据等。

6）强关联性

一方面，智能矿山在同阶段的数据有强关联性，如煤种、煤质、产量、采场条件、设备运行状态、维修及大修信息、材料配件供应情况、采掘接续计划等；另一方面，智能矿山设计、建设、生产等全生命周期过程中不同阶段的数据也有较强关联性。

7）准确性

智能矿山大数据注重数据质量，要求数据完整、与实际相符，同时对数据分析处理方法的可靠性要求较高，对分析结果具有较高的置信度要求较高。

8）闭环性

一方面，智能矿山各系统横向数据链条存在闭环与关联；另一方面，在智能矿山数据采集与处理中，需要对系统进行动态调整与优化，且要求实现闭环。

智能矿山大数据技术是传统商务大数据技术在矿山应用的基础上发展起来的，但是在数据采集、存储、处理、分析挖掘、可视化等方面与商务大数据又有所区别，见表1-2。

表1-2　智能矿山大数据与商务大数据的区别

环节与应用	商务大数据	智能矿山大数据
采集	通过交互方式采集商务数据，对时效性要求不高	通过各种传感器、智能装置、业务信息系统以及其他数据采集技术完成数据收集，对实时性要求很高
存储	关联性较弱，可自由存储	关联性强，存储比较复杂
处理	数据清洗、归约；需剔除大量无关紧要的数据	数据大多来自传感器、信息化系统，数据信噪比低，要求数据具有真实性、完整性和可靠性，处理时更关注数据的格式转化以及质量
分析挖掘	利用常规的分析算法；更关注相关性分析；要求结果的精确性较低	分析难度较高，算法专业，需要分别对数据和业务建模；要求结果的精度和置信度高
可视化	分析结果可视化展示	除对分析结果展示可视化外，还需3D矿山场景可视化；要求预警和趋势可视化实时性强
闭环性	一般无需闭环	需闭环反馈，实现动态调整、优化以及自动控制等

作为大数据技术在煤矿领域的重要应用，智能矿山大数据技术的研究内容主要集中在数据获取、数据结构、数据集成、数据分析、数据展示等方面，而在应用领域主要研究上述大数据技术与煤矿具体业务的融合问题。从目前智能矿山大数据技术面临的主要问题来看，数据获取技术、数据集成技术及数据分析应用技术是当前智能矿山大数据的关键技术。

1.4.2.2　“互联网＋矿业”的核心体系

参照“互联网＋”理念，结合我国矿山工业特点及发展现状，“互联网＋矿业”的内涵是以云计算、大数据、物联网及矿业工程专业技术为基础，以矿山工业安全、高效、绿色、可持续发展为目标，打造矿山工业高度网络化、大数据化、协同工作、分布式服务为战略思想的矿山工业新业态，以创新思维寻求支撑技术的突破和发展，最终实现矿山工业生产智能化、矿山工业管理高效化、矿山产业互联化、矿山工业决策数据化。其实现过程是矿山工业从生产技术、企业管理到产业链组合、行业部署的全方位的转型和升级，是以“互联网＋”为引擎的矿山工业的产业革命。按照“互联网＋矿业”的内涵与具体表现，其核心体系框架主要包含四个方面内容，如图1-2所示。

（1）以矿山工业安全、高效、绿色、可持续发展目标为指引。矿山安全、高效、绿色、可持续发展目标是坚持“以人为本、全面协调可持续”发展理念的具体体现，是矿山工业一直以来不变的主题，也是矿山工业能够稳定、健康、良性发展的基础和前提，而这一最终目标始终贯穿“互联网＋矿业”发展全过程。

（2）以高度网络化、大数据化、协同工作、分布式服务为战略主题。

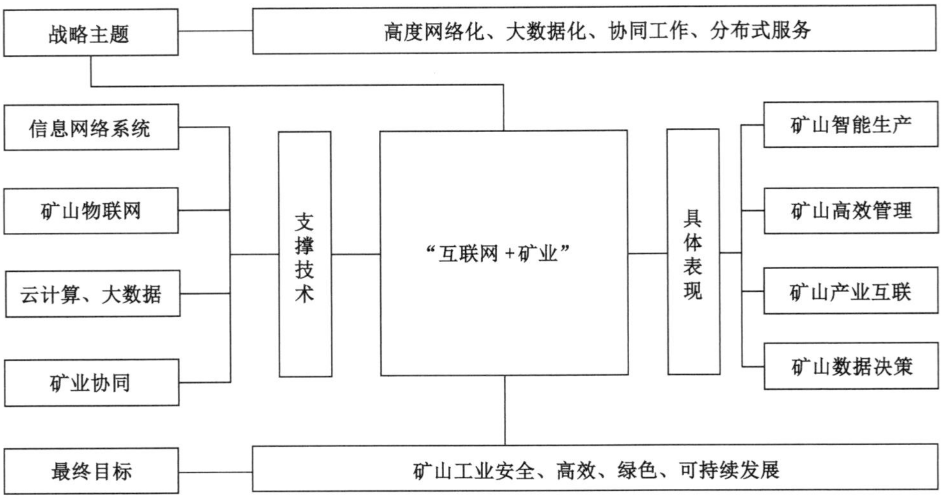

图 1-2 “互联网＋矿业”核心体系框架

高度网络化使矿山工业设备与设备、设备与人、人与人之间高效互联，信息广泛共享，它是实现矿山工业高效化的基本保障；利用大数据技术挖掘分析海量矿山数据，给矿山工业从安全生产到产业布局决策提供数据支撑；使矿山企业采矿、掘进、机电、运输、通风、安全等部门协同工作；突破时间和空间的限制，打破传统“矿山”的界限，通过建立统一的行业设备、技术和工程服务平台，实现资源的优化配置，提供分布式的专家技术服务。

(3) 以生产技术、企业管理、产业协作、行业决策为顶层设计，具体如下：

① 生产智能化。要求实现矿山装备智能、统一网络传输标准、可靠的远程监控监测、统一平台的数据仓库、大数据分析技术，形成数字化、可视化、智能化的生产调度指挥中心，达到安全、少人、高效的智能生产模式。

② 矿山工业管理高效化。要求以互联网技术建立自动化办公平台，以互联网思维转变传统矿山组织结构和管理模式，实现矿山企业人力资源管理、财务管理、物资管理、项目管理等办公自动化，企业组织更加扁平化，企业管理提质增效。

③ 矿山产业互联化。要求改变固有的思维模式，重塑矿业产业链结构，以市场为导向，以数据为支撑，信息共享，建立新型的行业生态和灵活的上下游关系。

④ 矿山行业决策数据化。决策数据化体现在两个层面：一是矿山企业的生产技术和企业管理决策，要求以信息融合技术渗透到生产、安全和管理各个层面的决策系统，完成从经验决策到数据决策的转变；二是矿山行业的宏观决策，要求以云计算和大数据技术为支撑，建立智库决策系统，以大数据引导产业布局，使资源配置最优。

1.4.2.3 “互联网＋矿业”的关键技术

1) 创新与转变管理模式

“互联网＋矿业”是在信息网络技术、矿山物联网技术、大数据和云计算技术、矿业协同技术推动下的矿山工业革命，也是利用信息化与矿山工业融合创造出矿业行业新的先进生产过程。在这过程中，以现代管理制度为基础的、适应新型生产和组织关系的管理模式势在必行。

2）建立矿山工业信息化标准

矿山工业生产智能化、管理高效化、产业互联化、决策数据化要求矿山企业从数据采集、传输到数据存储、分析、发布实现信息共享和协同工作，其中各环节的标准化建设是实现上述设计的基础。在现行国家和行业标准规范的基础上，制定从底层应用到行业顶层设计的矿山信息化标准体系。

（1）矿山工业应用层系统标准，包含采矿、掘进、机电、运输、通风等基础应用层系统信息化标准。

（2）矿山工业传输层系统标准，包含工业以太网、IP网、矿山移动通信等，实现各系统的标准规范和接口统一，便于矿山网络的规划、建设、运行和维护。

（3）矿山工业数据存储层系统标准，包含数据元、数据库规范、数据类型分类等标准，为各系统信息交互和共享提供平台。

（4）矿山工业信息安全标准，包含应用层、传输层及存储层的系统安全标准，确保整体矿山信息系统的安全、稳定、可靠运行。

（5）矿山工业信息化建设总体规范标准，包含信息化建设各类基本概念定义、总体规范指南等，指导矿山信息化建设工作。

3）“互联网＋矿业”的支撑技术

“互联网＋矿业”战略构想最终要依靠先进的矿山信息化技术的推动和发展。利用物联网技术研发智能化、自动化的矿山装备，实现井下的少人、无人工作模式；利用先进的地球物理技术结合大数据分析，实现对矿区地层环境的整体感知和诊断；利用高精度传感器结合信息网络技术，实现对重大危险源的预测预警；利用协同管理平台结合现代化管理制度，实现矿山的高效管理调度。

第 2 章 智能采矿系统

2.1 智能采矿系统总体架构

智能化煤矿建设是一项复杂的系统工程，合理的顶层设计是进行智能化煤矿建设的基础。智能化煤矿应基于一套标准体系、构建一张全面感知网络、建设一条高速数据传输通道、形成一个大数据应用中心、开发一个业务云服务平台，面向不同业务部门实现按需服务，如图 2-1 所示。

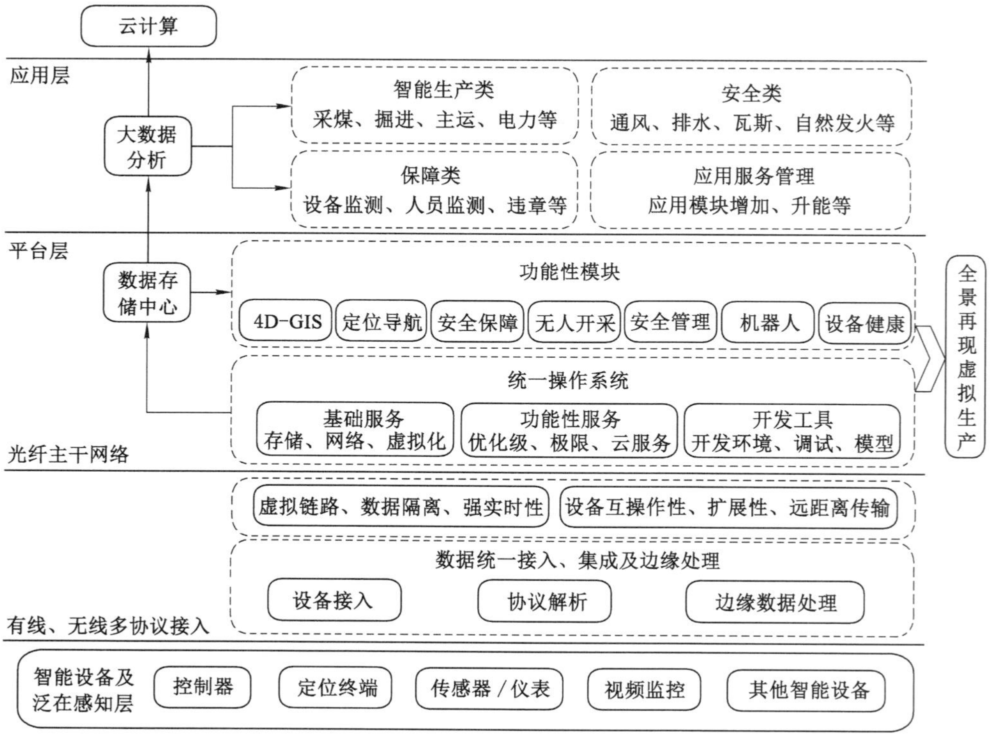

图 2-1 智能采矿系统总体架构

从分层的角度考虑，智能化煤矿总体架构可分为感知层、传输层、平台层和应用层。

(1) 智能化煤矿的感知层将会愈加紧密地与物联网结合，形成煤矿泛在感知与设备互联，在传统煤矿安全生产环境及设备运行数据全面感知的基础上，将设备、环境、人统一为一个整体，使它们之间形成交互感知。

(2) 传输层汇集多种制式信号并完成数据透传，为智能化煤矿的各种应用提供一条信息高速通道。可采用骨干网与多种分支网结合的架构，骨干网保证带宽、速度与冗余，分支网确保布置灵活并形成全覆盖，核心在于多制式信号的高速透传。

(3) 平台层(或支撑层)提供基础设备设施、通用性基础软件平台与共性服务接口。该层具备多类型数据采集，大数据处理、存储、检索和交互控制，实现全矿井数据资源的统一管理、维护和调配，为应用层提供统一应用服务接口和应用支撑。

(4) 应用层是围绕煤炭开采和煤矿业务开发的各类应用系统，如地理信息系统、智能生产系统、安全监控系统、人员定位系统等。应用层将与虚拟现实、大数据、云平台等技术更加紧密结合，形成适用于煤矿的智慧应用系统。

2.2　智能采矿系统组成

基于智能采矿系统总体架构，智能采矿系统主要包括以下部分：

2.2.1　智能化煤矿综合管控平台和云数据中心

智能化煤矿应通过统一的综合管控平台进行管理。综合管控平台是基于矿山云数据中心的一体化基础操作系统。向下实现各种感知数据的接入，实现多源异构感知数据的集成和融合；向上为智慧矿山应用程序开发提供服务和工具，打通感知数据和基于感知数据的智能应用之间的屏障，而且在一个平台内可实现信息化与自动化的深度融合。智能化煤矿综合管控平台应具有全矿井智能监控、安全生产管理、精细化运营管理、四维时空数字化服务和智能决策支持服务。

智能化煤矿大数据中心应依据煤矿业务需求，从安全、生产、经营、管理等方面对综合管理平台进行功能模块划分及对应云资源规划部署，实现计算资源集中调配和不同业务系统间在发生故障时不相互影响，满足对智能终端、工作站及调度大屏的不同显示要求等。其核心技术应实现多元异构大数据集成存储；研发开采智能决策分析系统，设计“井下—地面—云端”的多节点、多种数据存储缓存方式、多级数据冗余的数据存储架构；研制数据可视化、报表、信息推送等交互式组件及辅助决策系统，解决数据滞后、多种类型数据难以统一等问题。

2.2.2　煤矿安全高效信息网络及精准位置服务系统

随着数字化矿山、物联网等技术的发展，煤矿信息化、自动化程度越来越高，越来越多的信息需要及时传输，煤矿安全高效信息网络及其衍生技术是实时决策控制的通信保障。通过构建以万兆网为骨干，混合无线高速接入的超宽带强实时矿用通信网络，开发高速通信+井下物联的煤矿综合信息采集、传输平台，为智能化煤矿的可靠通信和信息采集提供基础。

井下精确位置管理服务系统依托井下环境的三维模型，解决井下狭长、多转角、复杂干扰条件下的精确定位问题，可以为其他平台的各种应用场景提供支撑，如人、车、传感器和各类装备的实时位置监测管理，实现定位跟踪、数据溯源、机车调度管理、装备作业协同、定点环境监测、无人驾驶导航等。

2.2.3　GIS 透明地质模型及动态信息系统

GIS 透明地质模型及动态信息系统全面整合三维数字模型、三维高程模型、三维景观建模和三维地质建模，并在生产过程中实时更新、修正形成动态模型，与实际空间物理状态保持一致，可随时针对某一变量或特征查询其历史变化规律。智能化煤矿需要构建基于统一数据标准，以空间地理位置为主线，以分图层管理为组织形式，以打造矿山数字孪生为目标的矿山综合数据库，为智能化煤矿应用提供二/三维一体化的位置服务、协同设计服务、组态化服务以及三维可视化仿真模拟、矿山工程及设备的全生命周期管理等服务，实现一张图集成融合、一张图协同设计、一张图协同管理和一张图决策分析。

2.2.4 智能化无人工作面协同控制系统

智能化无人开采是在机械化开采、自动化开采基础上，进行信息化与工业化深度融合的煤炭开采技术变革，围绕"安全、高效"两大目标，突破环境的智能感知、采掘作业的自主导航、采掘装备的智能调控等一系列行业重大难题，支撑煤炭由劳动密集型向技术密集型行业转变，建设"智能、安全、高效"的现代煤炭生产体系。煤矿智能化无人开采系统是要建立一个从开采准备、工艺规划到开采过程实时控制、设备管理，直至远程监控服务的煤炭生产全过程无人或少人的"智慧"生产系统。

2.2.5 智能化运输管理系统。

智能化运输管理系统是对整个供应链系统进行计划、协调、操作、控制和优化的各种活动和过程，将采出的煤炭及所需物料能够按时、按量、保质的送到指定地点，并使总成本达到最优。智能化运输管理系统包括全煤流运输无人值守技术、辅助运输智能化无人驾驶技术以及智能仓储管理系统等。

2.2.6 煤矿井下环境感知及安全管控系统

煤矿井下环境感知及安全管控系统主要对矿井瓦斯、顶板、冲击地压、水灾、火灾、粉尘等主要灾害进行全方位实时监测及预控，该系统基于现场总线、区域协同控制、扩频无线通信等技术，进行全矿井监测监控数据的统一采集、统一传输，实现灾害数据在控制层的深度融合和快速联动。通过建立智能化区域灾害评估模型，实现不同功能模块间的协同控制，当工作场所灾害参数达到预控指标时，实现就地协同控制，提升系统反应速度及运行可靠性。将风险因素进行分类，依据风险因素、事故类别及处置方式进行安全风险评估，划定灾害等级，建立灾害动态化的统一领导、综合协同、分级优先、分类派送、智能联动报警及应急救援指挥的管理机制。

2.3 智能采矿主要配套系统

2.3.1 智能工作面"三机"系统

采煤工作面的"三机"主要包括采煤机、液压支架和刮板输送机，实现"三机"智能控制是实现井下智能开采的基础。采煤机是井下智能开采的核心部件，实现智能开采系统的关键技术就是研究适合煤层赋存条件采煤机自动控制系统。采煤机的自动控制系统包括：自主定位、自动导航系统和自动调高系统。液压支架电液控制系统，集机械、液压、电子、计算机和通信网络技术于一身，可实现拉架、推溜（推移输送机，下同）、打护帮板、收护帮板、架间喷雾等随机联动自动化以及自动控制液压支架动作，实现支架本架控制、邻架控制、隔架控制、运行状态和工作面矿压监测的远程控制等。新型智能化刮板输送机实现了自动推移控制，并向着大型化、智能化、高可靠性及元部件标准化方向发展。智能工作面“三机”系统如图 2-2所示。

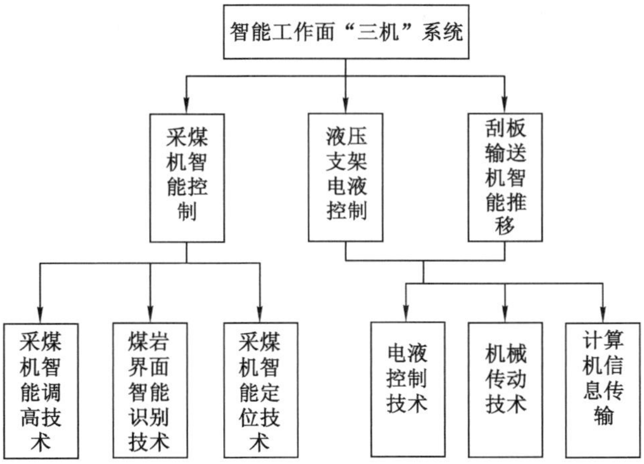

图 2-2　智能工作面“三机”系统

另外，“三机”自动检测与故障诊断系统为实现“三机”安全运行提供可靠保障。采煤机智能化检测已经达到较高水平，可实现交互式人机对话、远近控制、无线电随机遥控、数据采集存储及传输、工况监测及状态显示、故障诊断及预警等多种功能。液压支架自动检测与诊断技术发展比较成熟，但在使用中也暴露出一些问题，比如电液控制系统在控制过程中针对支架的非线性环节和不确定因素具有一定的局限性。刮板输送机的故障诊断技术可以连续监测输送机各种部件的运行状态，进行故障诊断和报警；同时，为了解决刮板输送机的启动、功率平衡、过载保护和悬链问题，国内外研制出各种可控驱动装置、自动调链装置及工况监测系统，使刮板输送机状态监测向智能化和自动化方向发展。

2.3.2　智能掘进系统

实现智能掘进是井下智能采掘系统必不可少的一部分，而目前的智能掘进系统及技术仍不成熟，未能进行广泛的应用。借鉴工作面智能化开采技术发展路径，装备成套化、作业流程自动化、控制方式智能化是实现巷道智能快速掘进的有效途径。以掘锚机组为例，提出了以下 3 种智能化掘进系统方案。

1）智能化掘进成套化配套模式

现有掘锚机快速掘进系统一般由掘进、转载、锚固、输送 4 个子系统组成。其中，转载和锚固系统独立：一方面，造成了锚杆钻车支护时距掘进工作面距离较大，不利于巷道顶板的稳定性和安全性；另一方面，增加了掘进工作面的工人数量，不利于减员增效。目前已有学者提出了锚运破一体机，同时施工顶部锚杆和侧帮锚杆，实现掘锚平行作业，并与后部自移输送带一起组成掘锚机成套化系统(图 2-3)，即“掘进＋支护＋运输”三机配套系统模式。

2）快速掘进自动化关键技术

定姿和定向技术是实现掘进装备自主导航的关键，现有掘锚机安装有倾角传感器，可直接测量整机的俯仰角、横滚角等姿态信息，但受井下地磁干扰、振动等多种干扰因素的影响，

图 2-3　掘锚机智能掘进系统设备布置方式

掘进装备水平偏转角度的测量精度和稳定性相对较低，这也是现有定向和导航技术未能在煤矿井下推广使用的主要原因。已有学者提出了激光制导与惯性制导联合的自主导航系统，实现掘进装备的定向截割和导航(图 2-4)。激光及光靶定位导航技术在盾构机中已经成熟应用，借鉴其光靶点位原理，设计满足井下环境工况的激光发射装置和接收光靶，再将光靶定位与倾角传感器相结合，采用倾角传感器直接测量俯仰角、横滚角，利用光斑相对位置计算水平偏转角，最后通过信息融合技术和降噪技术，获取掘进装备的姿态信息，再将其反馈到掘进控制系统。

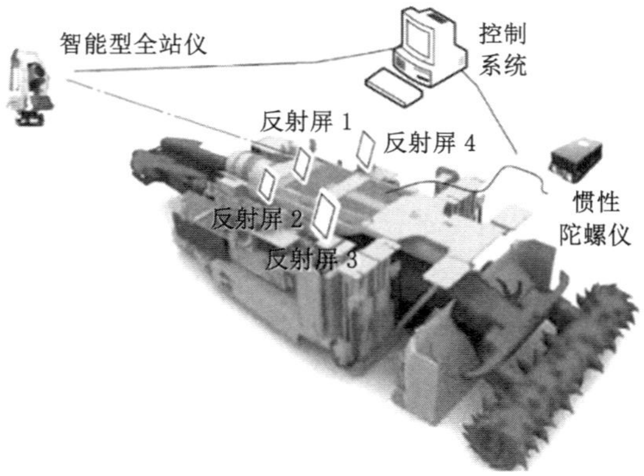

图 2-4　掘进装备定向与导航

3) 智能化快速掘进远程集控平台

当前智能掘进技术工业化应用尚未取得实质性突破，成套智能快速掘进装备应用尚处于起步阶段，以遥控操作模式为主，实现对掘锚机、连续采煤机及其配套设备的远程遥控，使操作人员远离危险的现场环境，在安全区域完成作业。这就需要进一步融合设备状态信息和地质环境信息，集成自主导航、自动截割、自动化锚护核心模块，构建智能化多机协同控制系统，实现快速掘进成套智能装备各子系统的联合动作，减少掘进面操作人员数量，通过连续、快速、稳定、安全的智能化巷道掘锚运作业，实现真正意义上的远程集控。

2.3.3 采矿灾害智能监测预报系统

煤层开采导致地应力平衡系统遭到破坏，引起煤层和煤层附近地层的裂隙不断发育和扩大，煤层上、下方的隔水层就可能因裂隙扩张导通含水层，有可能形成突水通道；煤层的顶、底板就可能出现冒顶、底鼓、自然垮落；煤层吸附态的瓦斯就要以游离态释放出来，使得井下瓦斯含量增大。针对这些水文、地质条件随时间变化的复杂情况，在那些潜伏着不同地质灾害隐患的矿井（高瓦斯、煤层附近含水层有潜在水害、顶底板应力值较高），在管理、预防措施不当的条件下，井下事故就可能因开采而发生。

采矿灾害智能监测预报系统通过各种传感器对地下煤层厚度及其变化、顶底板岩层组合及其空间分布、构造（断层、褶曲）、矿井水文地质及瓦斯地质、煤层中的地质异常体（岩浆岩侵入体、岩溶陷落柱和煤层冲刷）、煤层夹矸、地应力、低温、工作面顶板状态、地热以及由它们引发的地震、突水、瓦斯突出等灾害进行监测。将监测信息传送至控制中心，利用测评软件系统和地理信息处理系统，为保证工作面的生产效率提高地质数据和分析判断，从而避免地质条件的复杂性和无序变化造成井下工作面事故的发生，保护井下各种传感器和精密设备安全。

综采工作面综合检测系统的发展为智能采煤监测预报系统奠定了基础。通过对三维高分辨采区地震勘探资料进行分析处理，可以对地质异常体的空间分布有较好地反映；通过建立相应的地质资料数据库和专家管理系统，借助先进的物探技术和钻探技术可对存在的地质异常体和诱发工程灾害源做进一步探测。但在顶板垮落、瓦斯与煤岩层突出时又往往难以准确预报，这主要是由于对顶板垮落地点、基本顶岩层地应力聚集部位和瓦斯聚集部位缺乏较全面的认识。目前，美国部分矿井综采装备配备的全自动监控系统采用多探头和多接收系统，可获得较准确的超前岩性和小构造探测资料、煤厚度变化和岩层分界资料；同时还可对开采过程中煤体的负载压力及顶板力学性质、工作面矿压显现和瓦斯聚集等特征同时进行监测预报。

2.4 智能采矿系统关键技术

2.4.1 煤岩智能识别技术

煤岩界面识别技术是实现智能化开采的关键技术之一，通过提取煤岩特征，建立相应的识别系统，自动识别煤层与岩层；采煤机根据识别结果，自动调节滚筒高度，正常割煤，防止误割岩石，改善煤质，提高采煤效率与安全系数。实现煤岩智能识别的常用关键技术有：机器视觉技术、电磁探测技术（雷达探测技术和电子自旋共振技术）、声波探测技术和伽马射线探测技术。

1）煤岩识别需要解决的核心问题

（1）识别效果受粉尘、光照强度、深部电磁、噪声、机械振动、发热量等因素影响。粉尘大、光照弱等因素限制成像质量；机械振动剧烈、发热量大、深部电磁信号等因素干扰采集信号质量。

（2）识别效果受数据处理技术、识别算法等因素影响，技术的不够成熟造成识别精度或速度受限。

(3) 识别效果受普氏系数影响。煤岩普氏系数接近时，识别系统很难利用截割产生的振动信号、截割温度等特征识别煤层和岩层。

(4) 识别效果受地质条件（如煤层断层、裂隙等）影响。煤层断层、裂隙等突发状况易造成识别系统无法正常运行，适用范围和识别精度受限。

2）煤岩识别技术发展方向

(1) 改善检测环境，提高信号质量，减少预处理时间，从而提高识别速度与识别精度。例如，利用机器视觉技术检测煤岩界面时，可在相机镜头前安装环形光源、面光源或组合光源等提高照明质量；在传感器上安装喷雾除尘装置，降低粉尘影响，或加装隔离装置防止粉尘入侵；采用屏蔽措施或光电隔离电路抑制电磁干扰。

(2) 采用新型传感器，提高传感器抗干扰性和灵敏度，从而提高识别精度。例如，采用具有抗沙尘、抗电磁波、灵敏度高以及适用于远距离检测等特性的光纤传感器；选用组合传感器采集振动信号、扭矩、温度、有功功率等多种特征信息，经系统优化获取最有价值信息，弥补单一传感器存在的信号干扰缺陷。

(3) 改善现有技术，确保数据精度的同时减少运算时间，从而提高识别速度与精度。例如，特征提取方法采用主成分分析法，既可降低数据维数，也可提高数据精度；识别算法上采用并行计算、图形处理技术、RBF 神经网络，减少运算时间。

2.4.2 采煤机智能调高技术

目前，在我国综采工作面滚筒高度的控制中，除了极少数从国外引进的采煤机外，绝大部分需要依靠人工来完成工作。也就是说，采煤机司机通过视力观察及截割的噪声来判断采煤机滚筒在割岩还是割煤，以便调节滚筒的垂直位置。然而，由于采煤机工作过程中产生大量的煤尘，尤其是大功率采煤机工作面的能见度很低，而且机器本身噪声很大，操作工人实际上难以准确、及时地判断采煤机的截割状态，更谈不上及时调整滚筒的高度。如果滚筒的位置调整太保守，则造成顶底煤残留过多，降低采出率，造成很大的资源浪费；同时，人工操作还可能使顶、底板表面不平整，造成移架和推送刮板输送机困难等问题，而解决这一问题的途径是实现采煤机滚筒的智能调高。采煤机滚筒智能调高的功能就是要求按照确定的采煤工艺并根据顶、底板的变化规律智能调整滚筒高度，尽量减少采煤机截割顶底板岩石面，从而保持工作面顶、底板的完整性。也就是说，要使采煤机的前后滚筒截割后形成的顶底板要形成采煤工艺设定的顶底板曲面，同时保持跟踪轨迹的平滑性。

为实现采煤机滚筒智能调高的功能，各国学者进行了不少的研究，其中主要技术路线是用各种传感器获得煤岩分界特征信号，然后进行采煤机的智能识别，再进行采煤机智能调高控制。

美国 JOY 公司生产的采煤机采用的是记忆截割法，其主要原理是：应用角位移传感器、倾角传感器等将采煤机沿工作面第一刀切割的相应数据拾取并传输到控制系统，以此作为割煤机调高系统的控制依据来进行以后的切割。该方法对于高瓦斯矿特别适合，但是该方法对采煤工艺有一定要求，即必须是留一定厚度的顶煤，这样就降低了采出率；另外，要求顶底板围岩必须有放射性元素。例如，对于页岩顶板有较好的适应性，而对于砂岩顶板则适应性极差，这种方法在英国有 50%的矿井可以使用，在美国有 90%的矿井可以使用，而在我国仅有 20%左右的矿井可以使用。

目前，随着智能化工作面的发展，我国采煤机滚筒智能调高算法很多，随着智能化工作面的发展，例如，基于自然伽马射线探测器的采煤机记忆截割，具体过程为：记忆程控利用上一截割循环滚筒定点位置高度信息，作为下一截割循环滚筒对应高度再现的指令控制量。但是，不同循环采煤机的工作姿态是变化的，加之调高机构及调控结果存在误差，滚筒相对顶板的实际高度需要判断和修正。其修正方法有两种：一是人为手动操纵来控制修正（直接）；二是根据采煤机姿态参数的变化量，通过理论计算进行控制量的修正（间接）。

2.4.3　采煤机智能定位技术

基于全球定位系统（global positioning system，GPS）的地面快速定位与智能导航问题已基本解决，而在卫星信号不能到达的地下矿井，除传统的陀螺定向与映像匹配定位技术之外，尚没有满足矿山工作精度与作业速度要求的井下快速定位与智能导航理论、技术与仪器。

研究具有自主定位系统的采煤机，解决高速地下通信系统和高精度定位定向系统，是实现智能工作面开采的基础与前提，具体包含以下5个方面：

1）煤机动力学模型

采煤机工作环境复杂、采煤路线和煤岩性质的连续变化对采煤机运行造成各种扰动，导致采煤机速度、加速度以及位置等运动状态参数比较复杂。建立采煤机动力学模型，确定采煤机在不同采煤工艺下的运动状态，模拟各种外界因素对采煤机运动的影响程度，为自主定位系统的实现提供关键技术。

2）移动目标位姿解算

通过智能算法研究有效的解算策略，采用先进的最优估计理论与方法，进行移动目标位姿的最优估计，解决计算精度、计算量、计算时间以及坐标转换的问题。

3）系统误差补偿模型

采煤机定位系统在矿井特定环境应用会产生系统误差，而单纯依靠仪表的结构设计与制造工艺来减少误差，常会受到技术上与经济上的制约，所以有必要建立系统误差补偿模型，通过智能算法减少误差对位置状态的影响，提高系统的定位精度。

4）系统环境适应性

煤矿井下工作环境恶劣，要使定位系统能在井下正常工作，必须解决防爆、防水、防尘和防震动等技术问题。

5）矿井电子地图导航数据库与地图匹配

系统将监测信息存储进数据库，利用矿井电子地图，在计算机中显示其所在位置，在地面监测主机上实时、直观地显示监测结果，随时可以汇报采煤机行进状态。地图匹配的前提是采煤机运动在轨道上，将采煤机运动路线的数学特征与地图数据库中的轨道特征相比较，确定采煤机的运动位置和运动轨迹，并校正传感器的误差，实现地图匹配。

2.4.4　智能掘进技术

2.4.4.1　智能掘进装备与技术研发进展

1）悬臂式掘进机

自动化、智能化采掘技术是提升综掘工作效率、降低工人劳动强度、实现煤矿安全高效生产的重要途径。20世纪80年代以来，国外对悬臂式掘进机自动掘进技术进行了研究，主要涉及状态监测、故障诊断、通信、截割轨迹规划等技术。德国艾柯夫公司研制了掘进机成形轮廓及设备运行状况监测系统，开发了手动、半自动、自动及程序控制 4 种操作模式，截割头位置与断面的关系均能显示在工作台显示屏上；英国仪器公司专为巷道掘进机研制了本安型计算机断面控制系统；多斯科公司通过在重型掘进机上配备一种截割头定位装置，实现了精确的断面制导、断面截割状态显示等功能。我国辽宁工程技术大学、中国矿业大学、石家庄煤矿机械有限责任公司等单位也开发了基于悬臂式掘进机的煤巷掘进自动截割成形系统。

2）连续采煤机

连续采煤机普遍应用于美国、德国和英国等国家的短壁开采工艺，其发展经历了以下 3 个阶段：第 1 阶段为 20 世纪 40 年代的截链式连续采煤机，分别以久益公司和利诺斯公司的 3JCM、CM28H 型为代表，其结构设计复杂、装煤效果差；第 2 阶段为 20 世纪 50 年代的摆动式截割头连续采煤机，以久益公司的 8CM 型为代表，其生产能力显著提高、装煤效果好，但可靠性问题较为突出；第 3 阶段为 20 世纪 60 年代至今的滚筒式连续采煤机，以久益公司的 10CM、11CM 系列的连续采煤机为代表，后续又研发了 12CM（图 2-5）和 14CM 系列的连续采煤机。

图 2-5　12CM15 型连续采煤机组

连续采煤机在我国高产高效矿井也已广泛应用，主要集中在神东、陕煤等大型煤炭基地。最初我国的连续采煤机基本依赖进口，2007 年 11 月，中国北车集团首次研制出 3 种国产化矿用隔爆型水冷电机，实现了连续采煤机滚筒截割电机的替代；近年来，石家庄煤矿机械有限责任公司研发了 ML300/492 型连续采煤机，三一重装集团研发了 ML340、ML360 型连续采煤机，煤炭科学研究总院太原研究院研发了 EML340 型连续采煤机，但因可靠性、稳定性等多方面的原因，国产连续采煤机未能广泛应用。

采用远程遥控操作是连续采煤机的基本配置，并广泛采用自适应截割技术，根据不同工况自动调整推进速度；加强与成套设备间的协同控制和智能安全防护功能是连续采煤机快掘装备的发展方向。

3）掘锚机

掘锚机是一种基于连续采煤机和悬臂式掘进机开发出的新型掘进装备，集成了连续采煤机和锚杆钻机的特征，既可以挖煤装运，又可以进行锚杆支护施工，即掘锚一体化，主要用于煤巷高效掘进作业。掘锚机技术的发展历程主要分为 3 个阶段：

(1) 1955 年,第一代掘锚机组在美国久益公司的 ICM-2B 型连续采煤机基础上加装了 2 台锚杆钻机,掘、锚工序不能同时作业。

(2) 1988 年,在久益公司的 12CM20 掘锚机基础上,将截割滚筒加宽,使滚筒两端能够伸缩便于机组进退,并在机身的滚筒后安装了 2 台帮锚杆钻机和 4 台顶板锚杆钻机,有效地提高了巷道锚杆支护速度,但仍无法实现掘锚平行作业。

(3) 20 世纪 90 年代至今,奥地利的奥钢联集团公司(Noestalpine AG)开发了 ABM20 型掘锚机,该机型的主副机架可以滑动,从而实现掘锚平行作业;同期,久益公司的 12SCM30、德国波拉特公司的 E230、山特维克的 MB650 和 MB670-1(图 2-6)等机型也成功研制。

图 2-6　MB670-1 型掘锚机

掘锚机的国产化工作始于 2003 年,中国煤炭科工集团完成了 MLE250/500 型掘锚机样机的试制及初步试验;近年来,山东天河科技股份有限公司研发了天河 EBZ 系列掘锚机,适用于大断面、半煤岩巷以及岩巷的掘进,钻锚作业时工人始终处于临时支护下方的作业平台上作业,有效地减少了冒顶、片帮等安全事故的发生;中国铁建重工集团研发了 JM4200 系列煤矿巷道掘锚机,集快速掘进、护盾防护、超前钻探与疏放、同步锚护、智能导向、封闭除尘、智能检测、故障诊断等功能于一体,实现巷道快速同步掘锚支护。

4) 掘进装备定向截割与导航技术

掘进装备定向与导航技术是实现自动化甚至无人化的基础,其关键在于获得掘进装备实时坐标值,用以确定掘进装备的空间位姿信息。目前,国内外研究了多种掘进装备的自动定向技术及原理:采用全站仪对掘进装备进行定向和导航技术;基于惯性导航系统的掘进装备定向技术;基于电子罗盘的掘进装备定向技术;基于 GPS 技术的掘进装备定向技术;基于超声波测距仪的掘进装备定向技术;基于激光测距的掘进装备定向技术;多传感器组合定位导航技术。

2.4.4.2　巷道掘进支护技术研究进展

1) 巷道快速支护技术研究进展

开采深度和强度的增加导致工作面巷道地质条件更加复杂,开采扰动对巷道围岩稳定性影响剧烈、持续时间长、破坏严重,受冒顶、片帮及瓦斯、水、粉尘多种因素的影响,煤矿井下巷道掘进已经成为最危险的生产环节之一。自 2001 年煤炭科学研究总院研发并推广应用超前液压支架以来，巷道超前支护技术得到广泛推广应用并成为研究热点，有关单位研究了巷道自移式支锚联合机组(图 2-7)，实现了巷道掘进过程的临时支护。

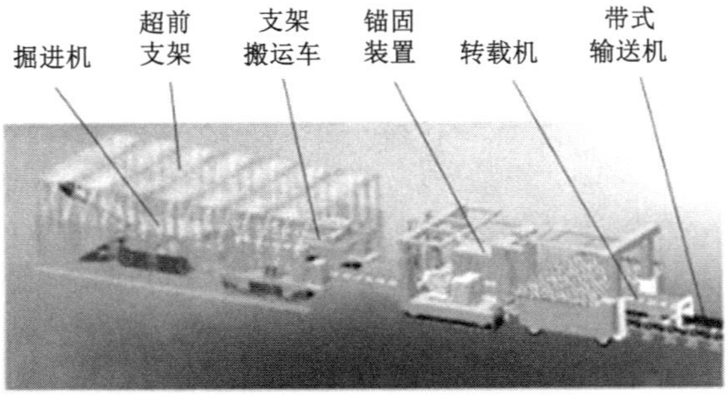

图 2-7　自移式支锚联合机组

我国掘进巷道的支护方式主要有锚杆(锚索)支护、单体支柱配铰接顶梁支护、超前液压支架支护、掘进机机载临时支护等，锚杆、锚索和单体支柱配合铰接顶梁支护方式已经难以满足综采工作面安全高效生产要求。掘进机机载临时超前支护装备可以从传统的“一割一排”工艺改进为“一割两排”工艺，相对于传统人工操作的方式，机载超前支护装备拥有液压控制的自动化、机械化等特点，可根据顶板倾斜程度有效调节支护状态，提高了作业过程的安全性。

2) 锚钻装备支护技术研究进展

随着锚杆支护理论的发展，锚钻装备也在不断升级，如久益、弗莱彻(FLETCH-ER)、朗艾道(LONG-AIRDOX)、约翰芬雷(JOHN-FINLAY)、海卓莫替克(HYDRA MATIC)等国外煤机设备公司相继开发出多种新型锚杆钻车。从 20 世纪 70 年代初，我国研制了第一台 MGJ-1 型锚杆钻车，随后煤炭科学研究总院太原研究院、三一重装集团、景隆重工机械有限公司、徐工集团等多家单位也研发了多臂锚杆钻车。2018 年 7 月，有关研究机构开发了国内首台全自动组合式两臂锚杆钻车，初步实现了顶锚杆自动化锚护，向锚杆支护的“少人化”和“无人化”迈出了重要一步。

2.4.5 智能采矿其他辅助技术

2.4.5.1 数据库技术

智能采矿要管理海量数据，由于存储容量的限制，在集中存储与管理的基础上可能需要适量分散以提高存取及更新的速度。但分散存储和建库的方法存在安全性差、数据兼容性及标准化困难等局限，需要做大量的研究及规范化工作。因此，智能工作面建设需要大力发展数据存储和数据仓库技术，包括数据分类组织、分类编码、元数据标准、高效检索、快速更新与分布式管理等技术。

智能采矿数据库技术所涉及的数据信息量巨大，不仅包括地质数据和工程数据，还有这些数据经过处理生成的中间数据等。根据数据库相关理论，结合智能煤矿具体生产情况，建立相应的数据库，实现对数据的增加、删减、修改、查询、报表打印等功能，为可视化技术提供三维数据，实现智能矿井信息的拓扑空间查询、分析与应用及许多采矿安全问题的模拟、分析与预测。另外，为了从数据仓库中快速提取专题信息，发掘隐含规律，认识未知现象和进行时空发展预测等，还必须研究一种基于专家知识的高效、智能、符合矿山思维的数据管理技术。

2.4.5.2　工作面组件式软件

工作面灾害智能预测预报系统、采煤-环境安全专家分析系统、智能采矿的模拟与决策系统的仿真、"三机"智能控制系统以及工况检测与诊断技术，均以各类应用软件与相关模型为工具，必须针对不同的应用和需求，研究建立相对应的模型，开发多品种、多型号、多功能的组件式软件。当然，不同技术的集成体现在软件方面便是研究一款多功能的软件，使其包含比较全面的功能：不仅能处理各种信息，而且能统筹各种信息并进行智能控制，从而发挥其组合优势，更加协同完善地处理各种信息。

2.4.5.3　多传感器融合技术

智能采矿需要采集各种信息用于处理并进行智能决策与控制，而信息的采集需要大量的传感器，对于矿压信息采集有各种压力传感器，对于温度信息也有温度传感器，对于瓦斯浓度有载体式催化甲烷传感器等；当然，对于其他工作面信息也有其他的传感器。显然，在矿井安装大量的传感器不仅效率低，而且会给采煤工作带来许许多多的不便。在这种情况下，传感器将向 3 个方向发展：一是传感器一件多测，即一个传感器可以监测不同参数的信息；二是对传感器监测数据进行融合集成，然后通过智能算法对事例数据进行深层次的挖掘与分析，实现数据的高效利用；三是发展新型传感技术及其传感器。

2.4.5.4　虚拟现实技术

通过虚拟现实技术与可视化技术对钻孔、物探、测量、传感、设计等地层空间数据进行过滤和集成，并实现动态维护（局部更新、细化、修改、补充等），才能对地层环境、煤体、采矿活动、采矿影响等进行真实、实时的三维可视化再现、模拟，实现采矿设备整体与整个作业流程的自动控制、协调、适应、保护、调整、修复，甚至再生，研究和设计无人工作面的新的作业过程及其作业模式。

第 3 章
煤矿开采环境智能感知

3.1 煤矿开采环境智能感知的基本功能

3.1.1 煤矿开采环境智能感知的工作特点

煤矿井下是由巷道、立井、斜井、各种设备设施等构成的庞大的工程系统。井下生产系统工程庞大，环境恶劣，且多种作业同时进行，因而形成了煤矿开采过程监测监控的特殊工作环境。

1）监测设备工作环境异常恶劣

受矿井热害、井巷涌水的影响，井下作业环境高温潮湿；井下凿岩设备、提升运输设备等设备运行使井下作业环境噪声大；凿岩作业、爆破作业、装卸矿等过程产生大量粉尘。监测监控设备被安装在这种恶劣环境中，不可避免地受到电磁福射、潮湿、腐蚀等干扰因素的影响，在一定程度上降低了监测监控数据的准确度，并影响了数据传输的可靠性和稳定性。

2）监测对象种类多、数量广

煤矿开采作业环境以及整个生产过程潜藏着各种危险有害因素，如地压、涌水、高温、潮湿、粉尘、噪声、振动、一氧化碳等，对任何危险有害因素的忽视或者控制不当，都可能造成事故的发生。为了掌握井下生产过程各危险有害因素的状态，监测监控系统必须对危险有害因素进行全面智能感知并准确传送到地表。

3）监测点范围广、分布不均

井下生产系统工程庞大，受矿体空间分布特征、采矿方法以及重要运输路线、重要场所分布等影响，使得危险有害因素的监测监控范围很广。另外，由于作业场所、重要区域对安全要求较高，从而导致对同一危险有害因素的监测监控点的布设在整个井下生产系统分布非常不均。再者，井下生产处于动态发展状态，使得井下监测监控系统处于不断扩展中，增加了传感器监测与数据传输的复杂性与难度，影响整个系统良好运行与维护。

3.1.2 煤矿开采环境智能感知的基本目的

煤炭技术水平的高低对我国煤炭行业的可持续发展具有重要的作用，直接关系到井下煤矿工人的人身安全和我国经济的稳定增长。随着信息技术的发展，煤炭企业正在经历快速的技术革新和管理革新，我国对煤炭安全与管理方面的信息化建设重视程度在不断加深。目前，很多煤炭企业都建立了自己的信息化平台，通过信息化建设提高煤炭企业效率和保证安全生产。

煤矿开采环境智能感知的目的是为煤矿安全监督管理引入新的理念、新的技术和新的方法，通过把各种类型的传感器应用到煤矿安全监控系统中，智能感知“人员、机械、矿山环境”的各种状态信息；将现有分散的、独立的、单一的监测监控平台进行升级，集成为综合的监控系统，来实现人与机械的、环境的和其他物理系统以及物与物、人与物的互相联动，从而保证煤矿的安全生产，实现安全监督管理中“物物互联、智能感知、物物互动、智慧处理”的设想。

3.2 煤矿开采环境智能感知体系

煤矿开采环境智能感知是以“科学采矿”“煤炭精准开采”理念为指导，以中国矿业大学多年来形成的矿压监测与支护质量检测理论、技术、软件、仪器为基础，以矿山压力与围岩控制、煤矿安全高效开采、开采智能监测为知识背景，依托中国矿业大学矿业工程“双一流”学科的优势资源，进而形成的适用于智能化矿井的感知体系。煤矿开采环境智能感知体系主要包括井下人员信息感知、井下设备工况感知、井下生产状态感知和煤矿安全风险感知 4 个部分。

3.2.1 井下人员信息感知

在进行煤矿开采过程中，井下人员信息感知系统发挥着重要作用，具有监测查询、双卡考勤、安全保障、遇险救灾指引、信息联网等功能，不仅可以确保煤矿井下开采工作的顺利进行，而且还可以实时、动态地了解和掌握井下员工的工作情况，从而有效地提高煤矿安全生产和管理水平，对煤矿企业的发展起到积极的推动作用。

1) 监测查询

实时、动态地对煤矿井下人员的数量、位置、活动轨迹、分布情况及停留时间等信息进行监测查询，详细记录人员与进出工作区域的具体时间，以实现对某区域工作人员分布情况及数量进行实时监控，确保井下人员管理工作顺利进行。

2) 双卡考勤

煤矿井下人员管理信息感知具有融合井下人员考勤系统和定位系统的功能，可借助无源卡刷卡的方式来完成煤矿井下工作人员的考勤工作，以便更好地了解和掌握井下人员轨迹和考勤信息。这样不仅可以避免考勤作弊现象的发生，而且还可以提高人员管理工作的效率。

3) 安全保障

在煤矿井下工作场所或硐室配备语音站或射频识别器，以便更好地发挥门禁功能，严禁不符合规定的人员进入该区域。一旦出现人数超限情况，将会自动发生报警，并对该区域进入的人员数量进行实时监控。另外，还可以通过井下人员管理信息系统实现对上位机和井下人员的双向紧急呼叫，为紧急情况或紧急事故提供安全保障。

4）遇险救灾指引

如果矿井发生重大突发事故时，地面监控办公室可以通过井下人员管理信息感知系统对井下工作人员的具体位置信息全面制订应急预案，同时还可以借助该系统来完成井下人员的警示、撤离工作，并对遇险救灾提供远程指导。

5）信息联网

煤矿企业安全管理人员可以通过井下人员管理信息感知系统来对井下人员的信息情况实时查询，通过信息联网功能传输给井上管理人员，从而确保井下人员管理工作的顺利进行。

3.2.2 井下设备工况感知

煤矿机电设备分为开采设备、掘进设备、供电设备、运输设备、通风设备、排水设备、安全设备等。目前，国内大部分煤矿应用设备巡检记录仪读取设备标志卡，对机电设备主要运行参数进行人工检测与记录；或者通过机电设备监测监控系统利用各类传感器实时自动采集现场设备运行参数，并通过工业以太环网上传至服务器，对现场实时数据进行处理、存储与发布。但是，多数煤矿机电设备配套的专用监测监控系统运行相对独立，无法有效地实现机电设备间协同工作。通过采用井下设备感知系统，可实时采集机电设备运行参数，结合日常设备巡检记录，对设备全生命周期动态管理，实现设备预防性维护，使设备管理及维检人员及时准确地掌握设备运行状况。各类机电设备主要监测参数见表3-1。

表3-1 煤矿机电设备主要监测参数

分类	主要设备	主要监测参数
开采设备	采煤机	开停状态、位置、电压、电流、牵引速度、左右滚筒高度、温度、累计运行时间、方向
	液压支架	支架高度、前后柱压力
	刮板输送机	开机率、温度、开停状态
	破碎机	开停状态、负荷、温度、运行时间、电压、电流、转速及转矩
	转载机	开停状态、负荷、温度、运行时间、电压、电流、转速及转矩
掘进设备	掘进机、连采机、锚杆机	开停状态、故障、开关电压、电流、功率因数、运行时间、油缸油压与位移、截割电动机工作时间
供电设备	高低压配电柜、移动变电站、高低压动力开关	电压、电流、电量、有功功率、无功功率
运输设备	主提升机、副提升机	钩数、质量、运行时间、提升速度、开停状态
	带式输送机	运煤量、开停状态、故障状态、保护信号、运行速度、张力、温度、电流、电压
	辅助运输设备	载人（货）信息、车辆信息、速度、运行轨迹
通风设备	主要通风机	负压、风量、电压、电流、振动、轴承温度、绕组温度、转速
	压风机	开停状态、风量、压力、电压、电流
	局部通风机	开停状态、电压、电流

表 3-1(续)

分类	主要设备	主要监测参数
排水设备	水泵	运行时间、运行台数、排水量、电流、电压、功率、功率因数、出口压力、流量、电动闸阀工作状态与启闭位置、电动机温度保护信号、电动机内腔贫水保护信号、动静态绝缘监测保护信号
安全设备	安全监控系统分站、电源、传感器	分站在线/断线、正常/故障等状态;电源充电状态、输出电压和电流;传感器在线/断线、标校、故障等状态
	瓦斯抽采设备	开停状态、累计运行时间、供电电压和电流
	人员定位基站	在线/断线、正常/故障等状态
	供水设备	流量、压力、液位、电压、电流、功率、阀门开闭
	应急通信装置	在线/断线、正常/故障等状态
	矿压监测设备	在线/断线、正常/故障等状态
	IP 广播通信	在线/断线、正常/故障等状态
	工业视频设备	在线/断线、正常/故障等状态

3.2.3 井下生产状态感知

我国煤矿开采主要呈现两大特征:一是除去西北部地区的少数矿井之外,大部分矿井煤层的赋存条件复杂多样,灾害发生率较高且严重,安全威胁大;二是煤矿开采分为露天开采和井工开采,且 90%以上的煤矿开采依靠井工开采,而且煤矿井下生产过程复杂、设备繁多、环境恶劣,生产过程包括巷道掘进、煤层开采、煤炭运输、主/副井提升等过程。

井下生产状态感知需要利用煤矿井下/井上传感网络进行数据采集传输,目前利用较多的传感方式为有线或无线传感网络(以无线传感网络为例)。

井下无线覆盖主要利用本安交换机、光纤耦合器、本安以太网延长器以及无线基站实现。根据井下网络覆盖需求,在井下巷道、采煤工作面等区域布置大量的无线基站,利用无线基站的覆盖范围能力来保证所有无线终端所发射的信息都能被基站接收。基站与本安交换机通过以太网延长器或光纤耦合器相连接,将接收到的终端信息发送给交换机,交换机通过光纤耦合器接入井下光纤骨干网,进而传输到地面指挥中心,如图 3-1 所示。

3.2.4 煤矿安全风险感知

21 世纪以来,我国安全高效高端综采技术与装备研发突飞猛进,推动了煤炭行业机械化、自动化程度大幅提升和安全保障程度大幅提高。但是,随着人们对能源资源的需求量不断增加和开采强度的不断提升,导致浅部煤矿资源日益枯竭,迫使人们逐渐着眼于深部矿产资源的开发与利用。显然,未来很长一段时间我国的煤矿开采将以深部井工开采为主要特点,同时煤矿深部开采将会引起稳定、安全、高效等一系列关键难题。煤矿井工开采主要的安全风险包括瓦斯爆炸、煤尘爆炸、煤自然发火、矿井透水与矿工心理状态等,因此非常有必要确定煤矿安全评价等级。

为了明确表征煤矿安全程度,需要确定评价等级的分级方法和分级标准。根据煤矿安全现状综合评价得到安全评价值,把评价结果转变为安全等级,这样才能确认煤矿现在是安全的(即安全程度)还是不安全的(即危险程度)。安全等级的划分对实现科学监察和分类管

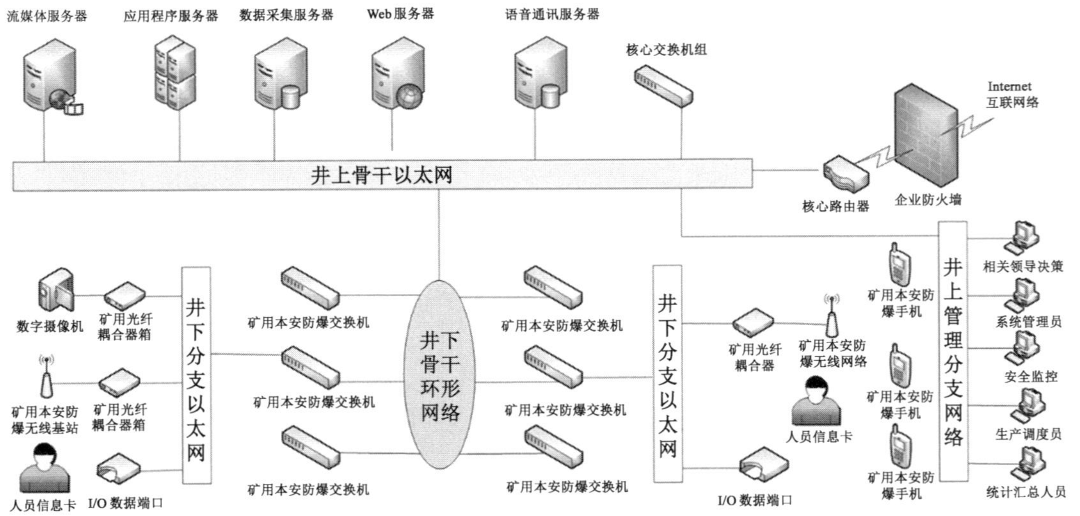

图 3-1　井下生产状态传感网络设计示意图

理具有十分重要的意义。因此，参照危险源划分办法及煤炭行业的实际情况，煤矿安全评价的等级依据专家对评价结果的打分统一划分为 4 个等级，即 A～D 级。

(1) A 级矿井得分在 85～100 分，为安全矿井，该类矿井基本无安全事故，属于无危险的矿井。

(2) B 级矿井得分在 75～85 分，为基本安全矿井，该类矿井无大事故，属于危险较小的矿井。

(3) C 级矿井得分在 60～75 分，为安全较差矿井，该类矿井易发生大事故，属于危险很大的矿井，需要停业整顿。

(4) D 级矿井得分小于 60 分，为不安全矿井，该类矿井易发生重特大事故，属于非常危险的矿井，必须关闭。

由于煤矿安全现状综合评价是一个动态的过程，因此对煤矿安全现状综合评价等级采取动态管理，要及时发现煤矿安全管理中的重大变化，对安全管理严重滑坡以及存在重大事故危险源治理不及时的要采取相应处理措施。

3.3　煤矿开采环境智能感知关键技术

3.3.1　感知数据采集技术

1) 数据采集技术

数据采集是利用计算机、自动化、通信技术、传感器技术等工具，将工业/工程现场等诸多实际现场信息参数，通过处理、分析、压缩，最后传输到中心系统数据仓库中的一种技术。在数据采集中，被采集数据是已被转换为电信号的各种物理量，如温度、水位、风速、压力等，可以是模拟量，也可以是数字量。采集的方式一般是采样，即利用传感器每隔一定的时间

(称为采样周期)对同一点数据进行重复采集。采集的数据大多是瞬时值,也可是某段时间内的一个特征值。准确的数据测量是数据采集的基础。数据测量的方法有接触式和非接触式两种,检测元件是多种多样的。不论哪种方法和元件,均以不影响被测对象状态和测量环境为前提,以保证数据的正确性。

2) 数据采集的目的

现代工业控制、自动检测技术及信号处理中的数据包括现场采集来的电压、电流、压力、流量、温度、角度等信号,还包括一些开关量信号。而数据采集是计算机与外部物理世界连接的桥梁,其原理就是将被测对象的各种参量通过传感器做适当的转换后,再经过信号调理、采样、保持、量化、编码、传输等步骤,最后传送到处理器进行数据处理、存储记录和显示打印的过程,其相应的系统即为数据采集系统。总之,数据采集的目的是为了测量应力、应变、电压、电流、温度、压力等物理量。

智能传感器概念最初是在美国宇航局开发宇宙飞船过程中提出的,即把传感器和微处理器结合在一起,这样在 20 世纪 70 年代末就出现了智能传感器。目前,认为"传感器的敏感元件及其信号调理电路与微处理器集成在一块芯片上就是智能传感器"。"Intelligent sensor"是英国人对智能传感器的称谓,而"Smart sensor"是美国人对智能传感器的俗称。智能传感器主要由传感器、微处理器(或微计算机)、信号调理电路组成,如图 3-2 所示。

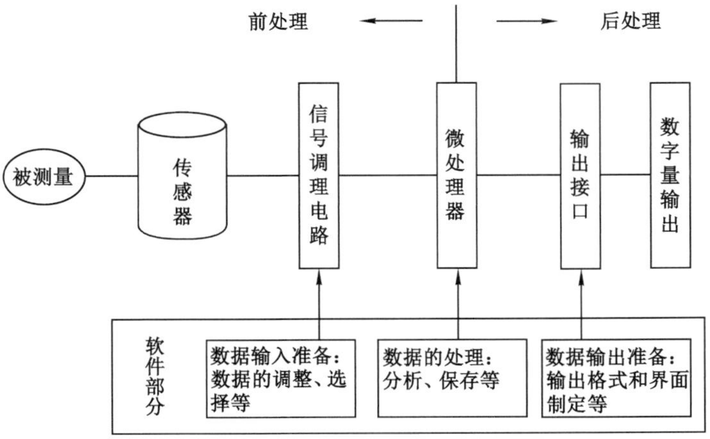

图 3-2　智能传感器基本结构

3.3.2 智能传感器的系统接入技术

目前,比较流行的智能传感器系统接入技术有现场总线技术、工业以太网技术、无线传感网络技术等。

1) 现场总线技术

现场总线被誉为测控领域的计算机局域网,是现代测量和自动化技术发展的一个重要里程碑。现场总线是开放型控制系统,也是现场总线控制系统的基础。它是用于现场总线仪表与控制室之间的一种全数字化、串行、双向、多站的通信网络。现场总线使控制系统和现场设备之间有了通信能力,并组成信息网络,为实现企业信息集成和企业综合自动化提供保障，提高了系统运行的稳定性。现场总线技术已成为现代传感系统的重要技术支撑和传感器检测系统的重要组成部分。

目前，国际上有多种现场总线通信协议模式，如 LONWORKS(local operating networks)通信协议模式、PROFIBUS(process field bus)通信协议模式、HART(highway addressable remote transducer)可寻址远程传感器高速公路通信协议模式、串行总线和 CAN(control area network)控制局域网络通信协议模式等。在矿山领域，使用最多的是 CAN 总线技术(CAN 属于总线式通信网络)。CAN 总线推出之初主要用于汽车内部测量和执行部件之间的数据通信。实际上，机动车辆总线和工业现场总线的要求有许多相似之处，即要求成本要低、实时处理能力要强、抗强电磁干扰、可靠性高等。因此，CAN 总线广泛应用于离散控制领域中的过程监测和控制，特别是工业自动化的底层监控，以完成控制与监测设备之间可靠和实时的数据交换。

2) 工业以太网技术

现场总线标准来推动现场总线技术的广泛应用，最终实现工业自动化领域内一场新的革命。然而，这一设想的实施并不顺利，现场总线的通信标准尚未完全统一，使得各个厂商的仪表设备难以在不同的现场总线控制系统中兼容。此外，现场总线控制系统的传输速率也不尽人意，在有些场合仍无法满足实时控制的要求。由于以上原因，现场总线控制系统在工业控制中的推广应用受到了一定的限制。由于以太网(Ethernet)具有流行的网络协议，所以在商业系统中被广泛采用。以太网用于控制网络具有以下优点：

(1) 具有相当高的数据输出速率(目前已达到 100 MB/s)，能够满足带宽的要求。

(2) 由于具有相同的通信协议，Ethernet 和 TCP/IP 很容易集成到企业管理网络。

(3) 能在同一总线上运行不同的传输协议，从而建立企业的公共网络平台或基础构架。

(4) 在整个网络中，运用了交叉式和开放式数据存取技术。

(5) 沿用多年且被众多的技术人员所熟悉，市场上能提供广泛的软件资源、维护和诊断工具，成为事实上的统一标准。

(6) 允许使用不同的物理介质并构成不同的拓扑结构。

3) 无线传感网络技术

无线传感器网络(wireless sensor network，WSN)利用集成化的微型传感器实时感知和采集监测对象或环境的信息，用微处理器对信息进行处理，并通过自组织无线通信网络以多跳中继传送，将网络化信息获取和信息融合技术相结合，使终端用户得到需要的信息。如果传感器网络要通过现有的互联网或卫星与外界通信，就必须将传感器网络内部以数据为基础的寻址转换为外界以 IP 地址为基础的寻址。

通信处于无线传感网络的最底层，包括物理层和介质访问控制协议；主要实现数据的点到点或点到多点的传输问题，为上层组网提供通信服务；同时满足传感器网络大规模、低成本、低功耗及鲁棒性等要求。无线传感组网技术以底层通信技术为基础，建立一个可靠且具有严格功耗预算的通信网络，向用户提供服务支持，在资源消耗与网络服务性能之间平衡。

3.3.3 智能传感器的系统测试技术

传感器测试主要是为了检测传感器的性能指标，从而判断该传感器是否为合格产品。传感器的性能指标一般包括静态指标和动态指标，静态指标的检测是必须进行的一道工序。传感器测试系统作为传感器检测设备必须具有很高的精度和稳定性，可以通过高精度数据采集板卡、高质量信号调理及数字滤波等手段，解决人工检测造成的效率低下、人为误差等问题。在标准工作条件下，智能传感器测试系统能实现数据自动采集、分析计算、保存及打印等功能，如图 3-3 所示。

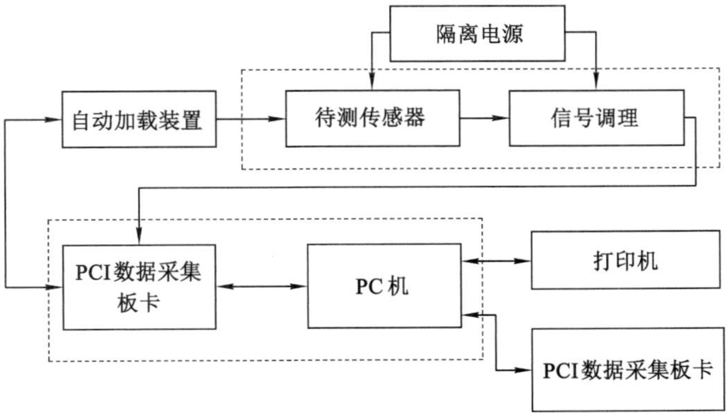

图 3-3　智能传感器测试系统结构示意图

智能传感器测试系统的作用可以归纳为以下 3 个方面：

1）测试传感器能否正常工作

智能传感系统主要由两部分构成：一部分是智能传感器；另一部分是传感器的接入系统。只有两部分都正常工作，智能传感系统才能正常运行。因此，测试系统通过终端数据和系统部件的测试，检验所有部件是否正常工作，对于无法正常工作的部件，要及时进行更换或检修。

2）测试传感器的灵敏度

在实际工作过程中，由于工作环境（系统）的限制，传感器有时难以按照正常的技术指标进行工作。这时就需要利用智能传感测试系统对传感器的灵敏度进行测验，对于不符合要求的要重新进行选择和设计。

3）测试接入系统的可靠性

接入系统是智能传感系统重要的组成部分，在传感器正常工作的前提下，接入系统对智能传感系统是否正常工作影响很大。通过智能传感测试系统的整体测试以及智能传感系统的整体运行来检测接入系统是否符合要求，以保证智能传感系统的正常运行。

3.3.4　智能信息处理技术

智能信息处理就是将不完全、不可靠、不精确、不一致和不确定的知识和信息逐步变为完全、可靠、精确、一致和确定的知识和信息的过程和方法。智能信息处理技术涉及领域广泛，是计算机技术、通信技术、电子技术和控制技术等多种技术的融合。智能信息处理方法主要包含以下几种：

1）人工神经网络方法

人工神经网络方法是在数学模型和网络模型的基础上研究提出的。在数学模型中，人工神经参考大脑神经元，它是信息处理的基本单元体，大量的人工神经元有机地组合在一起，构成一个复杂的神经网络结构。这个结构的基础就是单个的人工神经元和各个神经元之间的连接结构。

2）模糊神经网络方法

模糊神经网络把模糊系统和神经网络进行优势互补，并将语言、逻辑计算、处理方法和动力学理论融合起来，从而使自身具备良好的学习、识别、联想和模糊信息处理能力。模糊神经网络的核心内容就是将模糊的输入信号与权值施加于普通的神经网络之中，二者相互取长补短，充分发挥模糊系统和神经网络各自的优势。

3）进化算法

进化算法借鉴了生物界中的自然选择定律和遗传定律，已经在自动控制、图像识别、机器学习等众多领域广泛应用，对优化和机器学习等领域的研究具有极大的指导意义，是智能信息处理技术中最常用的算法之一。

4）信息融合技术

将多种信息进行加工、利用，并使其相互补充，以获得更加真实、准确的信息。

3.3.5 智能信息通信技术

3.3.5.1 智能信息通信技术简介

智能信息通信技术是指通过应用智能处理技术，解决各种远程服务中的人机交互问题。智能信息通信服务将改变通信方法和信息处理方式，人们不仅能够自由选择通信业务和设备，而且可以通过技术和业务实现个性化，从而满足各种需求。智能信息通信是人工智能技术与通信技术的结合，即：

$$AI + CT \longrightarrow IC$$

式中 AI(artifical intelligence)——人工智能；

CT(comunication technology)——通信技术；

IC(intelligent comunication)——智能信息通信。

根据所采用的人工智能技术和通信网络类型的不同，智能信息通信技术分为分布式智能信息通信技术、互动式智能信息通信技术和移动式智能信息通信技术。分布式智能信息通信技术是分布式人工智能技术与通信技术的结合；互动式智能信息通信技术是分布式人工智能技术与互动通信技术的结合；移动式智能信息通信技术是人工智能技术与移动通信技术的结合。

3.3.5.2 智能信息通信系统

1）通信领域发展趋势

随着科学技术的发展和经济的增长，各行业对通信的需求不断提高。从多种统计数据和实际应用调查表明，通信领域有以下发展趋势：

（1）新的应用将得到多媒体的支持。

（2）通过网络互连和网络集成降低系统成本。

（3）通过扩展通信系统和语音功能提高系统生产能力。

（4）通过语音和数字应用集成增强系统效率。

（5）具有系统投资保护和面向未来的升级手段。

（6）保护用户现有的应用。

2）智能信息通信系统设计原则

（1）实用性。系统设计在运行环境、使用操作等方面以实用为主，以方便用户使用和维护为出发点。同时，系统在产品的选择上，采用国际上广泛采纳的、主流的、支持开放标准的主机设备、网络接口。

（2）先进性。系统采用先进的主处理器、网络、数据库技术和产品，从而保证系统的先进性。在具体产品的选择上和实用可靠的基础上，尽量选择先进的技术方案，提高系统的生存周期。

（3）安全可靠性。充分考虑系统的安全策略和安全机制，根据不同的业务要求，设立不同的安全措施，保证系统的安全可靠性。

（4）扩展性。系统设计中，可根据实际情况对系统硬件和软件进行灵活地配置和组合，能方便升级和更新，以适应业务的不断发展。

（5）规范性。系统所有设计均符合相关的国际标准和国内行业标准。

3.3.6　传感网络协议架构技术

传感网络协议体系架构是传感网络的软件部分，包括网络的协议分层以及网络协议的集合，是对网络及其部件完成功能的定义与描述，由网络通信协议、传感器网络管理以及应用支持技术组成，如图 3-4 所示。

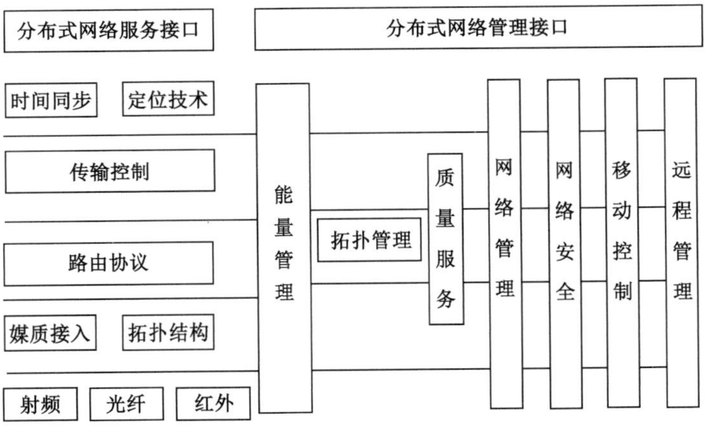

图 3-4　传感网络协议体系结构

分层的网络通信协议架构类似于传统的 TCP/IP 协议体系结构，由物理层、数据链路层、网络层、传输层和应用层组成。

物理层的主要功能是在局部局域网上传送数据帧，并负责管理计算机通信设备和网络媒体之间的互通。

数据链路层的主要功能是在物理层提供服务的基础上向网络层提供服务，该层一般包括媒体访问控制（media access control，MAC）子层与逻辑链路控制（logical link control，LLC）子层，其中 MAC 层规定了不同用户如何共享信道资源，LLC 层负责向网络层提供统一的服务接口。

网络层的主要功能包括分组路由、网络互连等。

传输层主要负责数据流的传输控制，提供可靠高效的数据传输服务。

应用层主要为应用软件提供接口，以实现软件之间的通信。

3.4 光纤光栅智能感知技术

3.4.1 光纤基本结构

光纤(光导纤维)基本结构呈圆柱形，由内向外依次为光纤纤芯、包层、保护层(亦称涂覆层)、增强纤维和光纤保护套，未加增强纤维和光纤保护套的光纤称为裸光纤，光纤基本结构如图 3-5 所示。其中，光纤纤芯和包层是光纤的主体，对光波的传输起决定性作用。光纤的纤芯由纯石英(成分为 SiO_2)组成，光纤纤芯中含有少量的掺杂剂，如硼或锗，目的是为了提高光纤纤芯的折射率，形成全内反射条件下传导光波限制在光纤纤芯中，光纤纤芯的直径为 5～50 μm，而最常用的单模光纤纤芯直径为 9 μm，多模光纤纤芯直径为 50 μm；包层也是由纯石英(SiO_2)组成，直径为 125 μm，包层的折射率稍小于光纤纤芯的折射率，为光波在光纤中的全内反射提供条件。保护层(涂覆层)一般为硅橡胶、环氧树脂等高分子材料，直径为 250 μm，用于保护光纤免受环境污染，增强光纤的机械强度、柔韧程度和耐老化性能。增强纤维和光纤保护套主要用途是隔离杂光、提高光纤抗拉性、耐久性及保护作用。

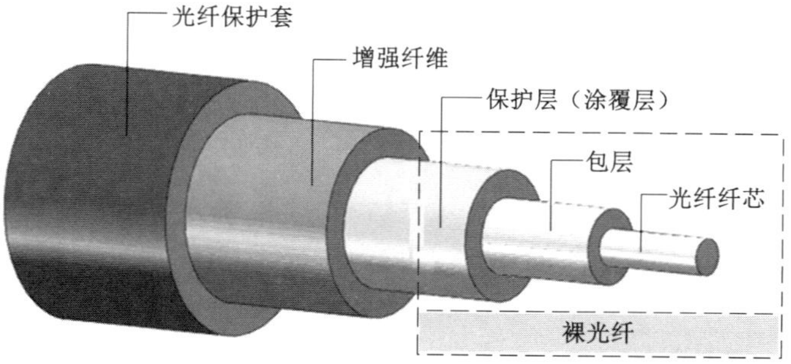

图 3-5　光纤基本结构示意图

光波在光纤中的传输是基于光的全反射原理。光波在纤芯内传输时，由于光纤纤芯折射率大于包层折射率，当光束传输到纤芯和包层的光纤界面时，在光束入射角大于临界角情况下，入射光束将不发生折射，全部沿着光纤纤芯反射向前传播。光纤种类多样，因纤芯边界的限制使光波在其中的电磁场解是不连续的，这种不连续的场解称为模式，而光纤按传输模式分为单模光纤(纤芯中只传输一种模式的光波)和多模光纤(纤芯中传输多种模式的光波)。

3.4.2 光纤光栅感知原理

光纤光栅(fiber bragg grating，FBG)是一种新型的光纤器件，其物理材料特性本质上与光纤没有发生改变，变化的是光纤纤芯的内部结构，它的纤芯层折射率沿光纤轴向发生周期性改变，即一种非常规光波导，所以实际上光纤光栅可以看作特殊结构的一小段光纤，如图 3-6 所示。

由于光纤纤芯周期性折射率扰动仅会对很窄的一小段光谱产生作用，因此当宽带光源在光纤光栅中传输时，入射光波将在某个相应的波段被反射回来，其余的大部分透射光波则

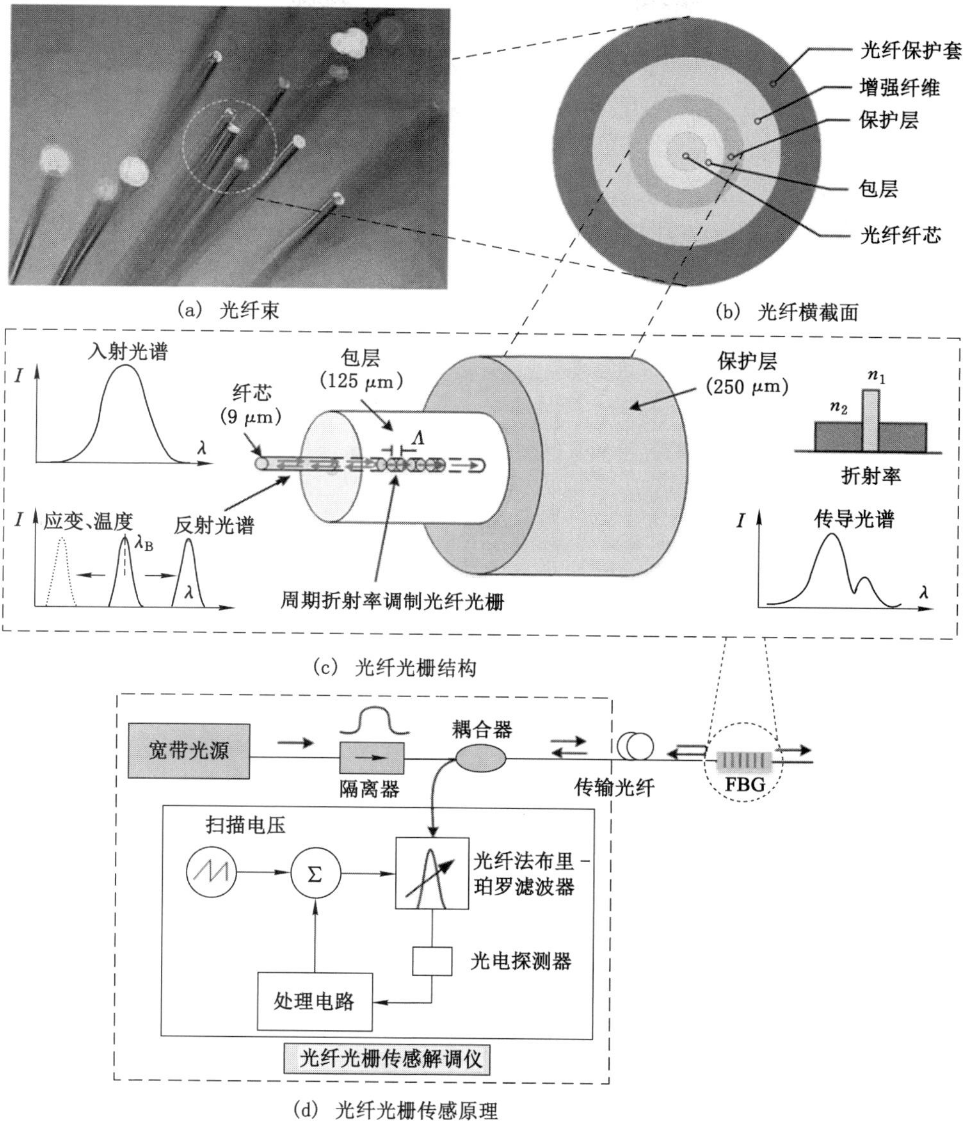

图 3-6　光纤光栅结构及传感原理图

不受影响而沿着原来方向继续向前传导，在透射光波的光谱图上会有一部分以反射波长为中心的窄带频谱缺失，这样光纤光栅就起到了光波选择的作用，这种光栅称作布拉格光栅，反射条件称为布拉格条件。

光纤布拉格光栅反射波长的基本关系式为：

$$\lambda_B = 2n_{eff}\Lambda \tag{3-1}$$

式中　λ_B——光纤布拉格光栅反射中心波长，通常在 1 510～1 590 nm；

n_{eff}——光纤纤芯的有效折射率，通常取 1.33～1.55；

Λ——光纤光栅周期。

由式(3-1)可以看出,光纤光栅反射中心峰值波长由光纤光栅的周期和有效折射率决定,因此任何使这两个参量发生变化的物理过程都可以引起光纤光栅反射中心波长的漂移。

FBG 传感的基本原理是宽带光源将具有带宽的光通过隔离器和耦合器入射到光纤光栅中,当外界环境的激励(应力、应变、温度)发生改变时,FBG 本身结构的周期 Λ 会发生变化,并且光纤本身的弹光效应和热光效应使有效折射率 n_{eff} 也随之发生改变。光纤光栅周期和折射率的改变,造成 FBG 反射中心波长发生改变,利用光纤光栅解调系统把测量的 FBG 中心波长变化解调出来,即可求得外界物理量的变化,这样就实现了 FBG 的传感。

3.4.3 光纤光栅主要特征参数

在进行光纤光栅传感器设计研制时,光纤光栅是决定传感器性能是否优良的重要因素,可以通过其主要特征参数进行评价。

1) 光纤光栅波长

光纤光栅波长是反射光谱尖峰处的中心波长,当外界环境如应力、应变、温度发生改变时,中心波长也会随之发生改变。

2) 光纤光栅反射带宽

反射带宽是指反射光谱占据的波长范围,与光纤光栅测量精度密切相关。带宽设计根据光纤光栅实际使用情况决定,带宽越小,测量精度越高,带宽一般在0.2～0.3 nm 范围内,通常取 0.25 nm。

3) 反射率

反射率是反映光纤光栅反射光谱光功率(光强)大小的指标,反射率越高,功率越大,光纤光栅监测功能越稳定,抗干扰能力越强,监测的精度越高。为了获得更好的光纤光栅性能,选择反射率大于 90%的光纤光栅一般能够满足实际使用要求。

4) 边模抑制比

控制光纤光栅峰值波长两边的旁瓣,如果旁瓣的峰值波长较大,解调系统会错误地把旁瓣当成主光纤光栅反射峰值,造成波长检测失败或检测精度下降。对于反射率为 90%的光栅,其边模抑制比应控制在 15 dB 以上,才能保证较高的信噪比。

5) 光纤光栅长度

光纤光栅长度与测量数据点的精确度紧密相关,理论上光纤光栅的长度越大,测量点的精确越低,但光纤光栅长度与反射率、反射带宽之间相互影响。因此,要在三者之间做一个平衡,通常对于 0.25 nm 反射带宽,光纤光栅长度为 10 mm。

6) 光纤光栅阵列波长间隔

当多个光纤光栅串接形成阵列结构时,为了解调系统获取每一个反射中心波长信息,保证能够"搜寻"每一个光栅,要求阵列中各个光纤光栅中心波长及其变化范围不能重叠交叉。在实际应用中,根据传感器的量程范围及解调系统的扫描范围,推荐传感器光纤光栅波长间隔为 5 nm。

7) 光纤光栅阵列波长缓冲区

光纤光栅阵列中,为了使每两个光纤光栅波长信息不相交(即一个光纤光栅的最大波长与下一个光纤光栅的最小波长不相交),必须要在两个光纤光栅波长之间留有缓冲区。

综合以上特征参数说明,在实现光纤光栅阵列测量时要考虑传感器数量、波长间隔等要求。比较常用的特征参数见表 3-2。

表 3-2　光纤光栅常用特征参数

名称	单位	参数
中心波长	nm	1 510～1 590
光栅长度	mm	10
反射率	%	≥90
反射带宽	nm	≤0.3
边模抑制比	dB	≥15
光栅阵列波长间隔	nm	5

3.4.4 光纤光栅感知特性

3.4.4.1 光纤光栅应变感知特性

当温度保持恒定时，光纤光栅只受到轴向应力-应变，中心波长将随着发生漂移变化。研究光纤光栅应变感知特性之前，做以下假设：

(1) 在研究的应力-应变范围内，假定将光纤光栅看作理想的弹性体，遵循胡克定律，且在其内部不发生剪切应力-应变。

(2) 假定折射率变化在光纤光栅横截面均匀分布，且这种折射率变化对光纤本身材料特性及各向同性特点不产生影响。

不考虑波导效应对光纤光栅折射率的影响，得到轴向应力-应变引起的光纤光栅反射中心波长变化为：

$$\frac{\Delta\lambda_B}{\lambda_B}=(1-P_e)\varepsilon_z \tag{3-2}$$

式中　λ_B——光纤光栅反射中心波长；

$\Delta\lambda_B$——光纤光栅反射中心波长漂移量；

ε_z——光纤光栅轴向应变；

p_e——有效弹光系数。

可以看出，对于某一具体的光纤光栅来说，由于其材料特性已经确定，因此 p_e 为常数。这表明，当光纤光栅在受单纯的轴向应力-应变时，反射中心波长漂移量与轴向应变呈线性变化的关系，保证光纤光栅作为应变传感器具有良好的线性输出。

为了更加清楚、直观地观察应力-应变条件下光纤光栅反射光谱的特性，对光纤光栅反射光谱进行数值仿真，所选取的光纤光栅参数为：中心波长取 1 550 nm，光栅长度为 10 mm，光栅周期为 527.9 nm，轴向应变分别为 2 000 με、1 000 με、0 με、−1 000 με、−2 000 με 时的反射光谱，如图 3-7 所示。从图中可以看出，对于均匀周期光纤光栅，在其受静态应变时，光纤光栅的反射光谱只是整体波长发生偏移，而其光谱形状并不发生改变。

若分别取中心波长为 1 540 nm、1 545 nm、1 550 nm、1 555 nm、1 560 nm、1 565 nm，可对于 1 550 nm 的光波波段，单位微应变导致的反射中心波长变化约为 1.2 pm，即光纤光栅应变灵敏度为 1.2 pm/με。中心波长变化不大时，光纤光栅应变灵敏度相差不大，但是实际应用中采用的光纤不同、写入光栅的工艺方法不同以及退火工艺的差别，使得不同光纤光栅的传感灵敏度会有所差异，因此不同的光纤光栅必须经过标定才能用作实际测量。

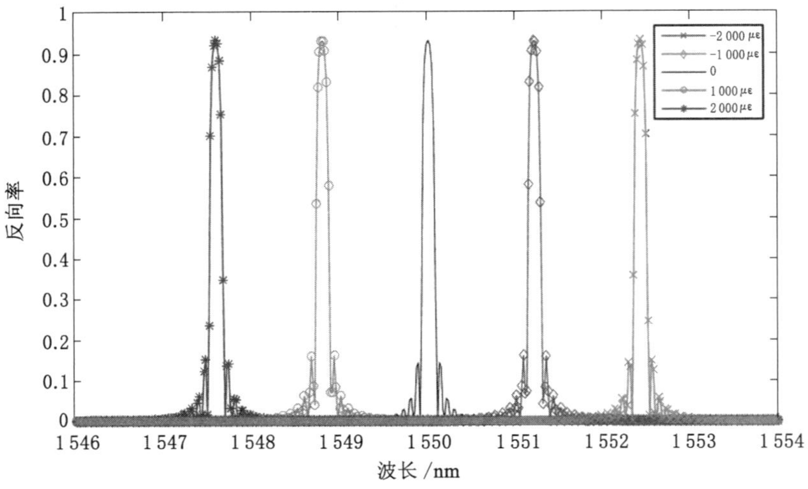

图 3-7 轴向应变下光纤光栅反射光谱

3.4.4.2 光纤光栅温度传感特性

当光纤光栅处于不受外力作用的自由状态时，如果温度发生改变，光纤自身材料如热光效应、热膨胀效应会引起光纤光栅反射中心波长漂移。光纤材料的热光效应使光纤光栅的折射率发生改变，热膨胀效应会使光栅的周期发生改变。为了得到光纤光栅温度感知特性，做以下假设：

(1) 假定光纤光栅处于均匀的温度场中，不考虑光栅不同位置的温差效应，同样忽略光纤光栅不同位置温差引起的热应力效应。

(2) 假定光纤光栅处于光纤材料的线性热膨胀范围内，不考虑温度的变化对热膨胀系数的影响，即认为在测量范围内的热膨胀系数保持不变。

(3) 假定光纤光栅反射中心波长在其波长变化范围内，光纤材料的热光系数保持不变。

基于以上三点假设，通过理论分析得到温度变化引起的光纤光栅反射中心波长漂移为：

$$\frac{\Delta\lambda_B}{\lambda_B}=(\zeta+\alpha)\Delta T \tag{3-3}$$

式中 λ_B——光纤光栅反射中心波长；

$\Delta\lambda_B$——光纤光栅反射中心波长漂移量；

ξ——光纤材料的热光系数；

α——光纤材料的热膨胀系数；

ΔT——温度变化量。

从式(3-3)可以看出，当光纤光栅材料确立之后，光纤光栅对温度的灵敏度系数基本上是一个常数，这就从理论上保证了采用光纤光栅作为温度传感器进行温度感知测量时可以得到很好的线性输出，如图 3-8 所示。

对于 1 550 nm 的光波波段，单位温度变化导致的光纤光栅反射中心波长变化约为 11.7 pm，即光纤光栅温度灵敏度为 11.7 pm/℃。中心波长变化不大时，光纤光栅温度灵敏度相差不大。但是，由于实际应用中采用的光纤不同、写入光栅的工艺方法不同以及光纤掺杂成分和掺杂浓度的差异，光纤材料热膨胀系数和热光系数存在较大差别，导致

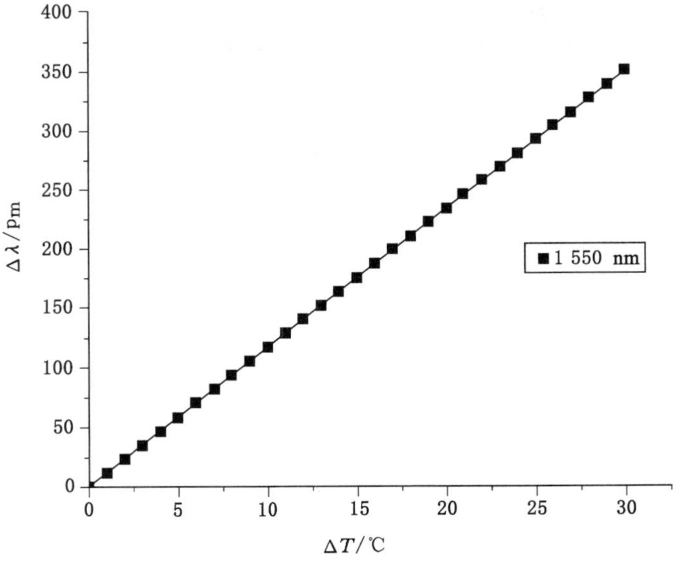

图 3-8　光纤光栅反射中心波长与温度变化关系

不同光纤光栅的温度灵敏度会有差异，而且光纤光栅封装材料也会改变其温度灵敏度，因此光纤光栅传感器制作完成之后必须经过标定才能用于实际工程测量。

3.4.4.3　光纤光栅应变温度交叉传感特性

根据以上的分析，光纤光栅是一种对应变和温度都同时敏感的传感元件，仅测量单个的光纤光栅中心波长漂移量，很难区别出应变和温度分别造成的波长变化。由应变和温度感知模型分析可知，对于中心波长在 1 550 nm 的波段，其应变灵敏度约为 1.2 pm/$\mu\varepsilon$，温度灵敏度约为 11.7 pm/℃，温度灵敏度相当于应变灵敏度的 10 倍。因此，在温度变化较大的环境中使用光纤光栅传感器必须考虑温度的影响，需要剔除应变温度耦合感知的作用，否则会因为温度变化导致测量精度降低。

光纤光栅的温度补偿方法主要包括：聚合物封装法、啁啾法、负温材料法、双光栅叠加法与不受力光纤光栅温度补偿法等。具体内容如下：

① 聚合物封装法是利用聚合物对光纤光栅进行封装降低其灵敏度系数，减少它对温度的影响。但是，聚合物封装法只是消除了光栅温敏的热膨胀部分，不能消除光敏部分。

② 啁啾法的成本过高，而且使用过程可靠性差，其广泛使用受到一定的限制。

③ 负温材料法由于负热材料的应用，使所测试温度范围受到一定限制，且成本高，难以取得实际应用的良好效果。

④ 双光栅叠加法要求两个光纤光栅中心反射波长具有足够大的差别，但因为双光纤光栅的灵敏度系数很接近，导致测量计算值误差过大。

⑤ 不受力光纤光栅温度补偿法，就是将两个光纤光栅布置在同一个环境温度场中，其中一个光纤光栅布设在被测结构对象上，同时感知被测结构的应变和温度参数，另一个光纤光栅布设在与被测结构材料相同但不受外力作用的构件上，仅用于感知被测温度参数，作为温度补偿。

综上所述，采用不受力光纤光栅温度补偿法是一种最简单方便、经济可行的补偿方法。

通过这种方法保证了两个光纤光栅感知相同的温度，以温度补偿光栅为参考就可以得到被测结构的真实应变信息。应变与温度作用下的光纤光栅反射中心波长漂移如下：

$$\frac{\Delta\lambda_B}{\lambda_B}=(1-P_e)\varepsilon_z+(\zeta+\alpha)\Delta T \tag{3-4}$$

令 $K_\varepsilon=(1-P_e)\lambda_B$，表示光纤光栅的应变灵敏度系数；$K_T=(\zeta+\alpha)\lambda_B$，表示光纤光栅的温度灵敏度系数，则式(3-4)可简化为：

$$\Delta\lambda_B=K_\varepsilon\varepsilon_z+K_T\Delta T \tag{3-5}$$

因此，对于工作在相同环境温度场中的两个光纤光栅，它们的中心波长变化分别为：

$$\Delta\lambda_{B1}=K_{\varepsilon1}\varepsilon_z+K_{T1}\Delta T \tag{3-6}$$

$$\Delta\lambda_{B2}=K_{T2}\Delta T \tag{3-7}$$

联立式(3-6)和式(3-7)，可以得出剔除温度影响后的应变为：

$$\varepsilon_z=\frac{\Delta\lambda_{B1}-\dfrac{K_{T1}}{K_{T2}}\Delta\lambda_{B2}}{K_{\varepsilon1}} \tag{3-8}$$

应变单独引起的波长漂移为：

$$\Delta\lambda_\varepsilon=\Delta\lambda_{B1}-\frac{K_{T1}}{K_{T2}}\Delta\lambda_{B2} \tag{3-9}$$

通过式(3-9)就可以实现温度的补偿。另外，在同一个温度场中，可以使用一个光纤光栅温度传感器实现多个光纤光栅应变的温度补偿，进而消除应变-温度耦合感知效应。

3.4.4.4 光纤光栅准分布式传感特性

当多个光纤光栅串接形成传感阵列进行准分布监测时，为了解调系统获取每一个反射中心波长信息，保证能够“搜寻”每一个光栅，要求阵列中各个光纤光栅中心波长及其变化范围不能重叠交叉，互不扰动。假设光纤光栅在两端的反射中心波长分别为 λ_N 和 λ_M，传感阵列中第 i 和第 j 是两个相邻的光纤光栅，在外界激励(应力-应变或温度)的影响下反射中心波长最大的正向漂移量分别为 $\Delta\lambda_{i+}$ 和 $\Delta\lambda_{j+}$，最大的负向漂移量分别为 $\Delta\lambda_{i-}$ 和 $\Delta\lambda_{j-}$，光纤光栅准分布感知模型如图 3-9 所示。

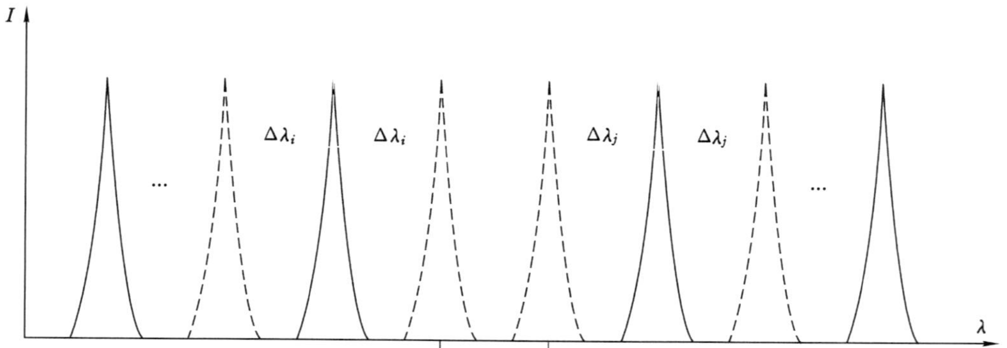

图 3-9 光纤光栅准分布感知模型

在光纤光栅准分布感知阵列中，两个相邻的光纤光栅中心波长需要有一定的间隔。相邻两个光纤光栅感知信号互不串扰必须满足：

$$\lambda_i + \Delta\lambda_{i+} < \lambda_j - \Delta\lambda_{j-} \quad (1 \leqslant i \leqslant j) \tag{3-10}$$

式中　$\lambda_1 \leqslant \lambda_N < \cdots < \lambda_i < \lambda_j < \cdots < \lambda_M$——光纤光栅准分布感知中各个反射中心波长。

在此定义，光纤光栅准分布感知信号分辨因子 ψ_{ij} 为：

$$\begin{aligned}\psi_{ij} &= (\lambda_j - \Delta\lambda_{j-}) - (\lambda_i + \Delta\lambda_{i+}) \\ &= (\lambda_j - \lambda_i) - (\Delta\lambda_{j-} - \Delta\lambda_{i+}) \\ &= \Delta\lambda_{j,i} - \Delta\lambda_{j-,i+} \quad (1 \leqslant i \leqslant j)\end{aligned} \tag{3-11}$$

式中　$\Delta\lambda_{j,i}$——相邻的两个光纤光栅的反射中心波长差；

$\Delta\lambda_{j-,i+}$——相邻的两个光纤光栅反射中心波长的相对漂移。

如果两个光纤光栅的波长信号均保证能够被光纤光栅解调系统“搜寻”出来，则感知信号分辨因子 $\psi_{ij} > 0$。实际上，感知信号分辨因子由相邻光纤光栅反射中心波长的相对漂移量、相邻光纤光栅的反射中心波长差、光纤光栅的反射带宽及光纤光栅传感解调系统的光电探测器扫描分辨率决定。由此可以大致确定光纤光栅准分布感知系统的复用能力（光纤光栅数量）表达式为：

$$M_{(\text{复用数})} = \frac{\Delta\lambda_{\mathrm{L}}}{\Delta\lambda_{j,i}} = \frac{\lambda_{\mathrm{M}} - \lambda_{\mathrm{N}}}{\Delta\lambda_{j,i}} \tag{3-12}$$

3.4.5　光纤光栅封装技术

光纤光栅的中心波长易受温度、应变、压力等外界参数的影响而产生中心波长漂移，裸光栅的敏感度比较低，不能满足实际测量的需求，且光纤本身脆弱、纤细，容易折断破坏，因此要对光纤光栅进行封装增敏处理。良好的封装技术应保证测量的精确性以及测试的长期性。影响封装技术好坏的因素主要包括：封装材料和封装形式。

3.4.5.1　封装材料

目前对光纤光栅传感器进行封装的主要方法是利用环氧树脂等黏结剂将传感器与基体材料结合，或是光纤光栅金属化。各种不同的封装方式，所涉及的封装材料主要有：

1）金属材料

根据用途不同，光纤光栅传感器封装过程中所采用的金属材料分为 3 类：一是作为基体材料的合金钢基片；二是管式封装用到的铜管或其他金属毛细管；三是在光纤光栅金属化工艺中所用到的镍、铜、银等电镀材料。这些金属材料强度较高，可以起到保护作用，但金属材料普遍与被测结构材料的力学性能相差较大，结合性不好，会影响传感器与被测结构变形的协调性；同时，这些金属材料在长期使用过程中会发生锈蚀、脱落现象，进而影响光纤光栅传感器测试的耐久性。

2）非金属材料

采用胶黏剂封装光纤光栅传感器是目前较为常用的一种封装方法。利用胶黏剂良好的粘贴性使光纤光栅与基体材料紧紧地粘贴在一起，从而达到传递应变的目的。但是，此种封装方法也有其不可忽略的缺点，即胶黏剂在较长时间氧化下，易发生老化，导致光纤光栅传感器实际测量的结果存在较大的误差，传感器的各项性能指标和使用寿命也将大大降低。

封装材料的选择直接影响封装效果的好坏，在封装材料的选择上需要选择耐久性好、弹性模量与被测结构材料相近、易于与被测结构贴合、便于获得的封装材料以降低封装制作成本,提高封装结构的耐久性、保证传感器与被测结构变形一致性。封装材料中的高分子黏结剂对传感器传感特性的影响较大,封装过程中应尽量避免使用。

3.4.5.2 封装形式

光纤光栅传感器的结构及使用材料确定后,其封装工艺的好坏直接决定了传感器的质量指标。目前,光纤光栅传感器按使用场合及设计结构的不同,可分为保护性封装、敏化封装和补偿性封装。

1) 保护性封装

常见的保护性封装形式主要包括基片式保护封装和金属管式保护封装。

(1) 基片式保护封装。将封装材料加工成保护性基片,在基片表面刻有深度为 2~3 mm的凹槽,然后用胶黏剂将光纤光栅封装在凹槽中。刻凹槽的目的是保证光纤光栅与基底充分接触,形成一个综合体,而且还可以保护光栅。常用的基片材料有铜、铝、合金等金属片以及土工格栅、塑料树脂等高分子非金属基片,如图 3-10 所示。

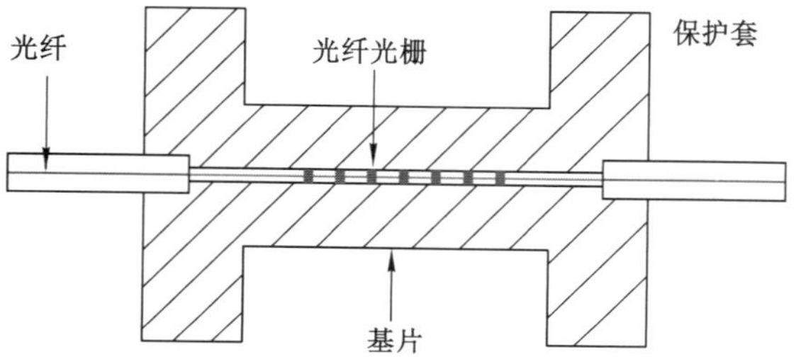

图 3-10　基片式保护封装示意图

基片式封装方式是一种比较成熟的封装方式,该方式易操作、结构简单,且对传感器的传感特性影响不大。但是在封装过程中,对基体材料及贴合工艺的选择要求较高,需要选择与被测结构协调性好且耐久性好的封装材料,采用合适的工艺进行贴合才能达到较好的效果,并且在封装过程中大量使用胶黏剂会影响传感器的传感特性。

(2) 金属管式保护封装。将光纤光栅沿着金属管的中心轴线方向放置于管内,然后将胶黏剂完全填充到金属管中,保证其与金属管粘贴紧密。此种方法封装的光纤光栅传感器既可以直接安装在结构表面上,又可以埋入结构内部,如图 3-11 所示。

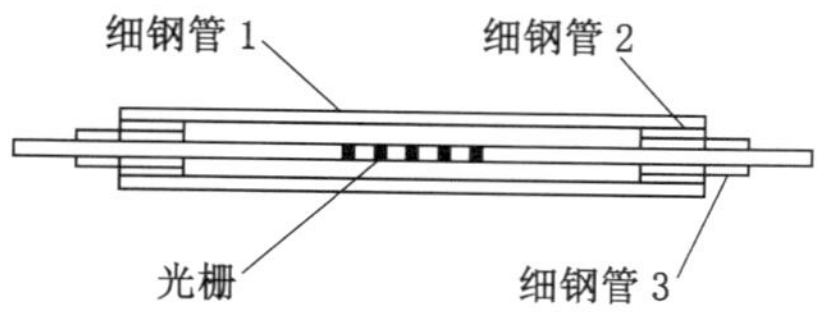

图 3-11　金属管式保护封装示意图

金属管式保护封装可以很好地保护光栅,并有效地将被测结构参数传递给传感器在实际监测中有了一定程度的探索。但是,这种封装方式的传感器一般对于应变不敏感,常用于温度监测;同时,管式传感器外部的金属管必须具有一定的耐腐蚀性,且选用的胶黏剂也必须具有良好的黏结性能和耐久性。

2）敏化封装

保护性封装可以保护光纤光栅少受损害，提高传感器的成活率，但是保护性封装较少考虑传感器的灵敏性，而且不同应用情况对于灵敏度的要求是不同的，有时需要提高传感器对某些参数的灵敏度，即进行增敏处理；而有时需要降低传感器对其他参数的敏感度，这就需要减敏处理。因此需要对传感器进行敏化封装，敏化封装一般是在保护封装的基础上对其进行优化，使其既可以保护传感器，又可以改善传感器的灵敏度。敏化封装主要包括增敏封装和减敏封装。

（1）增敏封装。通过不同的封装材料或不同的封装结构提高传感器对于某些参数的灵敏度。常见的增敏封装有温度增敏封装和压力增敏封装。

温度增敏封装：通过封装提高传感器对于温度的敏感度，一般选择高热膨胀系数的材料作为封装材料。在同样的温度变化时，高热膨胀系数的封装材料变形比裸光纤光栅大很多，通过封装材料的带动作用，封装后的传感器产生更大的变形，拥有更大的温度灵敏度。金属材料的热膨胀系数是石英材料的几十倍，因此一般选金属材料作为温度增敏封装材料。

（2）压力增敏封装。通过封装提高传感器对于应变的敏感度。压力增敏封装一般是将传感器封装在弹性模量较小的聚合物中，来提高传感器的压力敏感度。研究表明，材料的弹性模量与泊松比越小，压力灵敏度越高。一般高分子聚合物材料的弹性模量与泊松比较小，常被用作压力增敏封装材料。

（3）减敏封装。并不是所有情况下都是灵敏度越高越好，比如进行应力、应变测试时，我们希望它对温度不灵敏；反之，当进行温度测试时，我们希望传感器对温度之外的参数不敏感。所以，我们需要对传感器进行封装，使它对某一种或某些参数变化不敏感，达到减敏效果。减敏封装与增敏封装的原理相似，一般是采用负温度系数材料作为基底，或者对光纤光栅进行预张拉，以减小传感器的敏感度。

3）补偿性封装

温度补偿性封装是为了解决温度-应变的交叉敏感问题而提出的一种封装方法，采用这种封装方法，可以删除某一干扰参数。目前，对光纤光栅传感器设计及实际工程中进行温度补偿的主要方法有聚合物封装法、不受力光栅温度补偿法、啁啾法、FBG 与法布里-珀罗腔组合法、负温材料法以及应变、温度双参量同时测试的双光栅叠加法等。

3.5　矿用光纤光栅智能传感器

3.5.1　光纤光栅锚杆测力计

光纤光栅锚杆测力计主要由压力环、油管、压力表和 FBG 压力传感器组成，油缸通过油管和三通分别与压力表和 FBG 压力传感器连接，如图 3-12 所示。其中压力环内装有液压油，利用 O 形密封圈、活塞和端盖进行封装。液压油作为传感器的传力介质，是外力向传感器内部传递的途径，其作用是将外部载荷传递到 FBG 压力传感器，并通过压力表实时显示测量值。

在这个结构中，当传感器用于监测锚杆轴力时，锚杆穿过压力环并施加荷载 F，压力环受压使活塞运动并压缩液压油产生均匀油压 P，油压 P 通过油管和三通分别传递到压力表

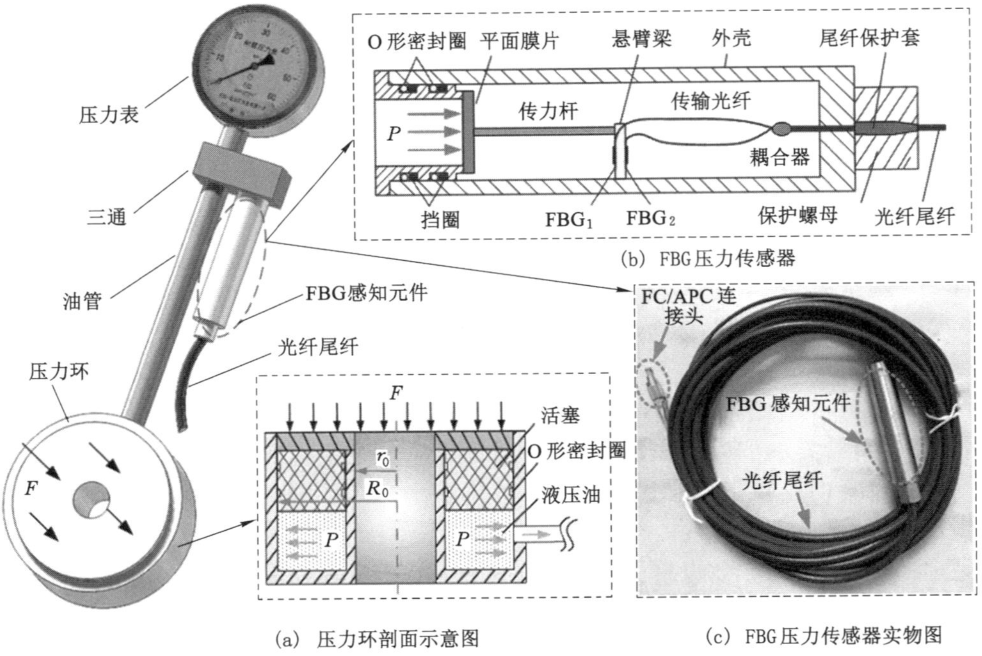

图 3-12　光纤光栅锚杆测力计结构示意图

和 FBG 压力传感器，然后通过载荷与光栅波长变化的表达式，即可换算出锚杆轴力的大小，同时压力表的读数可以作为参考数值。

3.5.2　光纤光栅测力锚杆

如图 3-13 所示，准分布式光纤光栅测力锚杆主要由螺母、托盘、锚杆、光纤、光纤光栅串组成。沿锚杆杆体方向刻制凹槽，在杆体凹槽内粘贴 3 个光纤光栅（FBG_1、FBG_2、FGB_3）来感知锚杆浅、中、深部杆体应力特征，在工程的长期健康监测方面具有极大的应用价值。光纤光栅测力锚杆需经过精细的封装，如：锚杆表面刻槽并用砂纸磨去毛刺→凹槽表面酒精擦拭清洁处理→定位测点、调制封装胶并粘贴固定光纤光栅→胶装保护等步骤才可应用于实际工程，如图 3-13(b)所示。

在实际围岩应力场中，采用锚杆杆体内部粘贴的光纤光栅传感器来感知杆体各部分的轴向应力。通过在杆体凹槽内侧粘贴光纤光栅，可以使光纤光栅传感器在锚杆杆体受围岩黏结力以及摩擦力等作用下产生伸缩变形。此时，由于杆体的弹性模量远大于煤岩体的弹性模量，杆体抑制围岩变形，从而造成杆体在轴向受力，杆体表面会产生拉伸或者压缩的细微变形，最终粘贴在杆体凹槽内侧的光纤光栅产生变形，波长变化量改变，通过光纤光栅解调仪即可调制解调出锚杆受力大小。

3.5.3　光纤光栅顶板离层仪

光纤光栅顶板离层仪是在传统机械式顶板离层仪的基础上改进而成的，主要包括锚固爪、固定管、钢丝绳紧固螺丝、光栅-机械变送部分、横托管、光纤接线头、光纤尾纤、刻度尺、钢丝绳、钢丝绳挡套等部分，如图 3-14 所示。光纤光栅-机械变送部分内布置两个矩形悬臂梁（方便构成准分布式传感网络）。在图 3-14 中，以矩形梁作为弹性敏感元件，光纤光栅作

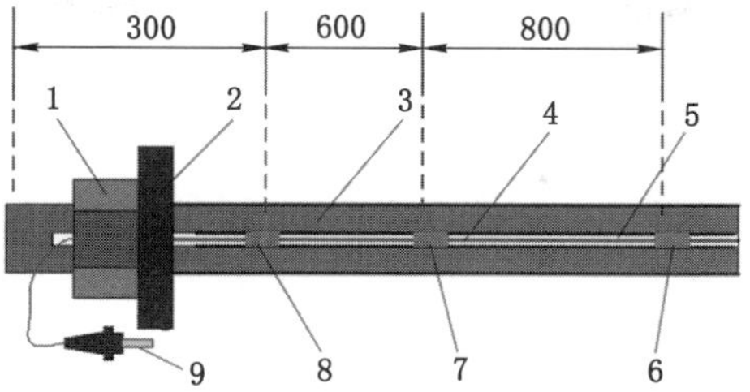

(a) 示意图

(b) 实物图

1—螺母；2—托盘；3—锚杆；4—光纤；5—凹槽；6—FBG_3；7—FBG_2；8—FBG_1；9—尾纤接头。

图 3-13 光纤光栅测力锚杆

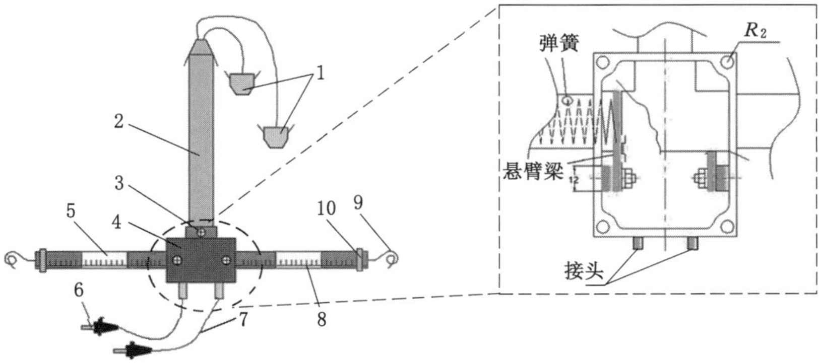

(a) 示意图

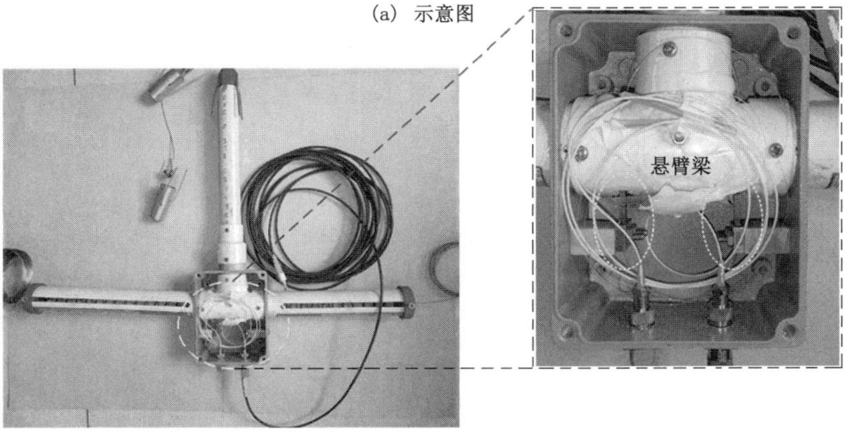

(b) 实物图

1—锚固爪；2—固定管；3—钢丝绳紧固螺丝；4—光栅-机械变送部分；5—横托管；6—光纤接线头；7—光纤尾纤；8—刻度尺；9—钢丝绳；10—钢丝绳挡套。

图 3-14 光纤光栅顶板离层仪结构

为感知元件，通过力学方程把巷道顶板离层信息转换成光纤光栅波长信息进行感知，可以为巷道顶板离层的自动连续监测提供技术手段。

当光纤光栅顶板离层仪所监测的巷道顶板受采动影响而出现离层时，传感器的钢丝绳挡套在锚固爪的带动下，驱使弹簧产生形变，弹簧拉动矩形悬臂梁发生弯曲并产生应变，粘贴在悬臂梁上的光纤光栅在其挠度变形作用下产生轴向应变，引起光纤光栅波长漂移，然后在客户端实时显示光纤光栅解调仪解调的现场岩层位移信息。

3.5.4 光纤光栅水压传感器

光纤光栅压力传感器主要由壳体、平面膜片、固定支架、温度补偿光栅、压力敏感光栅、光纤尾纤、保护套及密封元件组成(图 3-15)。传感器的平面膜片与壳体间通过两道 O 形密封圈和挡圈进行密封，固定支架通过焊接的方式连接平面膜片，并与壳体固定连接。压力敏感光栅通过环氧树脂胶粘贴在固定支架中心的凹槽上，用于感知因压力作用引起的波长漂移，温度补偿光栅作为压力敏感光栅的温度补偿，粘贴在壳体内，通过耦合器与压力敏感光栅连接，光纤保护套和尾纤保护套用于封装保护传感器的光纤尾纤。

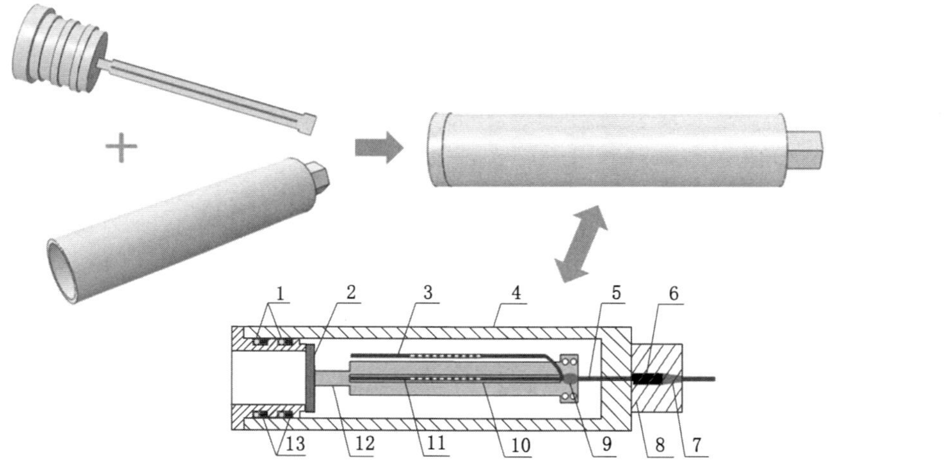

1—O 形密封圈；2—平面膜片；3—温度补偿光栅；4—壳体；5—光纤尾纤；6—光纤保护套；7—尾纤保护套；8—保护螺母；9—耦合器；10—凹槽；11—压力敏感光栅；12—固定支架；13—挡圈。

图 3-15 光纤光栅压力传感器结构图

光纤光栅压力传感器的测力原理：基于弹性膜片结构，膜片在环境水压力作用下发生挠度变形，变形会通过与之连接的固定支架传递到压力敏感光栅上，使压力敏感光栅产生轴向压缩，从而引起光纤光栅的中心波长发生漂移，通过光纤光栅分析仪检测出压力敏感光栅和温度补偿光栅的波长变化，两者的温度效应相同，对于压力敏感光栅，消除温度变化引起的波长漂移，就可得到压力单独引起的波长漂移，然后根据压力-波长漂移数学模型计算出压力值。其测量过程：压力变化→弹性膜片发生形变→光纤光栅波长发生漂移→光纤光栅分析仪检测波长漂移量→通过压力-波长漂移数学模型计算出压力值。

3.5.5 光纤光栅温度传感器

基于光纤光栅技术的温度传感器与传统的温度传感器相比，具有灵敏度高、体积小、耐腐蚀、抗电磁辐射、光路可弯曲、便于实现遥测等优点。另外，由于光纤光栅温度传感器采用波长编码技术，消除了光源功率波动及系统损耗的影响，适用于长期监测。多个光纤光栅串联起来，组成准分布式温度测量系统，使用光缆连接线路，实现远程监测。常用的温度传感器如图 3-16 所示。

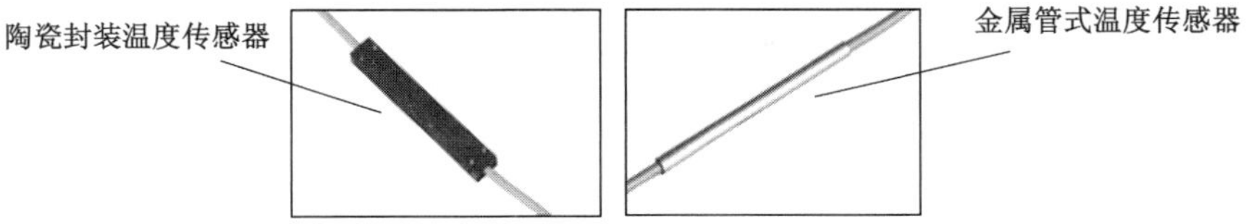

图 3-16　光纤光栅温度传感器

光纤光栅温度传感器与传统温度传感器具有以下的特点：

① 有良好的热传导性和耐腐蚀性。

② 可直接埋入结构内部或粘贴于结构表面，可重复使用，拆卸安装方便简单。

③ 增敏型温度传感器适用于高精度温度测量需求，如石油化工电力等行业的火灾报警及工程结构内部温度测量等。

④ 无增敏型温度传感器适用于各种光纤光栅传感器测量的温度补偿需求。

3.5.6　光纤光栅风速传感器

外界的应力和应变是最能直接导致光纤光栅中心波长的漂移，当光纤光栅受拉伸或挤压作用时，光栅周期会发生变化，其反射的中心波长值会发生相应的改变。利用风杯的结构特点和光纤光栅的传感特性，设计了光纤光栅风速传感器，如图 3-17 所示。

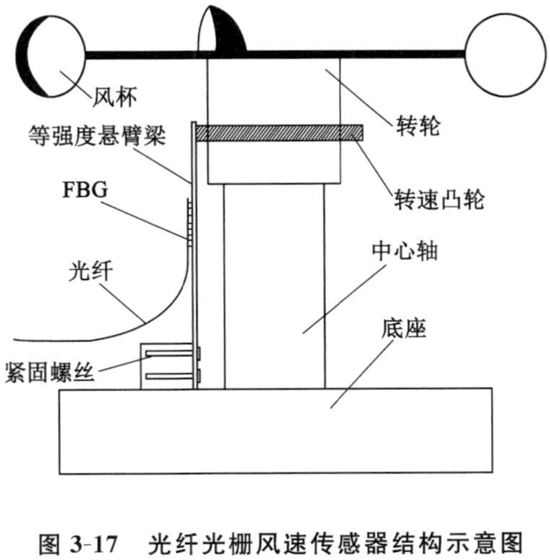

图 3-17　光纤光栅风速传感器结构示意图

光纤光栅风速传感器测量风速的原理：巷道内的风对风杯产生扭力矩，带动转轮转动，风速越大转轮的转速越快。转轮和转速凸轮固定在一起，转轮转动带动转速凸轮旋转，转速凸轮每旋转一周，转速凸轮突出部分就会撞击等强度悬臂梁使其产生挠度变化，进而导致粘贴在等强度悬臂梁表面的光纤光栅中心波长发生漂移，波长变化由光纤传出，根据单位时间内 FBG 中心波长变化次数进行计数，计算出风杯的转速。由于风杯的转速与风速成正比，从而得到巷道内的风速。

第 4 章 煤矿开采环境信息智能处理

4.1 智能处理概述

4.1.1 模糊信息处理

模糊信息(fuzzy information)就是由模糊现象所获得的不精确、非定量的信息。在客观的世界里,存在大量的模糊现象,如“两个人相像”“好看不好看”,其界限是模糊的,人的经验也是模糊的,但模糊信息并非不可靠的信息。模糊性问题是 1965 年美国札德(L. A. Zadeh)首先提出的,通过模糊的方法处理模糊信息,然后进行抽象、概括、综合和推理,可以从中得到具有一定精度的结论。

模糊信息处理常用的技术方法包括:

(1) 多目标模糊优化方法　先求出各个目标的约束最优解,再利用这些最优解将各个目标函数模糊化,然后求使交集的隶属函数取最大值的解,该解便是多目标优化问题的最优解。

(2) 自适应模糊聚类方法　能够自动地标识那些有影响力或者重要的原型样本,反映出这些原型样本对其他样本的影响;又可以自动地标识那些有影响力或者重要的类,反映出那些重要的类对其他类的影响。该方法能够有效地降低噪声对有用信息的干扰,为传统的聚类方法提供了一个既有可操作性又有效率的替代方案。

(3) 模糊关联分析方法　先利用模糊综合评判法中的隶属函数计算各评价样本对各级别的隶属度,再结合样本的权重进行关联分析,计算出相对于清晰综合评判的关联度,之后根据评价结果确定各信息的优劣。

(4) 模糊信息优化方法　可充分反映数据资料的信息内容和结构,从中找出影响因素之间应遵循的某些规律,以及能够在某种程度上体现这种规律的矩阵,即信息矩阵。该方法不需要构造隶属函数这一中间过程,避免了人为因素对原始数据客观性的破坏。

4.1.2 神经网络信息处理

1) 神经网络的一般模型

通过对各种神经网络进行分析,总结出神经网络的一般模型,如图 4-1 所示。图中 $\{X_1, X_2, \cdots, X_n\}$ 为网络的输入特征量,$\{W_1, W_2, \cdots, W_n\}$ 为权重值,$F(\cdot)$ 为一变换函数,它可以是 S 形函数、阶跃函数,也可以是小波基函数或者是其他函数,从而形成相应的神经网络算法。例如,将 $F(\cdot)$ 用小波基函数代替,便可称为小波神经网络;将 $F(\cdot)$ 用概率密度来代替,就称为概率神经网络。

2) 常用神经网络

(1) BP 神经网络。BP(back propagation)神经网络是一种按照误差逆向传播算法训练

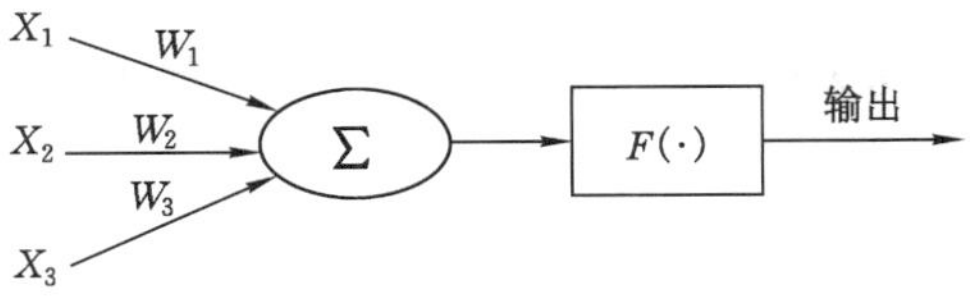

图 4-1　神经网络的一般模型

的多层前馈神经网络，是应用最广泛的神经网络。它具有任意复杂的模式分类能力和优良的多维函数映射能力，解决了简单感知器不能解决的异或运算和一些其他问题。从结构上讲，BP 网络具有输入层、隐藏层和输出层；从本质上讲，BP 网格就是以网络误差平方为目标函数、采用梯度下降法来计算目标函数的最小值的算法。

（2）贝叶斯神经网络。贝叶斯神经网络利用贝叶斯方法对神经网络模型进行推断。在贝叶斯正则化分析框架下，传统神经网络模型的目标函数被理解为数据的似然函数，权重衰减项对应权重的先验概率分布，网络的所有参数看作随机变量。

贝叶斯神经网络与传统神经网络的不同之处在于贝叶斯方法着眼于整个权重空间而不是某一权重矢量，每个模型对应于权重空间中的一个点，所有模型对应于整个权重空间。贝叶斯学习的目的是求出表示对预测结果可能性的概率分布，而这种分布是基于权重的后验概率。

（3）径向基函数神经网络。径向基函数（radial basis function，RBF）神经网络是一种使用径向基函数作为激活函数的人工神经网络。径向基函数网络的输出是输入的径向基函数和神经元参数的线性组合。RBF 神经网络作为一种前馈性神经网络，避免了 BP 神经网络冗长烦琐的计算过程，学习速度较通常的 BP 神经网络快很多，具有良好的泛化能力，能以任意精度逼近非线性函数。RBF 神经网络具有并行计算、容错性和学习等优点，通常用于函数近似法、时间序列预测、分类和控制系统设计等。

（4）广义回归神经网络。BP 神经网络结构和学习样本之间存在很大的关系，因此在有大量学习样本的情况下，普通的 BP 神经网络已不能满足要求。广义回归神经网络是建立在数理统计基础上的径向基函数网络，其理论基础是非线性回归分析。广义回归神经网络具有很强的非线性映射能力和学习速度，比 RBF 神经网络具有更强的优势，网络最后收敛于样本量集聚较多的优化回归，样本数据少时，预测效果很好，网络还可以处理不稳定数据。

（5）灰色神经网络。灰色神经网络基于灰色系统理论和方法，其核心是灰色模型，灰色模型以灰色生成函数为基础、以微分拟合为核心的建模方法。认为一切随机变量都是在一定范围内、一定时间段上变化的灰色量和灰过程。对于灰色量的处理不是寻求它的统计规律和概率分布，而是将杂乱无章的原始数据序列通过一定的处理方法弱化波动性，使之变为比较有规律的时间序列数据，建立用微分方程描述的模型，再根据预测的超前时间选择适当长度的原始序列的子序列来建模和预测。

（6）概率神经网络。概率神经网络是基于概率统计思想和贝叶斯分类规则构成的分类神经网络。贝叶斯分类规则是具有最小"期望风险"的优化决策规则，它可以处理大量样本的分类问题。概率神经网络在功能上与贝叶斯分类器相同，它利用已知样本数据集的概率密度函数来进行贝叶斯分类，将学习到的权数、平滑参数等用于未知数据的判断，从而判断未知数据最有可能属于哪个已知数据集，其分类结果因具有良好的分类，因而被广泛用于语音识别、模糊分类、交通方式分类等领域。

4.1.3 粗集信息处理

1）粗集理论概述

粗集（又称为粗糙集）理论，是继概率论、模糊集、证据理论之后的又一个处理不确定性数据的数学工具，它建立在分类机制的基础上，并将分类理解为在特定空间上的等价关系，而等价关系构成了对该空间的划分。粗糙集理论将知识理解为对数据的划分，每一被划分的集合称为概念。粗糙集理论的主要思想是利用已知的知识库，将不精确或不确定的知识用已知的知识库中的知识来刻画。

该理论与其他处理不确定和不精确问题理论的最显著的区别是：它无需提供问题所需处理的数据集合之外的任何先验信息，所以对问题的不确定性描述或处理比较客观，由于这个理论未能包含处理不精确或不确定原始数据的机制，所以这个理论与概率论、模糊数学和证据理论等其他处理不确定或不精确问题的理论有很强的互补性。

2）粗集信息处理方法

（1）粗糙模糊集合。粗集的一个局限是它所处理的概念和知识都是清晰的，即所有的集合都是经典集合，但在人们的实际生活中，经常要涉及模糊概念和模糊知识。因此，将粗集理论与模糊集合理论相结合构成粗模糊集合，是用粗集概念来研究模糊集合的粗近似问题。模糊粗集和粗模糊集合的概念丰富了对信息系统中不完善、不准确性知识的描述处理。

（2）粗集神经网络。基于粗糙集的神经网络有机结合粗糙集理论和神经网络，旨在对经典神经网络接受和处理信息的方法进行改进，使神经网络在处理学习样本的指标数据集合方面更加合理。粗集神经网络在模型中引入粗糙神经元，改变了神经网络只能接收单值输入的情况，提高了处理复杂、不精确信息的能力；另外，粗集神经网络的泛化性能可以从改善学习样本质量、优化网络结构、控制训练时间应用先验知识等方面得到提高。

（3）系统评估粗集方法。系统的综合评估是选择系统最优方案和评价被评对象优劣的有效方法，是辅助决策者进行决策的有效工具。运用基于粗集理论的方法进行系统综合评估一般分为两个阶段：

第一阶段：学习阶段或训练阶段，就是根据样本数据（历史数据）进行学习，从而提炼过程知识，形成评估规则，为评估做准备。

第二阶段：应用阶段，即应用所形成的评估规则进行系统综合评估。在应用过程中，把决策表看成是评估系统，则评估结果就对应着决策属性。

4.2 智能算法概述

4.2.1 遗传算法

1）遗传算法的基本概念

遗传算法（genetic algorithm，GA）是以达尔文生物进化论中的自然选择和遗传学机理的生物进化过程为计算模型，是一种通过模拟自然进化过程搜索最优解的方法，因而在这个算法中要用到各种进化和遗传学的概念。

（1）串：个体的形式，在算法中为二进制串，对应于遗传学中的染色体。

（2）群体：个体的集合，串是群体的元素。

（3）群体大小：在群体中个体的数量。

（4）基因：串中的元素，用于表示个体的特征。

（5）基因位置：在串中的位置，由左向右计算，有时简称基因位，对应于遗传学中的地点。

（6）基因特征值：在用串表示整数时，基因的特征值与二进制串的权一致。

（7）染色体：基因型个体。

（8）适应度：某一个体对环境的适应程度。为了体现染色体的适应能力，引入了对问题中的每一个染色体都能进行度量的函数，叫作适应度函数。该函数用于计算个体在群体中被使用的概率。

2）遗传算法的基本原理

遗传算法从代表问题可能潜在解集的一个种群开始，初始种群则由经过基因编码的固定数目的个体组成。按照适者生存和优胜劣汰的原理，逐代演化产生出越来越好的近似解，在每一代，根据问题域中个体的适应度大小选择个体，并借助于自然遗传学的遗传算子进行组合交叉和变异，产生出代表新解集的种群。这个过程将导致种群像自然进化一样，后生代种群比前代更加适应于环境，末代种群中的最优个体经过解码，可以作为问题近似最优解。执行步骤如下：

（1）初始化　选择一个群体，长度为 L 的 n 个二进制串 $b_i(i=1,2,\cdots,n)$ 组成了遗传算法的初解群，也称为初始群体。在每个串中，每个二进制位就是个体染色体的基因。这个初始的群体也就是问题假设解的集合。

（2）选择　从群体中选择出较适应环境的个体。这些选中的个体用于繁殖下一代，有时也称这一操作为再生。由于在选择用于繁殖下一代的个体时，是根据个体对环境的适应度而决定其繁殖量的，故而有时也称为非均匀再生。

（3）交叉　在选中用于繁殖下一代的个体中，对两个不同个体的相同位置的基因进行交换，从而产生新的个体。

（4）变异　在选中的个体中，对个体中的某些基因执行异向转化。在串 b_i 中，如果某位基因为 1，产生变异时就是把它变成 0。

（5）全局最优收敛　当最优个体的适应度达到给定的阈值，或者最优个体的适应度和群体适应度不再上升时，则算法的迭代过程收敛、算法结束。否则，用经过选择、交叉、变异所得到的新一代群体取代上一代群体，并返回到第(2)步继续循环执行。

4.2.2 免疫算法

1）免疫算法概述

遗传算法是一种具有生成＋检测的迭代过程的搜索算法，具有使用方便、鲁棒性强、便于并行处理等特点，因而广泛应用于组合优化、结构设计、人工智能等领域。从理论上分析，迭代过程中在保留上一代最佳个体的前提下，遗传算法是全局收敛的。然而，在对算法的实施过程中不难发现两个主要遗传算子都是在一定发生概率的条件下，随机地、没有指导地迭代搜索，因此它们在为群体中的个体提供进化机会的同时，也不可避免地产生了退化的可能。在某些情况下，这种退化现象还相当明显。另外，每一个待求的实际问题自身都会有一些基本的、显而易见的特征信息或知识。然而，遗传算法的交叉和变异算子却相对固定，在求解问题时，可变的灵活程度较小，这无疑对算法的通用性是有益的，但忽视了问题的特征信息对求解问题时的辅助作用，特别是在求解一些复杂问题时，这种忽视所带来的损失往往比较明显。实践表明，仅使用遗传算法或者以其为代表的进化算法，在模仿人类智能处理事物的能力方面还远远不足，还必须更加深层次地挖掘与利用人类的智能资源。

研究者将生命科学中的免疫概念引入到工程实践领域，借助其中的有关知识与理论并将其与已有的一些智能算法有机地结合起来，以建立新的进化理论与算法，来提高算法的整体性能。基于这一思想，将免疫概念及其理论应用于遗传算法，在保留原算法优良特性的前提下，力图有选择、有目的地利用待求问题中的一些特征信息或知识来抑制其优化过程中出现的退化现象，这种算法称为免疫算法(immune algorithm，IA)，在这个算法中涉及多个术语。

(1) 抗原：所有可能错误的基因，即非最佳个体的基因。

(2) 抗体：根据疫苗修正某个个体的基因后所得到的新个体。其中，根据疫苗修正某个个体基因的过程即为接种疫苗，其目的是消除抗原在新个体产生中所带来的负面影响。

(3) 免疫疫苗：根据进化环境或待求问题所得到的对最佳个体基因的估计。

(4) 免疫算子：分全免疫和目标免疫两种类型。其中，全免疫是指群体中每个个体在变异操作后，对其每一环节都进行一次免疫操作的免疫类型；目标免疫则指个体在进行变异操作后，经过一定判断，个体仅在作用点处发生免疫反应的一种类型。

(5) 免疫调节：在免疫反应过程中，由于抗原与抗体、抗体与抗体之间的相互制约关系使抗体免疫反应维持一定的强度，从而保证机体的免疫平衡。

(6) 免疫记忆：免疫系统将能与抗原发生反应的抗体作为记忆细胞保存并记忆，当同类抗原再次侵入时，相应的记忆细胞被激活而产生大量的抗体，缩短免疫反应时间。

(7) 抗原识别：通过对抗原表面的表位和抗体分子表面的对位进行相互匹配选择的方式完成识别，这种匹配过程是一个不断对抗原进行学习的过程，最终选择最适当的抗体与抗原结合。

2) 免疫算法思想

免疫算法的流程图如图 4-2 所示，具体步骤如下：

(1) 产生初始群体。对初次应答，初始抗体随机产生；而对再次应答，则借助免疫机制的记忆功能，部分的初始抗体由记忆单元获取。由于记忆单元中抗体具有较高的适应度和较好的解群分布，因此可提高收敛速度。

(2) 根据先验知识抽取疫苗。

(3) 计算抗体适应度。

(4) 收敛判断。若当前种群中包含最佳个体或达到最

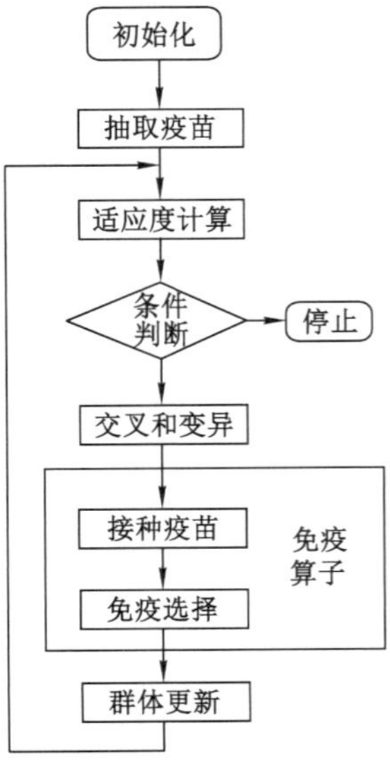

图 4-2 免疫算法的流程图

大进化代数，则结束算法；否则进行以下步骤。

(5) 产生新抗体。每一代新抗体主要通过随机产生和基于遗传操作生成这两条途径产生。

(6) 群体更新。通过对种群进行接种疫苗和免疫选择操作，得到新一代的父代种群，随后返回步骤(3)。

3) 免疫算法与遗传算法的比较

免疫算法也作为一种进化算法，所用的遗传结构与遗传算法所用的类似，采用重组、变异等算子操作解决抗体优化等问题，使遗传算法和免疫算法既具有相似性，又具有各自的特点，且可以相互促进。

免疫算法与遗传算法的区别如下：

(1) 免疫算法起源于抗原和抗体之间的内部竞争，其相互作用的环境既包括外部环境，也包括内部环境；而遗传算法起源于个体和自私基因之间的外部竞争。

(2) 免疫算法假设免疫元素互相作用，即每一个免疫细胞个体可以互相作用，而遗传算法不考虑个体之间的作用。

(3) 免疫算法中，基因可以由个体自己选择，而在遗传算法中基因由环境选择。

(4) 免疫算法中，基因组合是为了获得多样性，一般不用交叉算子，因为免疫算法中基因是在同一代个体中进行进化，而在遗传算法中产生的后代个体基因通常是父代交叉的结果，交叉用于混合基因。

(5) 免疫算法中选择和变异这两个阶段明显不同，而遗传算法中它们是交替进行的。

4.2.3 蚁群算法

1) 蚁群算法概述

蚁群算法(ant algorithm，AA)的产生与发展是源自真实蚁群在寻找食物过程中发现路径行为的启发。蚁群算法是一种随机搜索算法，与其他模拟进化算法一样，通过候选解组成群体来寻求最优解，该过程包含两个基本阶段：适应阶段和协作阶段。在适应阶段，各候选解根据积累的信息不断调整自身结构；在协作阶段，候选解之间通过信息交流，以期望产生性能更好的解。

蚁群算法实际上是一类智能多主体系统，其自组织机制使得蚁群算法不需要对所求问题的每一方面都有详尽的认识。自组织本质上是蚁群算法机制在没有外界作用下使系统熵增加的动态过程，体现了从无序到有序的动态演化。其逻辑结构如图 4-3 所示。

由图 4-3 可见，先将具体的组合优化问题表述成规范的格式，然后利用蚁群算法在“探索”和“利用”之间根据信息素这一反馈载体确定决策点，同时按照相应的信息素更新规则对每只蚂蚁个体的信息素进行增量构建，随后从整体角度规划出蚁群活动的行为方向，周而复始，即可求出组合优化问题的最优解。

2) 蚁群算法的特征

(1) 系统性。自然界的蚂蚁群体构成一个系统，具备系统的三个基本特征，即多元性、相关性和整体性。在该系统中，蚂蚁个体行为是系统元素，其相互影响体现了系统的相关

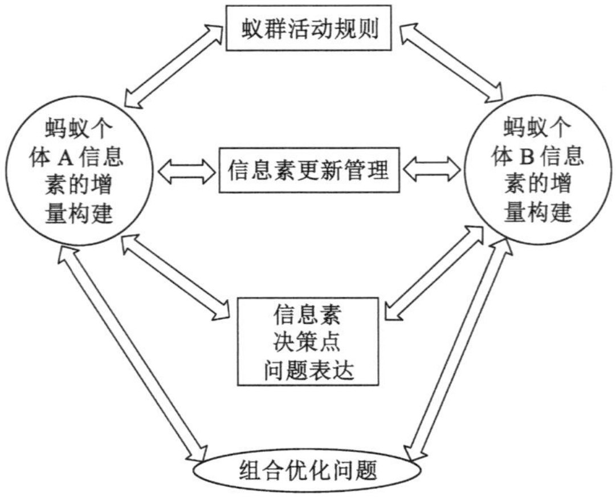

图 4-3　基本蚁群算法的逻辑结构

性，而蚂蚁群体完成个体所完成不了的任务则体现了系统的整体性，表现出系统整体大于部分之和的整体突现原理。

(2) 分布式计算。当群体需要完成一项工作时，其中的许多蚂蚁都为同样一个目的进行着同样的工作，而群体行为的完成不会因为某个或者某些个体的缺陷受到影响。在具体的优化问题中，蚁群算法所体现出的分布式特征就具有了更为现实的意义，不仅增加了算法的可靠性，也使得算法具有较强的全局搜索能力。

(3) 自组织性。在蚂蚁群落中，各个个体在相互作用下逐渐完成一项群体工作，体现了协同从无序到有序的过程，因而是自组织系统。而对其自组织行为的抽象模拟所建立的蚁群算法，可看作一种自组织的算法。

(4) 正负反馈性。蚁群算法采用的反馈方式是在较优路径上留下更多的轨迹，并由此吸引更多的蚂蚁，这个正反馈的过程引导了整个系统向最优解的方向进化，使算法演化的过程得以进行。蚁群算法中同样隐藏着负反馈机制，它通过算法中构造问题解的过程所用到的概率搜索技术来体现，并增加了生成解的随机性。这样正反馈缩小了搜索范围，保证算法朝着优化方向演化，负反馈保持搜索范围。

3) 遗传算法与蚁群算法的融合

遗传算法具有快速全局搜索能力，但对于系统中的反馈信息却没有利用，往往导致无谓的冗余迭代，求解效率低。蚁群算法是通过信息素的累积和更新而收敛于最优路径，具有分布、并行、全局收敛能力，但初期信息素匮乏，导致算法速度慢。

为了克服两种算法各自的缺陷，形成优势互补：首先利用遗传算法的随机搜索、快速性、全局收敛性产生有关问题的初始信息素分布；然后充分利用蚁群算法的并行性、正反馈机制以及求解效率高等特性。这样融合后的算法在时间效率上优于蚁群算法，在求解效率上优于遗传算法，形成了一种时间效率和求解效率都比较好的启发式算法。将这种遗传算法(GA)与蚁群算法(AA)融合的算法称为 GAAA 算法，总体流程如图 4-4 所示。

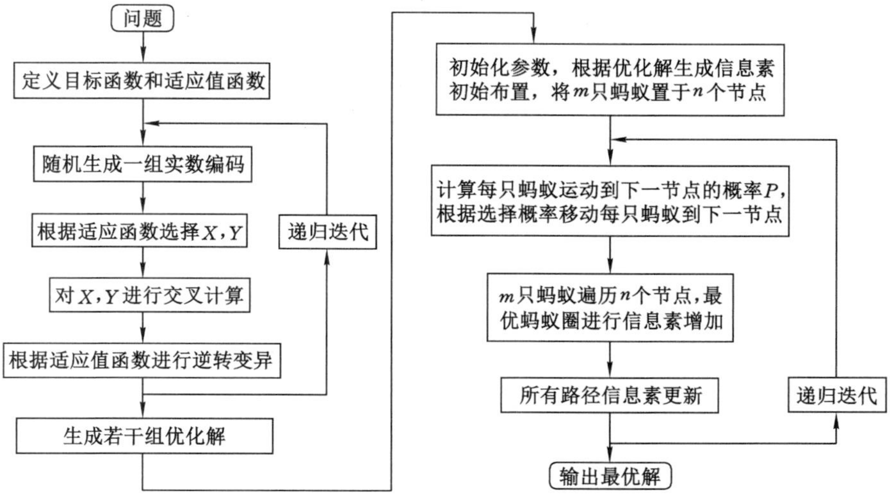

图 4-4　GAAA 算法流程

4.3　多源信息融合概述

4.3.1　多源信息融合的概念及分类

1）相关概念

（1）多源信息融合的来源。多源信息融合（multi-source information fusion，MSIF）是人类和其他生物系统进行观察的一种基本功能，自然界中人和动物感知客观对象，不是单纯依靠一种感官，而是多个感官的综合。人类的视觉、听觉、触觉、嗅觉和味觉，实际上是通过不同感官获取客观对象不同质的信息，或者通过同类传感器（如双目）获取同质而不同量的信息，然后由大脑对这些信息进行交融，得到一种综合的感知信息。也就是说，人本身就是一个高级的信息融合系统，大脑这个融合中心协同眼（视觉）、耳（听觉）、口（味觉）、鼻（嗅觉）、手（触觉）等多类“传感器”去感觉事物各个侧面的信息，并根据人脑的经验与知识进行相关分析、去粗取精，从而做出判决，获得对周围事物性质和本质的全面认识。这种把多个感官信息进行交融的过程就是多传感器信息融合，也称为多源信息融合。最初，人们把信息融合称为数据融合。

（2）多源信息融合的定义。多源信息融合是研究对多源不确定性信息进行综合处理及利用的理论和方法，即对来自多个信息源的信息进行多级别、多方面、多层次的处理，产生新的有意义的信息。它包括对多源数据进行检测、组合和估计，从而提高状态和特性估计的精度，并对战场势态和威胁以及重要程度进行适时的完整评价。

多源信息融合技术是一种利用计算机技术，对来自多种信息源的多个传感器感知的信息，在一定准则下进行自动分析，以获得单个或多类信息源所无法获得的有价值的综合信息，并完成其最终任务的信息处理技术。

（3）多传感器系统的定义。在多传感器数据融合中，多传感器是数据融合技术的硬件基础，多信息源是数据融合的对象，识别优化是数据融合技术的核心。

最简单的融合是合并多个相同传感器的数据，这种合并可以获得较为满意的解答。当传感器或其他数据源的性质、精度和细节程度不同时，融合是相当复杂的。在此过程中，不同传感器数据源的有效性能够改善估算质量，但是从分布广泛的信息源中自动收集数据不仅逻辑上困难，而且多余的（甚至是欺骗性的）信息也会增加融合的难度，导致估算结果可信度降低。因此，需要对大量的数据进行检测，将冗余数据丢掉。除此之外，如果收集和处理数据的时间太长，则估算结果毫无价值。

2）分类

（1）按融合技术分类

① 假设检验型信息融合技术。假设检验型信息融合技术是以统计假设检验原理为基础，信息融合中心选择某种最优化假设检验判决准则执行多传感器数据假设检验处理，获取综合相关结论。

② 滤波跟踪型信息融合技术。滤波跟踪型信息融合技术是将单一传感器扩展到多个传感器组成的探测网，用联合卡尔曼滤波相关算法执行多传感器滤波跟踪的相关处理。

③ 聚类分析型信息融合技术。聚类分析型信息融合技术是以统计聚类分析或模糊聚类分析为基础，在多目标、多传感器大量数据样本的情况下，使来自同一目标的数据样本自然聚集、来自不同目标的数据样本自然隔离，从而实现多目标信息融合。

④ 模式识别型信息融合技术。模式识别型信息融合技术是以统计模式识别或模糊模式识别为基础，在单传感器模式识别准则基础上建立最小风险多目标多传感器模式识别判决准则，通过信息融合处理实现目标分类和识别。

⑤ 人工智能型信息融合技术。人工智能型信息融合技术是将人工智能技术应用于多传感器信息融合，对于解决信息融合中的不精确、不确定信息有着很大优势，是信息融合的发展方向，可分为基于专家系统的融合方法和基于人工神经网络的融合方法等。

（2）按融合判决方式分类

① 硬判决方式。硬判决方式设置有确定的预置判决门限。只要当数据样本特征量达到或超过预置门限时，系统才做出判决断言；只有当系统做出了正确的断言时，系统才会向更高层次系统传送“确定无疑”的判决结论。这种判决方式以经典的数据逻辑为基础，是确定性的。

② 软判决方式。软判决方式不设置确定不变的判决门限。无论系统何时收到观测数据都要执行相应分析，都要做出适当评价，也都向更高层次系统传送评判结论意见以及有关信息。这些评判不一定是确定无疑的，但它可以更充分地发挥所有有用信息的效用，使信息融合结论更可靠、更合理。

（3）按传感器组合方式分类

① 同类传感器组合。只处理来自同一类型传感器采集的信息，其数据格式、信息内容都完全相同，因而处理方法相对比较简单。

② 异类传感器组合。同时处理来自各种不同类型传感器采集的信息。其优点是信息内容广泛，可以互相取长补短，实现全源信息相关，因而分析结论更准确、更全面、更可靠，但处理难度则高得多。

（4）按信息融合处理层次分类

① 数据级信息融合。直接对未经预处理的传感器原始数据进行综合分析。其优点是保持了尽可能多的客体信息，基本不发生信息丢失或遗漏；缺点是处理数据多，耗费时间长，

实时性差。

② 特征级信息融合。对传感器数据经过初步预处理，在实现基本特征提取、提供文件报告的基础上执行的综合分析处理。其优点是既保持了足够数量的重要信息，又实现了可观的信息压缩，大大稀释了数据量，可以提高处理过程的实时性；缺点是不可避免地会有某些信息损失，因而需对传感器预处理提出较严格的要求。

③ 决策级信息融合。在各传感器和各低层信息融合中心已经完成各自决策的基础上，根据一定准则和每个传感器的决策以及决策的可信度执行综合评判，给出统一的最终决策。

(5) 按信息融合结构分类

① 集中式信息融合结构。每个传感器采集的数据都被不加分析地传送给上级信息融合中心。信息融合中心借助一定的准则和算法对全部初始数据执行联合、筛选、合成处理，一次性地提供信息融合的结论输出。其优点是数据全面、无信息丢失、最终判决结论置信度高，但数据量大、对传输网络要求苛刻、信息处理时间长、影响系统响应能力。

② 分布式信息融合结构。先对每个传感器采集的数据进行初步分析处理，做出本地判决结论，只是把这种本地判决结论及有关信息向信息融合中心呈报，然后再由信息融合中心在更高层次上集中多方面数据做进一步合成处理，获取最终判决结论。其优点是传送的数据量少，对传输网络的要求低，信息融合中心处理时间短，响应速度快。

(6) 按信息融合目的分类

① 检测融合。利用多传感器进行信息融合处理，可以消除单个或单类传感器检测的不确定性，提高检测系统的可靠性，获得对检测对象更准确的认识。其缺点是缺乏对多源多维信息的协同利用和综合处理，也未能充分地考虑检测对象的系统性和整体性，因而在可靠性、准确性和实用性方面都存在着不同程度的缺陷，需要多个传感器共同检测，并利用多个检测信息进行融合。

② 估计融合。利用多传感器检测信息对目标运动轨迹进行估计。利用单个传感器的估计可能难以得到比较准确的估计结果，需要多个传感器共同估计，并利用多个估计信息进行融合，以最终确定目标运动轨迹。

③ 属性融合。利用多传感器检测信息对目标属性、类型进行判断。

(7) 按融合的信息类型分类

① 数据融合。数据融合的信息格式为数据形式。

② 图像融合。图像融合的信息来源包括可见光、合成孔径雷达、红外等成像设备，主要目的是由原始图像得到更多的图像信息。

4.3.2　多源信息融合模型

4.3.2.1　信息融合的模型

信息融合模型可以从功能、结构和数学模型等几个方面进行研究和表示。功能模型从融合过程出发，描述信息融合包括哪些主要功能数据库，以及进行信息融合时系统各组成部分之间的相互作用过程；结构模型从信息融合的组成出发，说明信息融合系统、相关数据流、系统与外部环境的人机界面；数学模型则是在一定的结构模型下信息融合的数学表达和综合逻辑。

1) 信息融合系统的功能模型

(1) 信息融合系统的三级功能模型

第一级：位置估计与目标身份识别。

第二级:态势评估。

第三级:威胁估计。

三级多源信息融合分级方法为军事领域中的信息融合研究提出了一种较为通用的框架,得到了广泛的认可和采用。

(2) 信息融合系统的四级功能模型

第一级:信源预处理。

第二级:位置估计与目标身份识别。

第三级:态势评估。

第四级:威胁估计。

四级模型较三级模型增加了信源预处理、精细处理和支持数据库与融合数据库组成的数据管理系统,同时采用了总线式的处理方式,使信息融合的功能实现和各部分的相互作用更加灵活。

(3) 信息融合系统的五级功能模型

第一级:检测级融合。

第二级:位置级融合。

第三级:目标识别级融合。

第四级:态势评估。

第五级:威胁估计。

五级模型与三级模型相比,主要区别在于:第一增加了检测级融合,第二将位置级融合与目标识别级融合分开。第一级的分布式信号检测是经典集中式信号检测理论的直接发展。五级模型更加清楚地体现了"传感器—信号—数据属性—态势评估—威胁估计"的信息融合处理过程。

三个典型功能模型最终均要形成态势评估和威胁估计。这两级属于决策级的高级融合,它们包括对周围复杂环境或局部形式的估计和正确分析表达,得到当前和推演的目标与事件的关系描述,是系统控制和辅助决策过程中的核心内容和最终结果。

(4) 信息融合系统功能模型的新进展——六级模型

按照信息抽象的层次,在综合五级分类模型和四级分类模型优点的基础上,有的文献提出了信息融合功能的六级分类模型,如图 4-5 所示。融合功能主要包括信源预处理(第零级)、检测级融合(第一级)、位置级融合(第二级)、目标识别级融合(第三级)、态势估计(第四级)、威胁估计(第五级)以及精细处理(第六级)。

① 信源预处理阶段。根据观测时间、报告位置、传感器类型、信息的属性和特征来分选和归并数据,主要是进行信号处理、信号分选、过程分配、误差补偿、像素级或信号级数据关联与归并等,其输出主要是信号、特征等。在多源信息融合系统中,对信息的预处理可以避免融合系统过载,有助于提高融合系统性能。

② 第一级:检测级融合。它是信号处理级的信息融合,也是一个分步检测问题,它通常是根据所选择的检测准则形成最优化检测门限,以产生最终的检测输出。

③ 第二级:位置级融合。它是直接在信源的观测报告或测量点迹和信源的状态估计上进行融合,包括时间和空间上的融合,并通过综合来自多个信源的位置信息建立目标的航迹和数据库,获得目标的位置和速度,该过程主要包括数据校准、互联、跟踪、滤波预测、航迹关

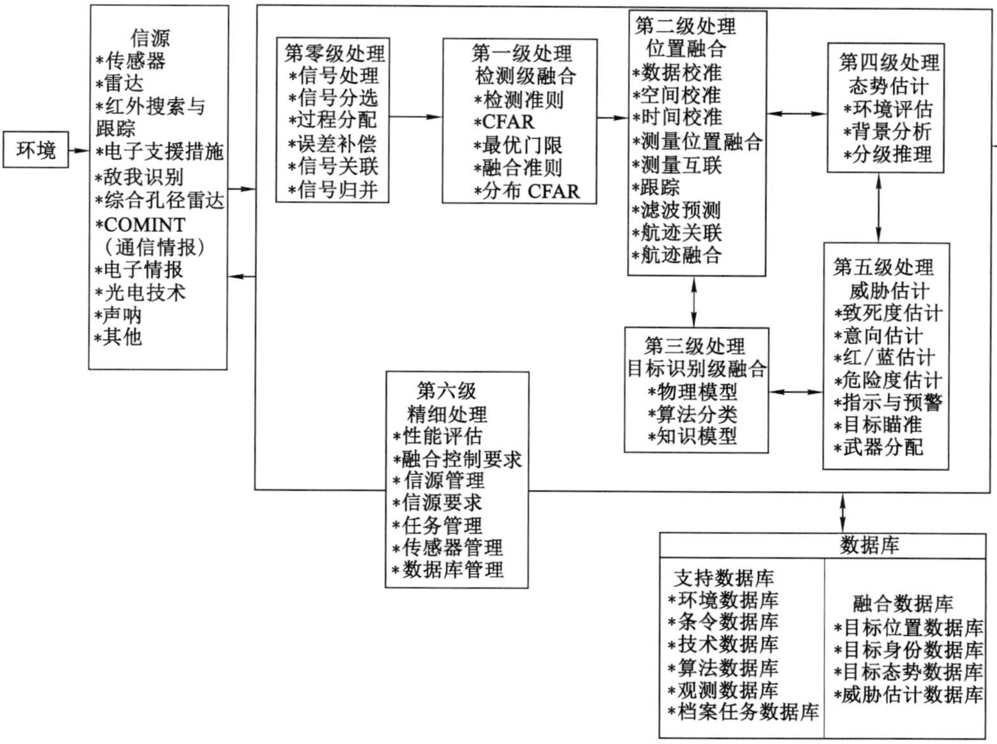

图 4-5　信息融合系统六级分类模型功能图

联及航迹融合等。

④ 第三级：目标识别级融合。它是属性信息融合，也称属性分类或身份估计，是指对来自多个信源的目标识别（属性）数据进行组合，以得到对目标身份的联合估计。

⑤ 第四级：态势估计。它主要包括环境评估、背景分析和分级推理等。它是对融合信息的背景进行分析，对环境因素进行评估，分析确定事件发生的深层原因，并对分级信息进行推理，最终形成综合态势图，包括目标聚类、事件/活动聚类、语义信息融合多视图评估等。

⑥ 第五级：威胁估计。其任务是在态势估计的基础上，综合先验知识，估计事件的危险程度或严重性，并作出指示与告警。该过程主要包括：估计/聚类、预测预警、估计潜在风险、进行多视图评估。

⑦ 第六级：精细处理，包括评估、规划、管理和控制。

图 4-6 清晰地揭示了六级模型中各级模型之间的相互关系、输入输出信息及其信息流程。从图中可以看出，该模型综合了四级和五级模型的优点，既对从检测到威胁估计的整个过程给出了清晰的划分，又突出了精细化处理，强调了人在信息融合中的作用；与三级模型相比，六级模型分类更合理、更便于指导人们对信息融合技术的研究。此外，还恰当地包含分布式检测融合，避免了三级模型和四级模型的不足。

2）信息融合系统的结构模型

（1）检测级融合结构

① 分散式融合结构。实际上，该结构是将并行结构中的融合节点 S 取消后得到的。每

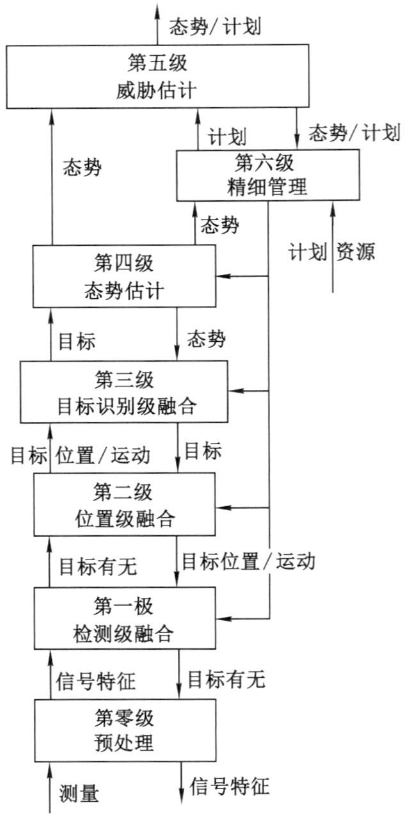

图 4-6　六级分类模型的逻辑流程

个局部决策 $U_i(i=1,\cdots,N)$ 又都是最终决策，信息融合体现在运用某种最优化准则来确定每个子系统的工作点，如图 4-7 所示。

② 并行融合结构。N 个局部节点 $S_1,S_2,\cdots,S_N$ 的传感器在收到未经处理的原始数据 $Y_1,Y_2,\cdots,Y_N$ 之后，在局部节点分别做出局部检测，判决 $U_1,U_2,\cdots,U_N$，然后它们在检测中心通过融合得到全局决策 U，如图 4-8 所示。

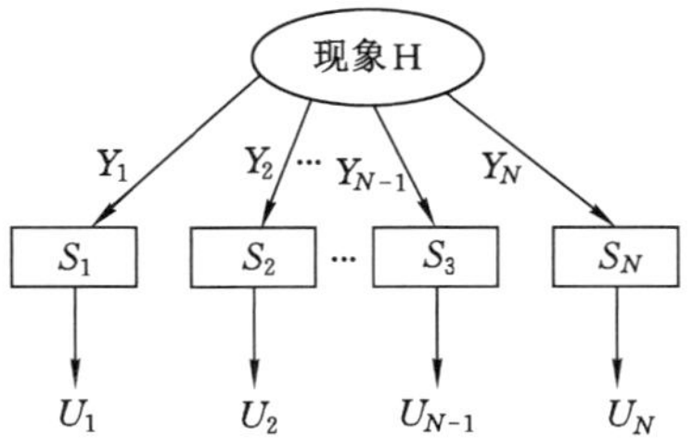

图 4-7　分散式融合结构

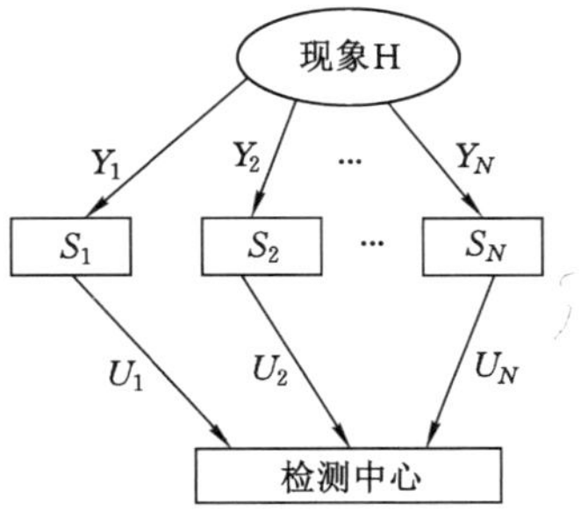

图 4-8　并行融合结构

③ 串行融合结构。N 个局部节点 $S_1,S_2,\cdots,S_N$ 分别接收各自的检测后，首先由节点

S 做出局部判决 U_1，然后将判决结果送到节点 S_2，而 S_2 则将它本身的检测与 U 融合后形成自己的判决 U_2，此后重复前面的过程，信息继续向右传递，直到节点 S_N。最后，由 S_N 将它的检测 Y_N 与 U_{N-1} 融合做出判决 U_N，如图 4-9 所示。

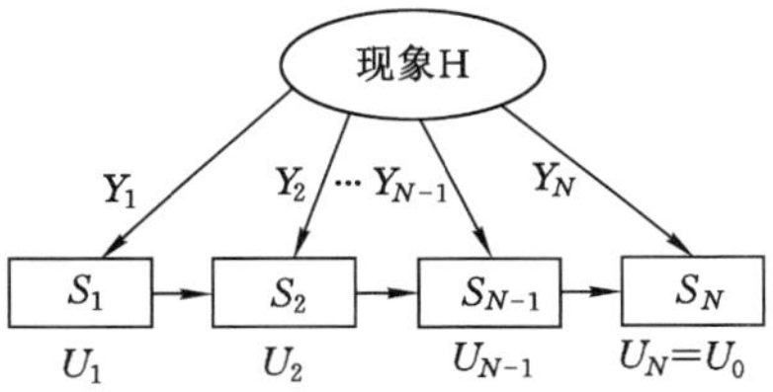

图 4-9　串行融合结构

④ 树状融合结构。在这种结构中，与 N 个节点的情况类似，信息传递处理流程是从所有树枝到树根，融合从树枝传来的局部判决和自己的检测，做出全局判决 U_0，如图 4-10 所示。

⑤ 带反馈的并行融合结构。在这种结构中，N 个局部检测器在接收到检测之后，把它们的决策送到融合中心，融合中心通过某种准则组合 N 个判决，然后把获得的全局判决分别反馈到各局部传感器，并作为下一时刻局部决策的输入，如图 4-11 所示。

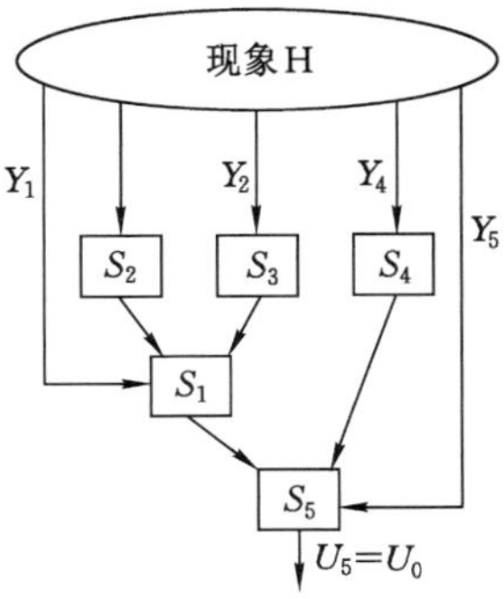

图 4-10　树状融合结构

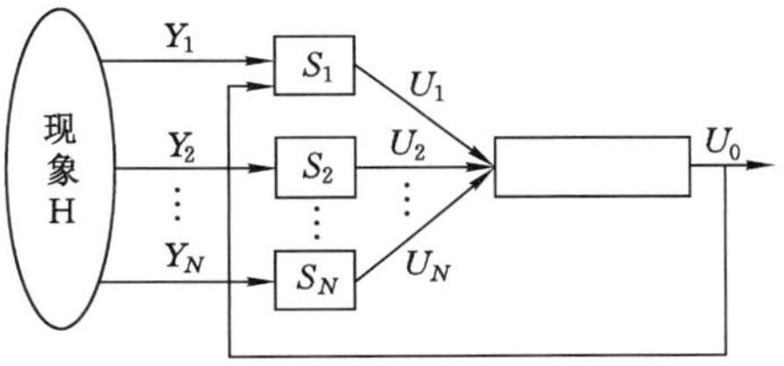

图 4-11　带反馈的并行融合结构

（2）位置级融合结构

① 集中式融合结构。将信息源的检测报告传递到融合中心，在那里进行数据对正、点迹相关、数据互连、滤波、预测与综合跟踪。

② 分布式融合结构。在每个信息源的检测报告进入融合以前，先由自己的数据处理器产生局部多目标跟踪，然后把处理过的信息传至融合中心，融合中心根据各节点的数据完成关联和融合，形成全局估计。

③ 混合式融合结构。同时传输检测报告和经过局部节点处理过的信息，它保留了上述两类系统的优点，但在通信和计算上要付出昂贵的代价。

④ 多级式融合结构。接收和处理来自多个信源的数据，而系统的融合节点要再次对各局部融合节点传送来的数据进行关联和融合，也就是说目标的检测报告要经过两级以上的位置融合处理。

（3）目标识别级融合结构

① 基本融合结构。目标识别（属性）信息融合基本结构主要有 3 类：决策层属性融合、特征层属性融合和数据层属性融合。

图 4-12 为决策层属性融合结构。在这种方法中，每个信源为了获得一个独立的属性判决要完成一个变换，然后顺序融合来自每个信源的属性判决。其中 I/D_i 是来自第 i 个信源

的属性判决结果。

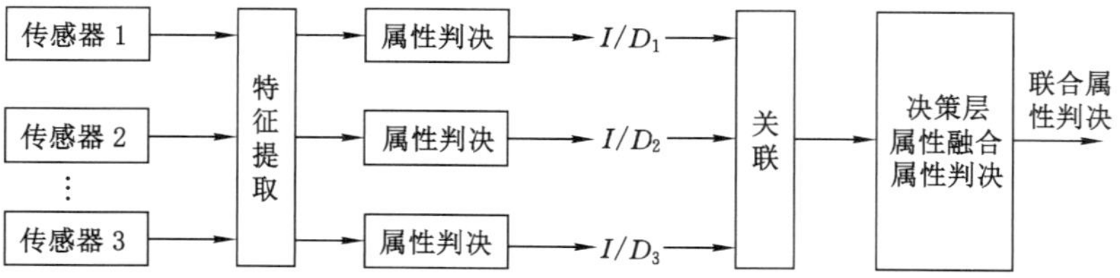

图 4-12　决策层属性融合结构

图 4-13 为特征层属性的融合结构。在这种方法中，每个信源观测一个目标，并且为了产生来自每个信源的特征向量首先要完成特征提取，然后融合这些特征向量，并基于联合特征向量做出属性判决。另外，为了把特征向量划分成有意义的群组必须运用关联过程，因此位置信息也许是有用的。

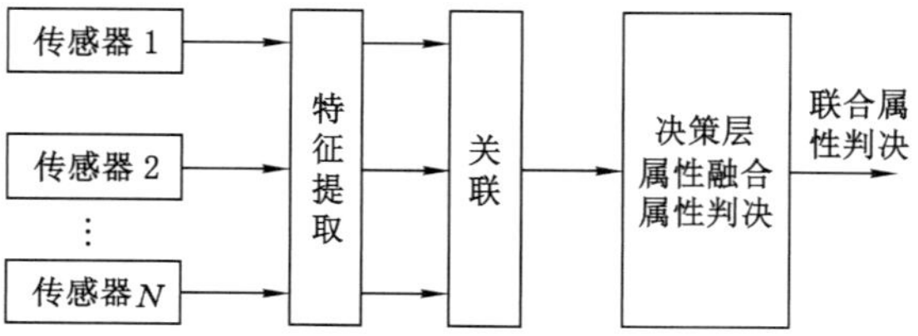

图 4-13　特征层属性的融合结构

图 4-14 为数据层属性的融合结构。在这种方法中，首先融合来自同类信源的数据，然后是特征提取和来自融合数据的属性判决。为了完成这种数据层融合，信源必须是相同的，或者是同类的。为了保证被融合的数据对应于相同的目标或客体，关联要基于原始数据完成。

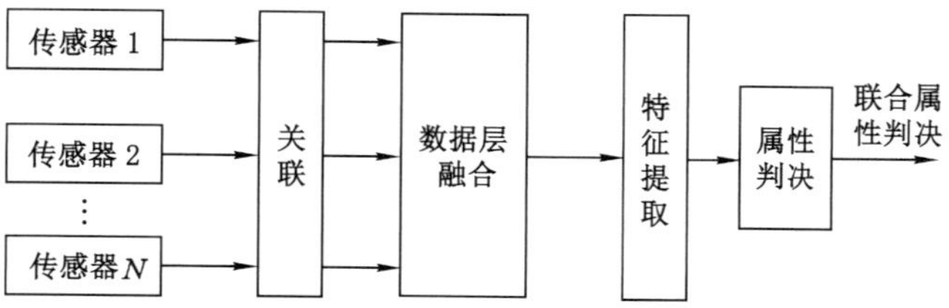

图 4-14　数据层属性的融合结构

与位置级融合结构相似，通过融合靠近信源的信息可获得较高的精度，即数据层融合可能比特征层融合精度高，而决策层融合可能最差，但数据层融合仅对产生同类观测的信源是适用的。当然，通过这 3 种方法也可以组成其他混合结构。

② 灵活的数据-特征-决策组合融合结构。将传统的数据层、特征层和决策层融合进一步细分为“数据入-决策出(DAI-DEO)”“数据入-特征出(DAI-FEO)”“特征入-特征出(FEI-

FEO)”“特征入-决策出(FEI-DEO)”“决策入-决策出(DEI-DEO)”5 级，如图 4-15 所示。该方法可用于构建灵活的信息融合系统结构，对于实际的应用研究也有指导意义。例如，对于由两个传感器构成的多传感器系统，利用此方法可构建出如图 4-16 所示的灵活信息融合系统结构。

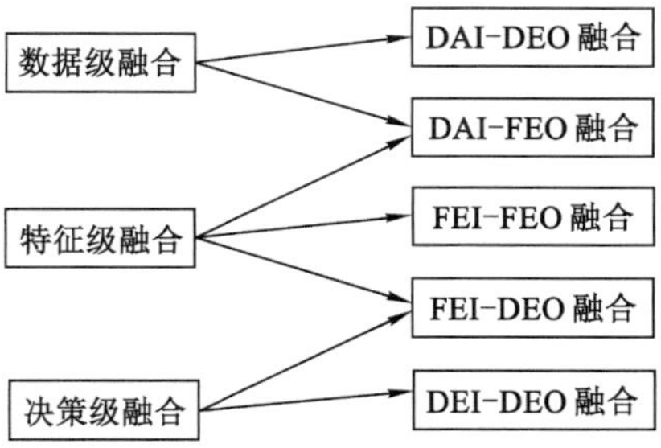

图 4-15　属性信息融合的结构

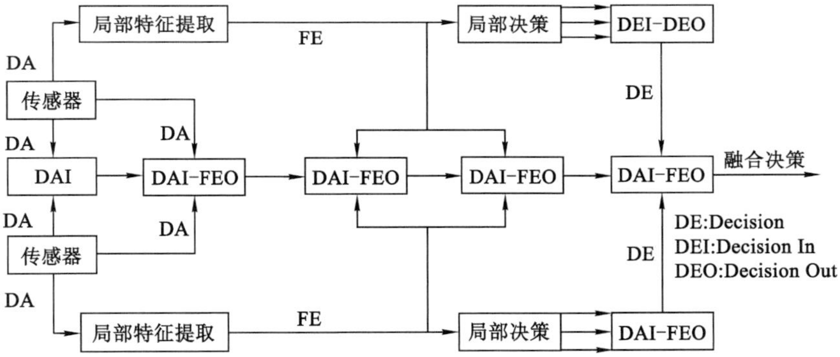

图 4-16　灵活信息融合系统结构

4.3.2.2　多源信息融合理论

20 世纪 80 年代中期以来，多传感器信息融合技术成为处理大量数据和决策支持的有力方法。信息融合集成了传统的学科和新的技术，实现了信息融合的应用。这些学科和技术包括计算机学科、专家系统、决策论认识论、概率论、数字信号处理、传感器技术、统计学、模糊逻辑和神经网络等。

信息融合中数学工具的功能是最基本和多重的，它将所有的输入数据在一个公共空间内加以有效描述，同时对这些数据进行适当的融合，最后以适当的形式输出，信息融合理论分为基于概率论的方法和非概率论的融合方法。

(1) 基于概率论的方法：经典概率理论；经典贝叶斯推理；贝叶斯凸集理论；信息论(香农理论)等。

(2) 非概率的融合方法：D-S 证据理论；模糊逻辑；人工神经网络；条件事件代数；随机集理论；粗集理论；鞅论；小波变换等。

4.3.3 多源信息融合方法

4.3.3.1 贝叶斯信息融合方法

贝叶斯(Bayes)的重要著作为《论归纳推理的一种新方法》,其中包含众所周知的公式——Bayes 公式。后来的统计学者把这个公式的思想发展为一整套统计推理的原理和方法,这就是 Bayes 统计。Bayes 统计理论的形成是 20 世纪数理统计发展的一个重大事件,并已成为数理统计学中最有影响的分支之一。

古典统计的特征有两个:一个是它不用先验分布,另一个是它涉及的概率,必须允许有一种频率解释。由于第二个特征,在古典统计中,精度和信度不是只与当前的试验结果有关,必须把当前的试验结果看成无限多可能结果之一,因而精度和信度必须是事先指定的。从实用的观点看,Bayes 统计学派把一个统计推断的精度和信度与所有的样本联系起来是自然的,并认为不论样本取值如何,精度和信度都有一个事先指定的值是不合理的。以下简要介绍 Bayes 统计理论的基本观点:

考查一个随机试验,在这个试验中,n 个互不相容的事件 $A_1, A_2, \cdots, A_n$,必发生一个,且只能发生一个,用 $P(A_i)$表示 A_i 的概率,则

$$\sum_{i=1}^{n} P(A_i) = 1 \tag{4-1}$$

设 B 为任一事件,则根据条件概率的定义及全概率公式,有

$$P(A_i/B) = \frac{P(B/A_i)P(A_i)}{\sum_{i=1}^{n} P(B/A_i)P(A_j)}, \quad i = 1, 2, \cdots, n \tag{4-2}$$

这就是著名的 Bayes 公式。

在式(4-2)中,$P(A_1), P(A_2), \cdots, P(A_n)$表示 $A_1, A_2, \cdots, A_n$ 出现的可能性,这是在做试验前就已知的事实,这种知识叫作先验信息。这种先验信息以一个概率分布的形式给出,通常称为先验分布。

假设在试验中观察到 B 发生了,由于这个新情况的出现,对事件 $A_1, A_2, \cdots, A_n$ 的可能性有了新的估计(认识),这个知识是在做试验后获得的,可称为后验知识。此处,也以一个概率分布 $P(A_1|B), P(A_2|B), \cdots, P(A_n|B)$的形式给出,则

$$\left.\begin{aligned} & P(A_i/B) \geqslant 0 \\ & \sum_{i=1}^{n} P(A_i/B) = 1 \end{aligned}\right\} \tag{4-3}$$

称为后验分布。它综合了先验信息和试验提供的新信息,形成了关于 A 出现的可能性大小的认识。这个由先验信息到后验信息的转化过程就是 Bayes 统计的特征。

由以上可以出,Bayes 统计的基本观点是把未知参数看作一个有一定概率分布的随机变量,这个分布总结了在抽样前的了解(即先验分布),这一点是 Bayes 统计理论与古典统计学派的本质区别。Bayes 学派认为,处理任何统计分析问题,在利用样本所提供的信息时也必须利用先验信息,以先验分布为基础和出发点。由此可见,在 Bayes 统计中如何构造先验分布是一个十分重要的问题。

4.3.3.2 信息的模糊决策融合算法

1) 模糊逻辑概述

1965 年以来,模糊集理论已在工业控制、医疗诊断、经济决策、模式识别等领域得到广

泛应用，随着模糊逻辑和可能性原理的提出和深入研究，它们在不确定推理模型的设计和多传感器信息融合中显示出越来越强大的优势，在多传感器数据融合中也得到了重要的应用。

对于许多需要采集、处理和集成多源信息的系统来说，要想达到自主和有效的目的，就需要通过某种方法，将一种传感器提供的不完备、不一致或不准确数据与其他传感器提供的数据进行融合，以得到更有用的信息。传感器融合为这类问题的解决提供了途径，其实质就是一种推理机制，通过它可以将通常以概率密度函数或模糊关系函数形式给出的两个（多个）不同知识源或传感器的评价指标变换为单值评价指标。该指标不仅能反映每一种传感器所提供的信息，还能反映仅从单个传感器无法得到的知识。

（1）模糊理论。模糊集合是带有隶属度的元素集合，它可分为模糊数学、模糊系统、不确定性和信息、模糊决策、模糊逻辑与人工智能 5 个分支。从实际应用的观点来看，模糊理论的应用大部分集中在模糊系统上，尤其集中在模糊控制上。

（2）模糊推理。模糊推论是以模糊判断为前提，使用模糊推理规则，以模糊判断为结论的推理。模糊推理在许多方面与人类的模糊思维、决策和推理十分类似，模糊推理常用的基本模式有：基于模糊（因果）关系的合成推理模式、模糊条件推理模式等。

（3）模糊关系函数的融合。多个模糊关系融合函数可以进行融合，融合的结果是输入的函数。

（4）决策树方法提取模糊规则。在实际应用中，人们常常无法通过专家经验和先验知识得到模糊规则。如何从大量的试验数据和样本中获得模糊规则，这将成为一个很实际的问题。

决策树是一个树状结构，它的每一个树节点是叶节点，并对应着一个分类，将该节点对应的样本集划分成若干个子集，每个子集对应一个节点。对于生成的决策树，可从根节点开始，由上至下，提取规则；也可对数据点进行分类或预报。对一个样本进行分类时，从树的根节点开始，对每个节点进行划分并将其归到相应的子节点，直至叶节点。叶节点所对应的类别就是该样本对应的分类。

2）多传感器模糊关系函数的融合

当从一个传感器（知识源）获得了某个目标的一些信息，可能还希望得到该目标的其他附加知识，但该附加知识使用该传感器可能无法测到，而另一种传感器能够提供该信息。也就是说，两种传感器中的哪一种都能提供彼此所不能提供的必要信息。在这种情况下，不是除去那些只被一种传感器未证实的信息，而是增加信息，这称为知识源证实原理。为应用知识源证实原理，应使 $\varphi(x,y)$ 尽可能接近其最大值，这可通过使 $1-\varphi$ 最小，即

$$\min\left[\iint_{\Theta}(1-\varphi)^2\mathrm{d}x\mathrm{d}y\right] \tag{4-4}$$

来实现。

假设两个传感器为 S_1 和 S_2，如果 S_2 的意见与 S_1 的信任函数一致，则可以说 S_2 的意见使 S_1 的信任增强；反之，如果 S_2 的意见与 S_1 的信任产生矛盾，则 S_2 的意见将使 S_1 撤销它的信任。两种情况之间是一连续过程，需要做出选择，确定出究竟如何处理的意见。该规则称为信任增强/撤销原理，表示为：

$$\min\left[\iint_{\Theta}\|\nabla(\alpha\mu-\beta\eta)\|^2\mathrm{d}x\mathrm{d}y\right] \tag{4-5}$$

可得

$$\nabla^2 a + A_1 a_x + A_2 a_y + A_3 a = C \tag{4-6}$$

式中，$A_1 = 2\dfrac{\mu_x + \eta_x}{\mu + \eta}$，$A_2 = 2\dfrac{\mu_y + \eta_y}{\mu + \eta}$，$A_3 = \dfrac{\nabla^2 \mu + \nabla^2 \eta}{\mu + \eta} - \dfrac{(\mu - \eta)^2}{\lambda^2 (\mu + \eta)^2}$。

解出 α，则最终融合函数为

$$C = \frac{(\eta - 1)(\mu - \eta)}{\lambda^2 (\mu + \eta)^2} + \frac{\nabla^2 \eta}{\mu + \eta} \tag{4-7}$$

式中　μ_x, η_x——模糊集 x 的隶属函数(即输入函数)；

φ——输出函数，$\varphi = \alpha\mu + \beta\eta$；

α, β——归一化常数，$\alpha + \beta = 1$；

μ, η——模糊集的隶属度；

λ——常数；

∇——微分算子。

第 5 章 采矿系统智能控制

5.1 智能控制概述

5.1.1 智能控制的基本概念

智能控制是一门交叉学科，智能控制的思想出现于 20 世纪 60 年代。著名美籍华人傅京逊教授于 1971 年首次提出智能控制是人工智能与自动控制的交叉，即二元论。之后，美国有关学者在此基础上引入运筹学，提出了三元论的智能控制概念：智能控制 = 自动控制 ∩ 人工智能 ∩ 运筹学。然而，像智能控制这类高新技术学科，人们至今还没有给出一个公认的、统一的定义。为了探究智能控制的概念和技术、开发智能控制新的性能和方法，比较不同研究者的成果，要求人们对智能控制有着某些共同的理解。所谓智能控制，是指通过设计一个控制器(或系统)，使之具有学习、抽象、推理、决策等功能，并能根据被控对象和被控过程信息的变化做出适应性反应。

5.1.2 智能控制的基本结构

如图 5-1 所示的智能控制系统的典型结构，控制对象包含着广泛的范围，如采煤机的摇臂、机器人的手臂等所有可被控制的物体。传感器包括位移传感器、温度传感器、倾角传感器、视觉传感器和压力传感器等。感知信息处理是指将传感器得到的原始数据加以处理。在这个过程中经常需要经过很复杂的信息处理才能获得有用的信息。对于通信、感知、控制的枢纽，认知部分主要是接收和储存数据，并对它们进行分析、推理并做出下一步运行的决策，送至规划和控制部分。通信接口建立人机之间和各模块之间的联系。作为整个系统的核心，规划和控制模块可根据给定的任务要求、反馈的信息以及知识和经验，进行自动搜索、推理决策、动作规划，实现具体的控制，最后经执行部件作用于控制对象。需要强调的是，对于不同的智能系统，以上部件的形式及功能存在较大的差异。

如图 5-2 所示，分层递阶智能控制系统结构包括组织级、协调级、控制级以及对象。组织级是指具有组织，学习和综合智能决策能力，要求具有低精度和高的智能决策及学习功能。协调级用来协调控制级的动作，同时需要具备学习功能，以便在在线的控制环境中改善性能，并能接受上一级的模糊指令和符号语言。控制级则是智能控制系统最低层，要求精度高，由控制理论起主导作用，一般需要比较准确的模型，以实现具有一定精度要求的任务。

对于组织级、协调级、控制级识别功能来说，在控制级中，识别的功能在于获得不确定的参数值或监督系统参数的变化；在协调级中，识别的功能在于根据控制级送来的测量数据和组织级送来的指令产生合适的协调作用；在组织级中，识别的功能在于翻译定性的命令和其他的输入。

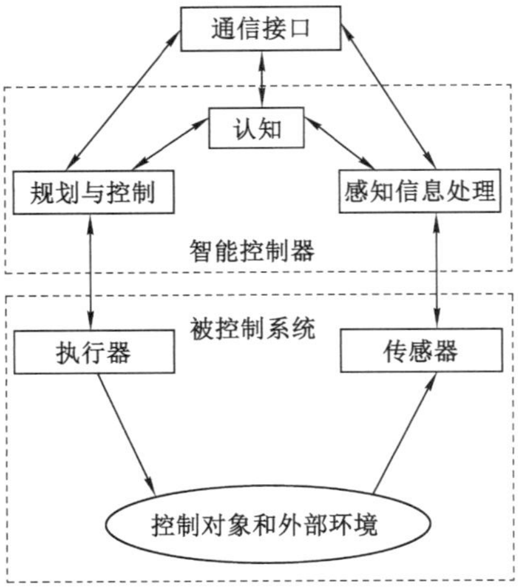

图 5-1 智能控制系统的典型结构

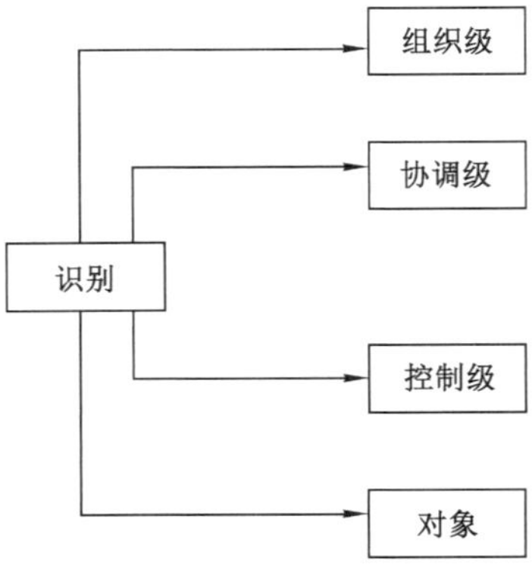

图 5-2 分层递阶智能控制系统结构

由两种智能控制系统可以看出，智能控制系统的定义并没有一个明确的界限，也并没有说明什么样的系统才算是智能控制系统；同时，即使是智能控制系统，其智能程度也有高有低。

5.1.3 智能控制的功能特点

1）智能控制系统的主要功能

（1）学习功能。智能控制系统中靠自身的学习功能来认识控制对象和外界环境的特性，并相应地改变自身特性以改善控制性能的系统，称之为学习控制系统。这种系统具有一定的识别、判断、记忆和自行调整的能力，能够对未知的信息进行学习，并将学习得到的经验或知识用于进一步的估计、分类、决策和控制，从而使系统的性能得到改善。

（2）适应功能。适应功能相比传统的自适应控制功能含义更广泛，具有更高层次的适应性。智能控制系统的适应性是一种从输入到输出之间的映射关系，也是智能控制系统的一个重要特征。它具有对未知学习例子的插补功能，在系统某部分出现故障时，系统也能正常工作；对于更高级的智能控制系统，甚至还能实现对故障的修复。

（3）组织功能。工作中的智能控制器在面临复杂的任务和分散的信息时，在任务要求的范围内需要自行决策并主动采取行动。当多目标冲突时，控制器自行裁决，这就要求智能控制系统具有组织和协调功能。

2）智能控制的基本特点

（1）有效控制结构和参数的模型都不固定，应用范围较大。

（2）智能控制可以准确地处理数据，从而保证系统正常运行。

（3）线性优点是智能控制的第三个优点，由于传统控制在线性问题的重点领域上没有重大的突破，智能化控制兼容传统控制的功能，使结果更让人满意。

（4）智能控制植入了许多的控制功能，与传统控制相比工作效率更高。

（5）智能控制将精确度达到了最大化，与传统控制相比，能更有效、更精确地把握数据。

（6）在智能控制中，控制器与对象、环境往往没有明显的分离；而在传统的控制中，控制器与被控对象总是分离的。

(7) 智能控制研究的主要目标不再是被控对象，而是控制器本身。控制器不再是单一的数学解析模型，而是数学解析和知识系统相结合的广义模型，即多种学科知识相结合的控制系统。

3) 智能控制的研究对象特点

(1) 模型的不确定性。智能控制的对象模型一般是未知的或信息很少，模型结构和参数可能在很大的范围内变化。

(2) 高度的非线性。智能控制在完成解决传统理论控制问题的同时，还能很好地解决非线性系统的控制问题。

(3) 复杂的信息模式和任务要求。智能控制系统的信息模式不仅是传统的物理量，还包括图形、文学、语言、声音等复杂信息。在任务要求方面，智能控制系统对任务的要求也更复杂，相比于传统的恒值控制、随动控制，往往是多目标、多形式信息表现的综合。

5.2 智能控制关键技术

5.2.1 专家系统

专家系统是利用专家知识对专门的或困难的问题进行描述的控制系统，如图 5-3 所示。在实际使用中，不同专家系统，由于不同的应用领域和应用目标，往往需要采用不同的系统结构，一般可根据具体情况删除、细化或者增加某些部分。专家系统的基本组成包括以下几个重要部分：

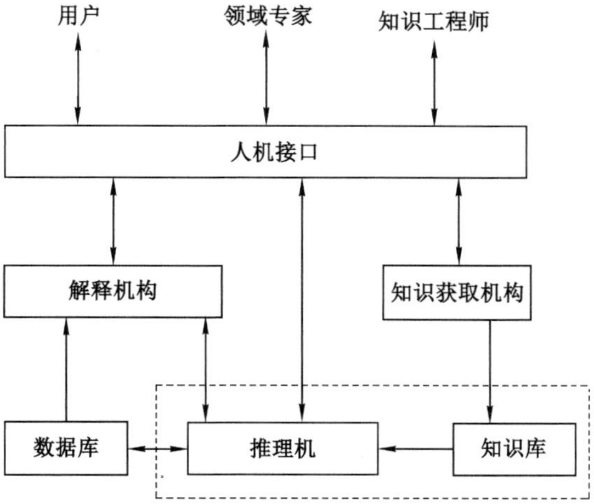

图 5-3　专家系统的一般结构

1) 知识库

知识库存放着作为专家经验的判断性知识。例如，表达建议、推论、命令、策略的产生规则等，用于某种结论的推断、问题的求解以及对于推理、求解知识的各种控制知识。知识库中还包括另一类叙述性知识，称为数据，用于说明问题的状态、有关的事实和概念以及当前的条件、常识等。完整的知识库还应包括具有管理功能的软件系统，主要用于对条目的查询、检索、增删、修改和扩充等。

2）推理机

推理机实际上是专家系统中实现基于知识推理的部件，是基于某种通用的问题，进行自动推理、求解问题的计算机软件系统。它包括解释程序和调度程序，前者是用于决定如何使用判断性知识，后者用于决定判断性知识的使用次序。推理机的具体构造取决于问题领域的特点以及专家系统中知识表示和组织的方法。推理机的运行可以根据不同的控制策略，包括正向推理(数据驱动策略)、反射推理(目标驱动策略)和双向推理(混合控制策略)。

3）综合数据库

综合数据库它是问题求解过程中符号或数据的集合，又称为工作储存器，用于存储求解问题所需的原始数据和推理过程中得到的中间信息，包括原始信息、推理的中间假设和中间结论、推理过程的信息等。在描述数据库的结构时，经常会用到黑板这一概念。黑板是沟通系统中各个部件的全局工作区，它以全局性的数据结构形式组织问题、求解数据、处理知识源之间的通信。黑板模型可以分为若干个信息层，各个信息层之间形成一个松散但具有层次的结构，每一层用于描述问题的某一类信息。

4）知识获取机构

知识获取机构负责建立、修改与扩充知识库以及对知识库的一致性、完整性等进行维护。知识获取机构具有知识变换手段，能够把与专家对话的内容变换成知识库的内部知识，修改知识库中原有的知识，增加新的知识。

5）人机接口

人机接口又称为界面，是用户与系统的信息纽带，为用户使用专家系统提供一个良好的交互环境。它可以完成用户到专家系统、专家系统到用户的双向信息转换，使系统与用户间能够进行对话，用户能够输入数据，提出问题，了解推理过程及推理结果；系统可通过人机接口，回答用户提出的问题，进行必要的解释。

6）解释机构

解释机构负责对求解过程做出说明和解释，回答用户的提问，并使用户了解推理过程及所运用的知识和数据。解释机构在工作中通常要用到知识库中的知识、数据库推理过程结果、中间假设和记录等。专家系统的透明性主要取决于解释机构的性能，解释机构已成为故障诊断、生产操作指导等实时专家系统的重要输出通道。

根据专家系统的基本组成可以看出，它的核心部分是知识库、数据库和推理机构。一个高性能的专家系统应具备如下特点：

(1) 启发性。不仅能使用逻辑知识，也能使用启发性知识，它运用规范的专门知识和直觉的评判知识进行判断、推理和联想，实现问题求解。

(2) 透明性。它使用户在对专家系统结构不了解的情况下，可以进行相互交往，并了解知识的内容和推理思路，系统还能回答用户的一些有关系统自身行为的问题。

(3) 灵活性。由于专家系统的知识与推理机构的分离，系统不断接纳新的知识，从而确保系统内知识不断增长以满足商业和研究的需要。

5.2.2 模糊控制系统

在模糊控制理论中，模糊系统是一个被精确定义的系统，模糊控制也是一种被精确定义的特殊的非线性控制。从本质上看，尽管模糊系统理论描述的现象可能是模糊的，但理论本身却是精确的。模糊控制是以模糊集理论、模糊语言变量和模糊逻辑推理为基础，从行为上模仿人的模糊推理和决策过程的一种智能控制方法。该方法首先将操作人员或专家经验编成模糊规则，然后将来自传感器的实时信号模糊化，将模糊化后的信号作为模糊规则的输入，完成模糊推理，将推理后得到的输出量加到执行器上。模糊控制系统结构大体分为模糊化接口、知识库、推理机 3 部分，如图 5-4 所示。

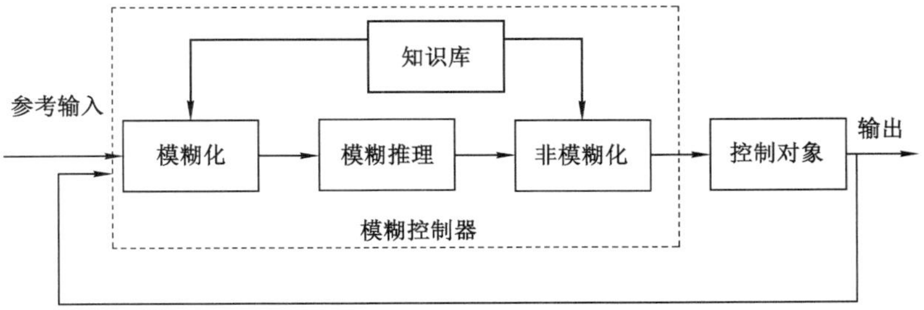

图 5-4　模糊控制系统结构图

1）模糊化接口

模糊控制器的输入必须通过模糊化才能用于控制输出的求解，它实际上是模糊控制器的输入接口。其主要作用是将真实的确定量输入转换为一个模糊矢量，把物理量的清晰值转换成模糊语言变量。

2）知识库

当知识库涉及应用领域和控制目标的相关知识时，它是由数据库和规则库组成的，数据库提供了必要的定义，包含了语言控制规则论域的离散化、量化和正则化以及输入空间的分区、隶属函数的定义等。规则库则是根据控制目的和控制策略给出了一套由语言变量描述、并由专家或自学习产生的控制规则的集合。

3）推理机

推理机是模糊控制的核心。以模糊概念为基础，模糊控制信息可通过模糊蕴涵和模糊逻辑的推理规则来获取，并可实现拟人决策过程。根据模糊输入和模糊控制规则，模糊推理求解模糊关系方程，获得模糊输出。

模糊控制系统具有以下几方面特点：

（1）模糊控制并不完全依赖于纯粹的数学模型，它依赖的是模糊规则。模糊规则是操作者经过大量的操作实践总结出来的一套完整的控制规则。

（2）模糊控制的对象被称为黑匣（由于不知道被控对象的内部结构、机理，无法用语言描述其运动规律，无法建立精确的数学模型），但是模糊规则又是模糊数学模型。

（3）模糊控制的优点在于使用语言方便，可不需要精确的数学模型，鲁棒性强，适于解决过程控制中的非线性、强耦合时变、滞后等问题。

（4）模糊控制具有较强的容错能力和适应受控对象动力学特征变化、环境特征变化和动行条件变化的能力；操作人员易于通过人的自然语言进行人机界面联系。

（5）信息简单的模糊处理将导致系统的控制精度降低和动态品质变差；模糊控制的设

计尚缺乏系统性,无法定义控制目标。

5.2.3 神经网络控制系统

神经网络控制是人工神经网络理论与控制理论相结合的产物,经过几十年的发展,已经形成了多种控制结构。神经网络控制已经不依赖于控制模型,并适合具有不确定性或高度非线性的控制对象,且具有较强的适应性和自学习功能。因此,它是智能控制的一个重要分支。人工神经网络利用物理器件模拟生物神经网络的某些结构和功能,具有并行和分布式信息处理网络结构,该结构一般由几个神经元组成,每个神经元有单一的输出,但可通过连接其他神经元,获得多个连接通道的输入,每个连接通道对应一个连接权系数。

不同的神经网络控制系统结构也会存在差异,主要有以下几种基本结构:

1) 感知器网络

感知器是一种前馈人工神经网络,是人工神经网络中的一种典型结构。感知器具有分层结构,信息从输入层进入网络,逐层向前传递至输出层。根据感知器神经元变换函数、隐藏层数及权值调整规则的不同,可以形成具有各种功能特点的人工神经网络。

(1) 单层感知器。单层感知器的结构与功能都非常简单,在解决实际问题时很少采用,但由于它在神经网络研究中具有重要意义,是研究其他网络的基础,而且容易学习和理解,适合作为学习神经网络的起点。

单层感知器是指只有一层处理单元的感知器,如果包括输入层在内,应为两层,如图 5-5所示。图中输入层也称为感知层,有 n 个神经元节点,这些节点只负责引入外部信息,自身无信息处理能力,每个节点接收一个输入信号,n 个输入信号构成输入列向量 $\boldsymbol{X}$。输出层也称为处理层,有 m 个神经元节点,每个节点均具有信息处理能力,m 个节点向外部输出处理信息,构成输出列向量 $\boldsymbol{O}$。两层之间的连接权值用权值列向量 $\boldsymbol{w}_j$ 表示,m 个权向量构成单层感知器的权值矩阵 $\boldsymbol{W}$。3 个列向量分别表示为:

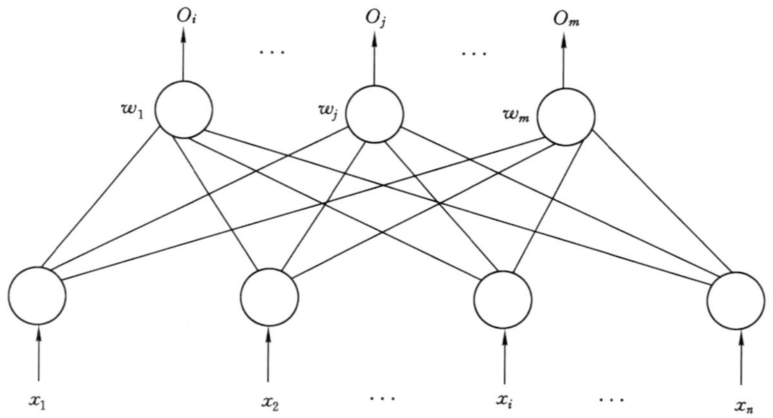

图 5-5 单层感知器网络

$$\boldsymbol{X}=(x_1,x_2,x_3,\cdots,x_i,\cdots,x_n)^{\mathrm{T}} \tag{5-1}$$

$$\boldsymbol{O}=(o_1,o_2,o_3,\cdots,o_i,\cdots,o_m)^{\mathrm{T}} \tag{5-2}$$

$$\boldsymbol{w}_j=(w_1,w_2,w_3,\cdots,w_i,\cdots,w_m)^{\mathrm{T}} \tag{5-3}$$

对于处理层中任一节点，其净输入 nei_j 为输入层各节点的加权和。

$$\mathrm{nei}_j = \sum_{i=1}^{n} w_{ij} x_i \tag{5-4}$$

输出 O_j 为节点净输入与阈值之差的函数，离散型单层感知器的转移函数一般采用符号函数。

$$\boldsymbol{O}_j = \mathrm{sgn}(\mathrm{nei}_j - T_j) = \mathrm{sgn}(\sum_{i=1}^{n} w_{ij} x_j) = \mathrm{sgn}(\boldsymbol{w}_j^{\mathrm{T}} X) \tag{5-5}$$

(2) 多层感知器。多层感知器是一种前向结构的人工神经网络，映射一组输入向量到一组输出向量。由多个节点层组成，每一层全连接到下一层。除了输入节点，每个节点都是一个带有非线性激活函数的神经元(或称处理单元)。多层感知器的推广，克服了单层感知器不能对线性不可分数据进行识别的弱点。若每个神经元的激活函数都是线性函数，那么任意层数的多层感知器都可被简化成一个等价的单层感知器。

多层感知器也是一种多层前馈网络模型(图 5-6)，通常由 3 部分组成：一组感知单元组成输入层；一层或多层计算节点的隐藏层；一层计算节点的输出层。

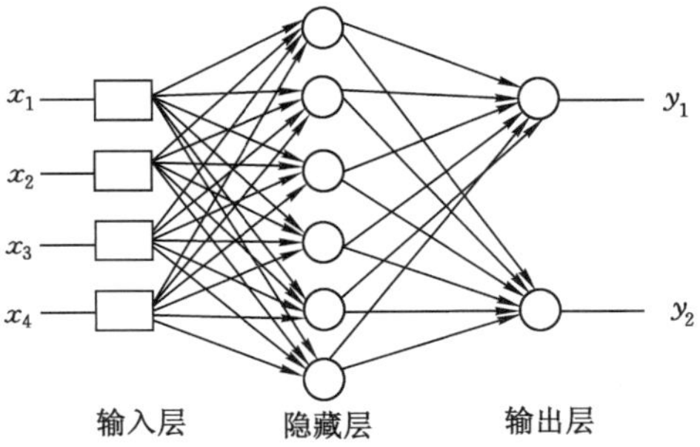

图 5-6　多层感知器网络

2) 多层前馈神经网络

(1) 多层前馈网络的结构。如图 5-7 所示，$\boldsymbol{x}$ 和 $\boldsymbol{y}$ 分别是网络的输入和输出向量。每个神经元用一个节点表示，网络由输入层、隐藏层和输出层节点组成。隐藏层可以是一层，也可以是多层(图中是多层)，前层至后层节点通过权连接，即拓扑结构为有向无环图的前向网络。隐藏层的变化函数一般为非线性函数，如 S 形函数或双曲线正切函数。输出层的变换函数可以是非线性的，也可以是线性的。多层前向神经网络能逼近任意非线性函数，在控制领域有广泛的应用。

(2) 多层前馈神经网络的特点。前馈神经网络结构简单，应用广泛，能够以任意精度逼近任意连续函数及平方可积函数，而且可以精确实现任意有限训练样本集。从系统的观点看，前馈网络是一种静态非线性映射。通过简单非线性处理单元的复合映射，可获得复杂的非线性处理能力。从计算的观点看，缺乏丰富的动力学行为。大部分前馈网络都是学习网络，其分类能力和模式识别能力一般都强于反馈网络。

3) 自适应线性神经元

自适应线性神经元，于 20 世纪 60 年代初被提出，它是线性神经网络最早的典型代表。单层自适应线性神经元网络和感知器网络一样，只能解决线性可分的问题，但其学习规则却

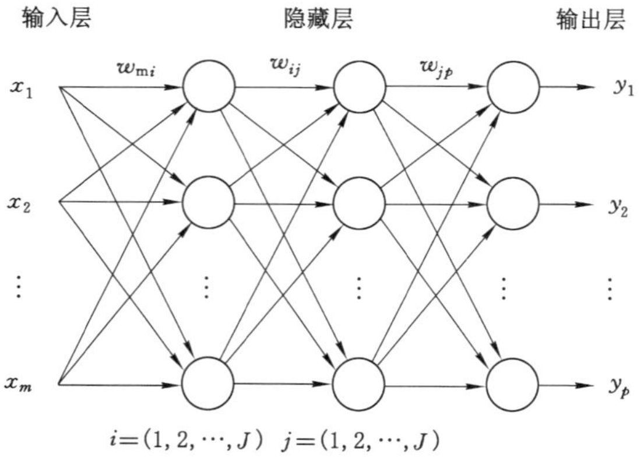

图 5-7 多层前馈神经网络

比感知器网络学习规则的性能强得多，一是增加了网络的抗噪能力，二是比感知器网络学习算法具有更广泛的实际用途，特别是在数字信号处理方面。

自适应线性神经元网络是一个自适应可调的网络，适用于信号处理中的自适应滤波、预测和模型识别。如图 5-8 所示，它有两个输出量，a 是模拟输出量，q 是数字输出量。实际应用时，往往还将目标响应 t 与模拟输出量 a 的误差 $e=t-a$ 作为输出量。

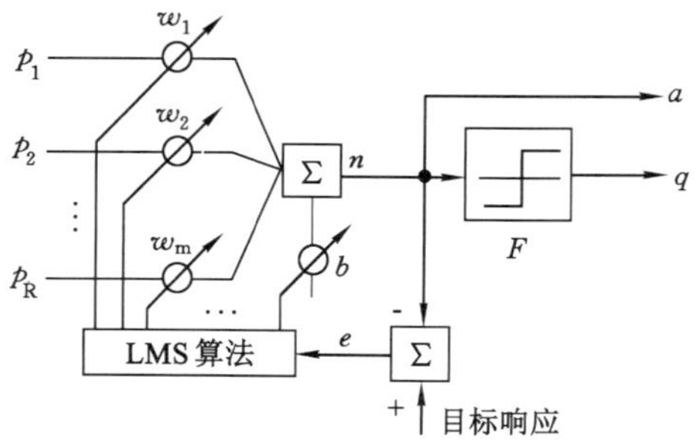

图 5-8 自适应线性神经元网络结构

线性神经元网络可以不经过训练直接求出网络的权值和阈值，如果网络有多个零误差解，则取最小的一组权值和阈值；如果网络不存在零误差解，则取网络的误差平方和最小的一组权值和阈值。线性系统有唯一的误差最小值，在这种情况下，根据给定的一组输入向量和目标向量，可以计算出实际输出向量和目标向量的误差最小值。

4）模糊神经网络

模糊神经网络是模糊理论与神经网络相结合的产物，二者的融合弥补了神经网络在模糊数据处理方面的不足和模糊逻辑在学习方面的缺陷，它汇集了神经网络与模糊理论的优点，是一个集学习、联想、识别、信息处理于一体的系统，如图 5-9 所示。模糊神经网络主要有 3 种结构：输入信号为普通变量，连接权为模糊变量；输入信号为模糊变量，连接权为普通变量；输入信号与连接权均为模糊变量。

模糊神经网络是神经网络控制系统的高级形式，具备如下特点：

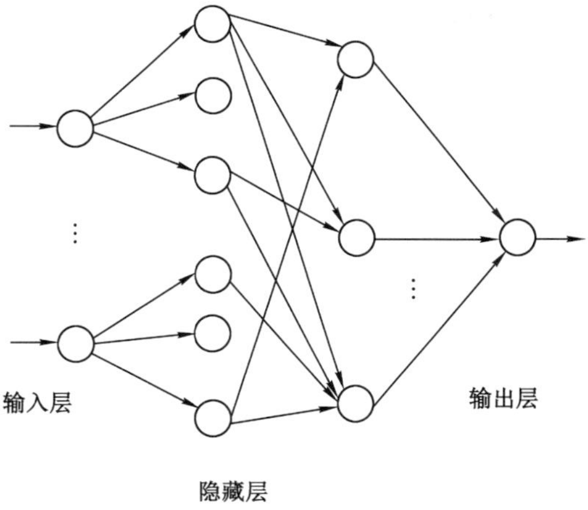

图 5-9　模糊神经网络一般结构

(1) 具有自适应功能。根据提供的数据，通过学习和训练，获得网络的权值和结构，找出和输出量之间的内在联系，从而求得问题的解答，而不是依靠对问题的经验知识和规则，因而具有良好的自适应性。

(2) 具有泛化功能。能够处理那些不经过训练的数据，获得这些数据对应的解答；也能处理那些有噪声或不完全的数据，具有很好的泛化能力。

(3) 非线性映射功能。该网络的每个神经元接受大量其他神经元的输入，并通过并行网络产生输出，影响其他神经元。网络之间的这种相互制约和影响，实现了从输入状态到输出状态空间的非线性映射。

(4) 高度并行处理信息。该网络由许多相同的简单处理单元并联组合而成，大量简单处理单元的并行活动，使其处理信息的能力大大提高。

(5) 良好的容错性和联想记忆功能。通过自身的网络结构能够实现信息的记忆，记忆的信息分布式存储在权值中，使网络具有良好的容错性，并能进行聚类分析、特征提取、模式复原等信息处理工作，又适宜进行模式分类、模式联想等模式识别工作。

5.3　智能控制系统的应用及发展趋势

5.3.1　智能控制系统在采矿中的应用

智能控制系统在采矿工程中的应用主要包括地面控制中心、各个子系统(“三机”智能系统、智能掘进系统、传感监测系统)的智能控制中心及控制传输线路。主要有以下应用：

(1) 在地面控制中心和巷道监控中心对综采工作面设备的监测、“一键启停”控制和远程干预操控。

(2) 自动化系统无故障自诊断功能、故障类型显示、语音提示、人员定位等，加入工作面自动找直和巡检功能，实现全工作面自动找直，同时实现在三维地质模型基础上的智能化控制。

(3) 工作面工业以太网及无线通信网络,实现工作面数据的无线传输和高速传输。

(4) 配备“单兵”系统,为操作人员和巡检人员配备手机、无线视频、无线 Wi-Fi 设备等,通过工作面无线通信系统,实现巡检人员与地面视频、语音、环境参数实时交互。

(5) 当综采工作面自动化控制系统出现故障时,各子系统能单独运行不受综采自动化系统控制。

(6) 液压支架外接一级护帮行程传感器监测装置,用于实现防片帮及防碰功能。支架一二级护帮液压控制系统实现联动功能,伸一级护帮时,差动伸二级护帮,使二级护帮与煤壁贴紧,保证煤帮支护效果;收一级护帮时,差动伸二级护帮,保证护帮收回时,二级护帮不予顶梁干涉,贴紧顶梁。

(7) 工作面视频系统,对主要综采设备进行实时监控,实现采煤机机载视频化,提高采煤视频效果。

(8) “三机”监测装置,对“三机”设备运行参数进行监测,实现软启动控制、刮板链自动张紧、单链断链预警、双链断链保护停机刮板输送机根据煤量大小进行自主决策调整运行参数及故障预警。

(9) 转载机和胶带运输机自移电控、遥控和远程控制。

(10) 通过智能集成供液控制系统对全供液系统进行自动检测,实现实时显示、集中自动化控制功能,提供单泵控制、多泵智能联动控制模式,实现泵站变频与电磁卸载的智能联动控制。

(11) 电液控制系统具有人员定位与识别功能,在整个工作面进行人员的定位,同时识别人员信息和路径信息。

(12) 地面控制中心是在地面调度室对井下工作面综采设备进行指挥、集控和统一管理的平台,由视频监视、远程控制、安全监控等系统构成;实现地面实时监控、大数据分析、系统优化、智能化远程干预控制。

5.3.2 智能控制系统的发展趋势

智能控制系统是在控制论、信息论、人工智能、仿生学、神经生理学及计算机科学发展的基础上逐渐形成的一类高级信息与控制系统。智能控制是控制理论、人工智能和计算机科学相结合的产物。

它突破了传统控制理论中必须基于微分方程为基础的数学模型框架。某些智能控制方法还具有在线辨识、决策或总体自寻优的能力和分层信息处理、决策的功能。当前智能控制以大系统、分散对象、连续生产过程(如冶金、石化、电力等)为主,采用分布式控制系统结构的分散型控制系统发展迅速,并朝以下方向进行发展:

1) 向综合方向发展

由于标准化数据通信线路和通信网络的发展,将各种单(多)回路调节器、PLC、工业互联通信等工控设备构成大系统,以满足工厂自动化要求,并适应开放化的大趋势。

2) 向智能化方向发展

从工业自动化仪表的发展趋势看,智能化是其核心部分,所谓智能化表现在其具有多种新功能。在工控方面,过去控制的算法,只能由调节器来完成,如今一台智能化的变送器或者执行器,只要植入 PID(proportional-integral-derivative)模块,就可以与有关的现场仪表在一起实现自主调节,从而减轻了分布式控制系统主机的负担,使调节更加及时,提高了整个系统的可靠性。

3）向高精度化方向发展

由于工业生产对成品质量的要求日益提高，国家的政策和法令对节能减排也有具体的要求和规定，因此提高测量仪表与控制系统的精度就被提上了议事日程。例如变送器的精度，普遍从 0.75％提高到 0.04％。

4）向总线化方向发展

现场总线技术的广泛应用，使组建集中和分布式测控系统变得更为容易。然而，集中测控越来越不能满足复杂、远程及范围较大的任务需求，必须组建一个可供现场仪表数据共享的网络，现场总线控制系统正是在这种情况下出现的。它是一种用于各种现场智能化仪表与中央控制之间的一种开放、全数字化、双向、多站的通信系统，目前已成为全球自动化技术发展的重要表现形式，它为实现进一步的高精度、高稳定、高可靠、高适应、低消耗等测控仪表提供了巨大动力和发展空间。

5）向网络化方向发展

现场总线技术采用计算机数字化通信技术，使自动控制系统与现场设备加入工业信息网络，成为企业信息网络底层，可使智能仪表的作用得以充分发挥。随着工业信息网络技术的发展，以网络结构体系为主要特征的新型自动化、智能化仪表必然得到快速发展。

6）向开放性方向发展

现在的测控仪器越来越多采用嵌入式操作系统为软件核心和高性能微处理器为硬件核心的嵌入式系统技术，未来的仪器仪表和计算机的联系也将会日趋紧密，且应当具备计算机的所有接口，如 USB 接口、打印机接口、局域网网络接口等，使用这样的仪器仪表和操作一台计算机一样简易。齐备的接口可连接多种现场测控仪表或执行器设备，通过网络形成具有特定功能的测控系统，可以实现现场多种智能化测控设备的开放式互联。

第 6 章

采煤工作面智能控制基础理论与技术

6.1 煤矿开采基础理论

6.1.1 岩层控制的关键层理论

煤层开采后必然引起岩体向采空区内移动，岩层移动将造成如下采动损害：

(1) 形成矿山压力显现，危及井下采煤工作面人员及设备的安全，需要对围岩进行支护。

(2) 形成采动裂隙，会引起周围岩体中的水与瓦斯的运移，引起井下瓦斯突出与突水等事故，需要对此进行控制与利用。

(3) 岩层移动传递到地表引起地表沉陷，导致农田、建筑设施的毁坏，引发一系列环境问题，需要对地表下沉进行预测与控制。

以上是煤矿采动损害的主要方面，也是岩层控制研究的主要内容。长期以来，采矿研究工作者对此进行了大量研究，取得了丰硕的研究成果，形成了相对独立的学科研究体系，如矿山压力学科和开采沉陷学科。但是，采场围岩活动和地表沉陷是煤炭采出后岩体损伤和破坏变化的结果，掌握整个采动岩体的活动规律，特别是岩体内部岩层的活动规律，这些才是解决采动岩体灾害的关键。

由于成岩时间及矿物成分不同，煤系地层形成了厚度不等、强度不同的多层岩层。实践表明，其中一层至数层厚硬岩层在岩层移动中起主要的控制作用。从采场矿山压力控制的角度出发，以研究基本顶岩层的破断运动为主体，于 20 世纪 80 年代初提出了砌体梁理论并研究了坚硬岩层顶板模型的破断规律。在此基础上，为了解决岩层控制中更为广泛的问题，钱鸣高院士又提出了岩层控制的关键层理论。

岩层控制的关键层理论是指对采场上覆岩层活动全部或局部起控制作用的岩层。覆岩中的关键层一般为厚度较大的硬岩层，但覆岩中的厚硬岩层不一定都是关键层。关键层判别的主要依据是其变形和破断特征，即在关键层破断时，其上部全部岩层或局部岩层的下沉变形是相互协调一致的，前者称为岩层活动的主关键层，后者称为亚关键层。也就是说，关键层的断裂将导致全部或相当部分的上覆岩层产生整体运动。覆岩中的亚关键层可能不止一层，而主关键层只有一层。关键层理论研究的总体思路：为了弄清开采时由下往上传递的岩层移动动态过程，并对岩层移动过程中形成的采场矿压显现、煤岩体中水与瓦斯的流动和地表沉陷等状态的变化进行有效监测与控制，其关键在于弄清楚关键层的变形破断及其运动规律以及在运动过程中与软岩层间的相互耦合作用关系。

采场上覆岩层的变形、破断、离层和地表沉陷等一系列矿压显现规律主要由坚硬岩层中的关键层控制。采场上覆岩层中的关键层理论将使采场矿压、岩层移动和地表沉陷等方面的研究有机地统一成一个整体。判断某一岩层是否为关键层，需要同时满足关键层的刚度判别条件和强度判别条件。关键层在破断前为弹性地基梁(板)，用此模型可较为准确地计算出采场来压步距和岩层移动的周期性变化规律；关键层破断后将成为砌体梁结构。另外，主关键层与亚关键层之间、亚关键层与亚关键层之间的变形不协调或不整合将形成岩层移动中的离层和各种裂隙分布。由此可见，关键层理论的研究对层状矿体开采过程中的矿山压力控制、开采沉陷控制、瓦斯抽采以及防治水等具有重要意义。

采场上覆岩层中的关键层有如下特征：

几何特征：相对其他同类岩层单层厚度较厚。

岩性特征：相对其他岩层较为坚硬，即弹性模量较大，强度较高。

变形特征：关键层下沉变形时，其上覆全部或局部岩层的下沉量同步协调。

破断特征：关键层的破断将导致全部或局部上覆岩层的同步破断，引起较大范围内的岩层移动。

承载特征：关键层破断前以板(简化为梁)的结构形式作为全部岩层或局部岩层的承载主体，破断后则成为砌体梁结构，继续成为承载主体。

6.1.2　采场支架-围岩耦合作用模型

综采工作面液压支架依托接触顶板、周边煤壁和采空区矸石形成一个动态平衡的支护体系，充分发挥围岩的周边作用和支架支护的力学特性，形成安全稳定的采煤作业空间。基本顶断裂回转形成的基于砌体梁，给定变形主要与工作面采高和采空区处理方法有关。基本顶的最终下沉量是一定的，液压支架无法改变，但是它会影响整个转动或滑动过程。在此过程中，液压支架在顶板上施加一定的支撑阻力，影响顶板的基本断裂活动，减少工作面回采过程中顶板沉降量。影响综采工作面矿山压力显现的剧烈程度，因此达到工作面安全生产，工作面顶板结构和支架-围岩相互作用关系如图 6-1 所示。

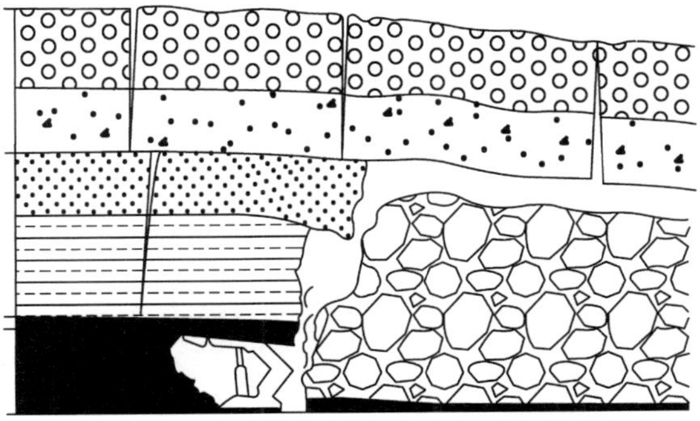

图 6-1　工作面支架-围岩相互作用关系模型

煤层采出后，采场支架受力与围岩作用主要由 3 部分组成：根据采高的变化，残余部分顶煤自重产生的载荷；直接顶自身产生的载荷，当煤层采出后，直接顶无法形成稳定结构，处于“悬臂梁”状态，并将自身全部质量直接或通过顶煤传递给支架上；基本顶通过直接顶将自重以力矩形式传递到工作面之上。支架根据围岩传递的力和力矩做出相应动作，并以力和力矩的形式将响应传递给围岩，围岩因此而改变其沉降、垮落等运动特性及应力、应力场的分布。

随着综采工作面的不断向前推进，直接顶岩层及时垮落，基本顶岩层发生周期性破断和运动，破断岩块在一定条件下相互铰接，形成砌体梁结构。砌体梁结构的周期性运动导致工作面产生周期来压。对采场支架与围岩关系影响较大的是砌体梁结构中的关键块 A，如图 6-2所示。

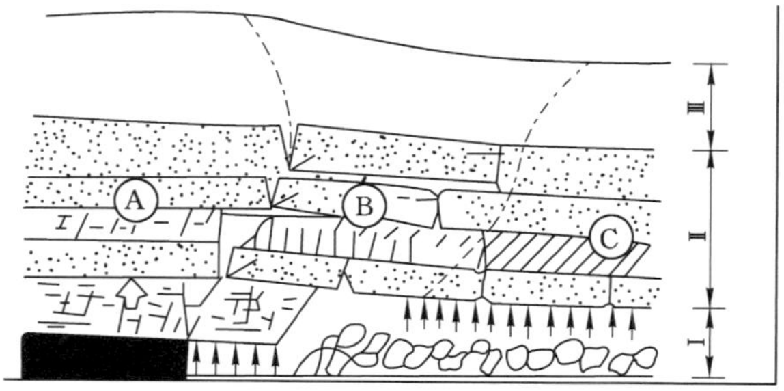

A—煤壁支承区；B—离层区；C—重新压实区；
Ⅰ—跨落带；Ⅱ—裂隙带；Ⅲ—弯曲下沉带。

图 6-2　砌体梁结构模型

直接顶的运动特征直接影响着综采工作面支架围岩关系。如果直接顶厚度较大采空区冒落矸石能够完全满足采空区，此时液压支架多承受载荷较小，工作面矿压显现比较轻微，周期来压现象波动幅度较小；如果直接顶垮落之后未能填充满采空区，基本顶未能全部附着于采空区矸石之上，随着工作面的不断推进，基本顶产生周期性的破断和运动，此时液压支架会有显著的负载压力变化，工作面也会产生较为明显的周期来压现象；如果采高较大，直接顶冒落不充分，在支架后方出现悬顶现象，液压支架载荷将会发生明显增加，综采工作面矿压显现更加剧烈。关于砌体梁关键块学说，现将对关键块破断前与破断后现象进行分析。

1）关键块 A 破断前

当工作面进行回采初期，位于关键块 A 下方，此时由于煤壁的支撑力和关键块 B 的水平挤压力作用下，关键块 A 可能不会发生断裂。随着工作面的慢慢推进，由于基本顶负载条件下，关键块 A 将以 O_2 为原点发生弯曲变形，并在基本顶岩层内部产生拉应力，此时关键块 A 呈悬臂梁状态。

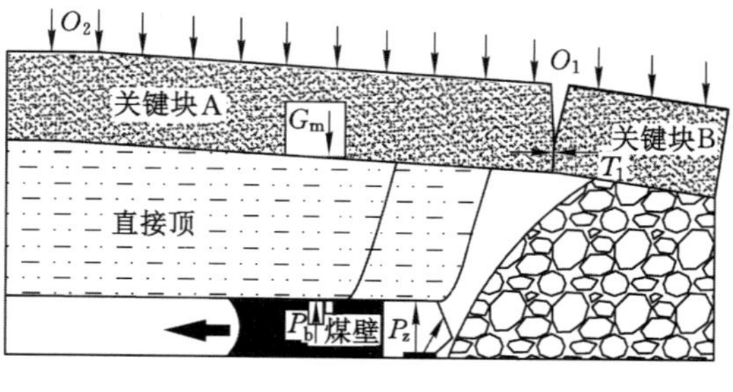

图 6-3　关键块 A 破断前

对关键块 A 进行受力分析，如图 6-4 所示。

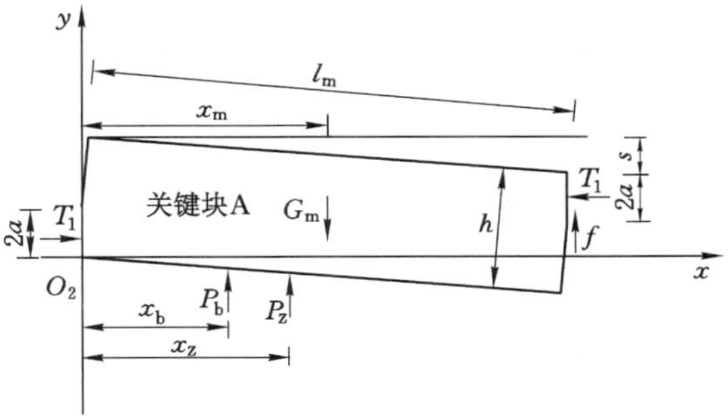

图 6-4　关键块 A 破断前受力分析

以 O_2 为原点取力矩平衡，得到：

$$x_m G_m + T_1 a = P_z x_z + P_h x_h + f l_m + T_1(h - s - 2a) \tag{6-1}$$

经化简得到

$$P_z = \frac{x_m G_m + T_1 a - P_b x_b - f l_m - T_1(h - s - 2a)}{x_2} \tag{6-2}$$

其中：$0 \leqslant x_m \leqslant l_m$，$0 \leqslant x_x \leqslant l_m$，$0 \leqslant x_b \leqslant l_m$，$G_m$ 为关键块 A 的自身载荷，P_b 为煤壁对顶板支撑力，P_z 为液压支架对顶板的作用力，T_1 为关键块 A 与 B 间的挤压力，$2a$ 为关键块间的挤压面长度，h 为基本顶厚度，s 为基本顶的下沉量，f 为 A 块、B 块间的摩擦力，l_m 为基本顶岩块长度，x_b 为 P_b 的力矩，x_m 为 G_m 的力矩，x_z 为 P_z 的力矩。

由式(6-2)得，在关键块破断前随着工作面前移，基本顶自身载荷 G_m 以及其力矩 x_m 和关键块间的挤压面长度 $2a$ 保持不变，在工作面推进过程中，关键块 A 和 B 间挤压力 T_1，摩擦力 f，煤壁对顶板的支撑力 P_b 和基本顶的下沉量 s 逐渐增大，煤壁及液压支架对顶板作用力的力矩 x_b 和 x_z 都在减小。因此，对于砌体梁关键块 A 破断前，对着工作面推移，支架工作阻力 P_z 逐渐增大。

2) 关键块 A 破断后

在工作面的继续推进下，基本顶内部的拉应力超过抗拉强度后，关键块 A 破断，与关键块 B 形成砌体梁构造。此时，顶板的自身载荷将主要由采空区的矸石支撑，则顶板结构如图 6-5 所示，其中基本顶岩块间的挤压力和摩擦力都会大幅度降低。

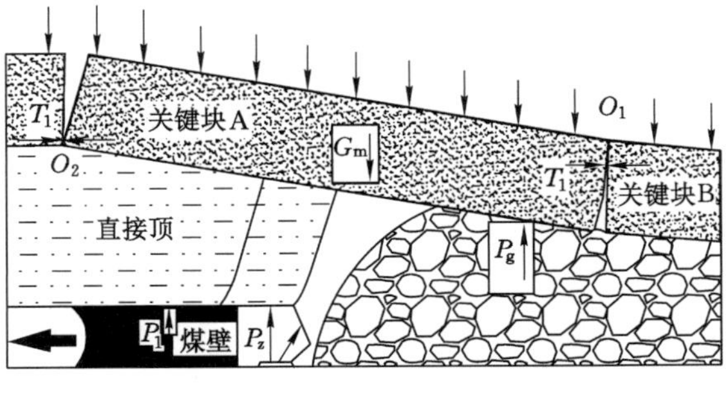

图 6-5　关键块 A 破断后

对关键块 A 进行受力分析，如图 6-6 所示。

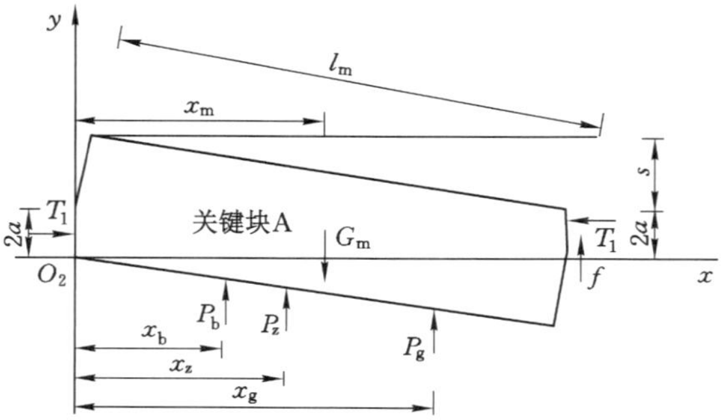

图 6-6　关键块 A 破断后受力分析

以 O_2 为原点取力矩平衡，得到：

$$x_m G_m + T_1 a = P_b x_b + P_z x_z + P_g x_g + f l_m + T_1 (h - s - 2a) \tag{6-3}$$

经化简得到：

$$P_z = G_m \frac{x_m}{x_z} - P_g \frac{x_g}{x_z} - P_b \frac{x_b}{x_z} - \frac{f l_m + T_1 (h - s - 2a)}{x_z} \tag{6-4}$$

式中　P_g——采空区矸石对基本顶的作用力；

x_g——P_g 的力矩。

随着工作面的不断推进，基本顶载荷 G_m 和其作用力 x_m 不变，基本顶岩块挤压力 T_1 及摩擦力 f 变化较小，煤壁与支架对顶板作用力矩的比质 x_b/x_z 化小，煤壁支撑力 P_b、矸石支撑力 P_g、采空区矸石和支架对顶板作用力矩的比值 x_g/x_z 增加。因此，砌体梁关键块 A 破断后，支架工作阻力 P_z 逐渐减小。

综上所述，对于砌体梁关键块 A 破断前后随工作面推移垮落的综采工作面，在矿山压力周期往复性运动作用下，液压支架循环末阻力在关键块 A 破断前呈上升态势，在关键块 A 破断后呈下降态势，故在关键块破断前后液压支架位态显现最为明显。所以，在此期间如何控制泵站工作功率以及支柱升降至关重要，需要进行对液压支柱工作阻力的波峰期进行实测；同时，观测液压支架的位态是否出现仰头和卧底现象，保证工作面支护质量，实现安全、高效开采。

6.1.3　煤岩截割理论

煤岩是非均质、非连续和各向异性的脆性物质，赋存在地下的煤岩体内部还受地应力的作用。采煤机械的工作对象是煤和岩石，破碎煤岩体是采煤机械最主要的功能。研究刀具和工作机械破碎煤岩的方法、机理、载荷、参数、动力学等的基本规律，就是煤岩截割理论。

6.1.3.1　煤岩的物理性质

煤岩的物理性质主要是指容重、湿度、松散性、孔隙性、导电性和热胀性以及稳定性等。其中，与采掘密切相关的有以下几种：

1）容重（重度）

煤岩的容重是指单位容积内煤岩在干燥状态下的重量，N/m^3。它在很大程度上反映了煤岩的机械强度。

2）湿度

煤岩的湿度用其含水率表示。含水率是指在煤岩的缝隙中存留的水的质量与煤岩固体重量之比。含水率高的煤岩体,结构被弱化,其强度明显降低。采掘这样的煤岩时,功率消耗会明显降低,而且粉尘也将减少。但巷道的围岩易产生变形,巷道维护的难度增加。

3) 松散性

松散性是指煤岩被破碎后,其容积增大的性能。破碎后与破碎前煤岩的容积之比称为煤岩的松散比(又称为松散系数)。

4) 稳定性

煤岩的稳定性是指煤岩暴露出自由面以后,不至于塌陷的性能。

6.1.3.2 煤岩的机械性质

煤岩的机械性质是指煤岩体受到机械施加的外力时所表现的性质。在破碎煤岩时,可借助于煤岩的机械性质选择破岩工具的种类和形状等。煤岩的机械性质主要是指强度、硬度、接触强度、弹塑性和脆性、坚硬度、截割阻抗、摩擦与磨蚀性等。

1) 强度

煤岩体在一定条件下受外力作用开始破坏时所具有的极限应力值。

2) 硬度

煤岩抵抗尖锐工具侵入的性能称为硬度,可反映煤岩在较小的局部面积上抵抗外力作用而不被破坏的能力,大小取决于煤岩的结构、组成颗粒的硬度、形状和排列方式等,硬度越大,截割、钻凿越困难。

3) 弹性、塑性与脆性

弹性、塑性和脆性反映煤岩受外力作用与其变形之间关系的性质。

(1) 弹性:所受的外力撤销后煤岩恢复原来形状的性能。破碎弹性较高的煤岩,消耗的能量较多,且由于弹性变形,破碎也比较困难。

(2) 塑性:所受的外力消失后煤岩不能恢复原来形状的性能。破碎塑性高的煤岩,消耗的能量较多。

(3) 脆性:煤岩破碎时不带残余变形的性能。脆性高的煤岩,容易破碎,消耗的能量也较小。

4) 坚硬性

坚硬性表示煤岩破碎难易程度的综合指标,是煤岩体抵抗拉压、剪切、弯曲和热力等作用的综合表现。用普氏系数表示煤岩的坚固性,一般 $f<4$ 为煤($f<1.5$ 为软煤;$f=1.5\sim3$ 为中硬煤;$f>3$ 为硬煤),$f=4\sim8$ 为中等坚固岩石。

5) 截割阻抗

单位截割深度作用于刀具上的截割阻力称为截割阻抗。截割阻抗比普氏系数更能确切地反映煤的可截割性能,作为采掘机械设计和选型的主要技术参数。

6) 磨砺性

煤岩磨损钢铁和硬质合金的烈度称为磨砺性(研磨性)。刀具在截割过程中接触煤岩而被磨损,引起截割阻力和生产费用的增加,使采掘机械工作性能和开机率降低。研究表明,煤岩的磨砺性与其石英含量、石英核直径和抗拉强度有关。

6.1.3.3 煤岩截割机理

钻孔爆破是历史最悠久的方法，现代煤炭生产技术中，机械破碎是主要的方法，常用的煤岩破碎机械包括滚筒采煤机、刨煤机、掘进机、凿岩机等。根据破碎煤岩的方法，主要分为切削破岩和冲击破岩。

1）切削破岩

流行的破岩机理学说主要有：密实核说、断裂力学说、剪切变形说、剪裂说等。随着压力的增加，破碎煤岩的过程可划分为3个阶段：裂纹发展阶段（塑性变形）、压实体形成阶段（局部破碎）、岩石大体积崩切阶段（体积破碎）。在塑性变形阶段，仅在煤岩内部形成裂纹，在压实体形成阶段，仅破岩机械下部的煤岩发生破坏，破碎体积很小；在崩切阶段产生大体积破碎，破岩效果好。

破岩密实核指截齿刀刃接触煤岩体时产生应力集中，当达到极限值时，煤岩体局部会被粉碎成粉末，形成处于体积压缩状态时产生的核。密实核说是拉伸和剪切联合作用的切削破煤（岩）机理学说，切削破碎煤岩的过程中，由于密实核的发育变化，切削阻力发生相应变化。

由于破岩机械下部岩石应力状态的变化，导致下部岩石的破碎区出现不对称性，在水平力作用方向破岩齿前方出现大体积的剪切破坏，密实核的趋向也向水平作用力方向偏移，以压应力对实核起压碎作用，以剪应力产生裂缝，以拉应力扩大裂缝，直到煤块飞出，形成的破碎坑的形状如图6-7所示。

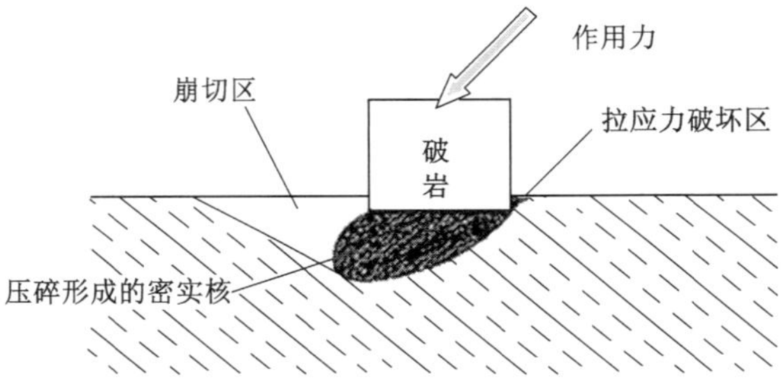

图6-7 在两向载荷作用下破碎坑的形状

2）冲击破岩机理

冲击破岩有砸碎、凿岩、劈裂等多种方式，凿岩是冲击破岩最重要的应用。凿岩机的活塞以一定速度冲击钎尾（钎杆）时，使钎头侵入岩体，形成破碎坑，又由于钎头的转动，使破碎坑扩展成孔眼，并逐渐形成一定深度的钻孔。冲击破岩如图6-8所示。

观察钎头凿入岩体的过程，岩体破坏形成破碎坑要经历以下步骤：压碎钎头前岩石上的小突起，形成压痕；岩体产生弹性变形并产生径向主裂纹；钎头前的岩石被压碎，形成粉碎体；粉碎体挤压周围岩体，使裂纹沿着剪应力或拉伸应力连续延伸扩展到岩体自由面，崩落大的碎片；重复循环上述过程，最终形成破碎坑，如图6-9所示。

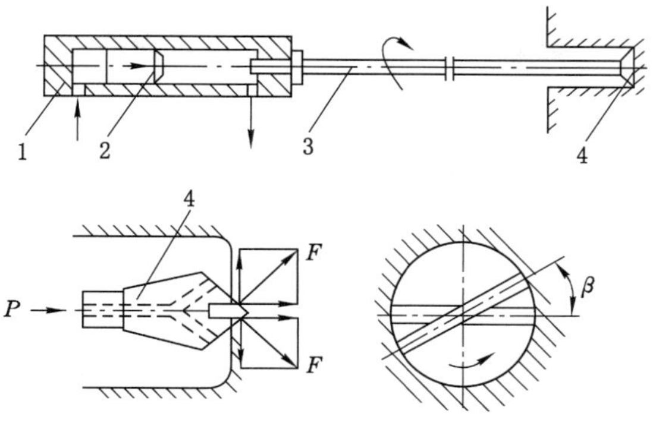

1—油缸；2—活塞；3—钎杆；4—钎头；5—钎头转动角度。

图 6-8　冲击破岩示意图

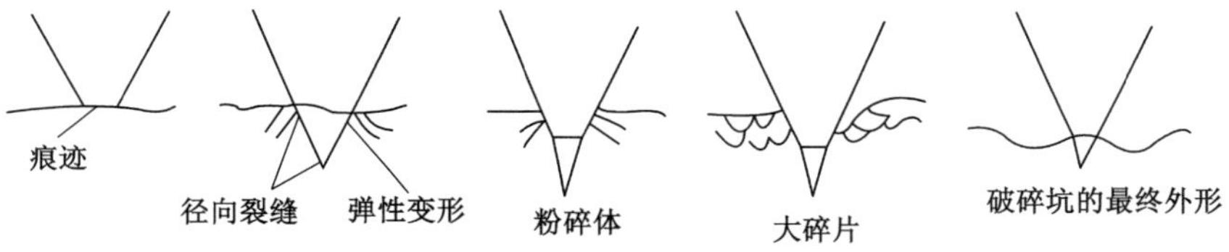

图 6-9　岩体冲击破碎过程

6.2　工作面“三机”装备配套关系

综采工作面的“三机”是指煤矿综采工作面的采煤机、刮板输送机及液压支架三种机械。在煤矿的实际生产中，采煤机和刮板输送机的生产能力应满足工作面产量要求，采煤机和液压支架调高范围要适应煤层厚度及变化范围，液压支架移架速度要跟得上采煤机的牵引速度。采煤机要依靠刮板输送机导向并在其上移动，刮板输送机依靠液压支架推移，液压支架依靠刮板输送机支承而移动。“三机”配套是整套综采设备的核心，配套关系合理是提高综采工作面生产能力、实现高产高效的必要条件。

6.2.1　采煤机

截割部是采煤机一般由截割部、装载部、行走部(牵引部)、电动机、操作控制系统和辅助装置等部分组成。

1) 截割部

截割部是工作机构及其机械传动或驱动装置的总称。工作机构是直接实现截割、破碎等主要功能的部件。它装有截齿，截齿将煤从煤岩上垮落下来。有些采煤机的工作机构为了形成所要求的截割断面形状，除了一个主要工作机构外，还有一个或几个辅助工作机构。工作机构往往兼有把垮落下来的煤块装入工作面输送机的功能，使用这类工作机构的采煤机就不再需要单独的装载部。机械传动装置用来将动力传输给工作机构，通常采用齿轮传动，一般在使用过程中不能变速，但备有专门的换速齿轮副，供安装时更换，以满足其运动方式、运动方向和截割速度大小的要求。

2）装载部

装载部是把工作机构破落下来的煤块装入工作面输送机的部件。在工作机构不能兼有装煤功能的情况下，设置独立的装载部。装载部一般包括装载机构和机械传动装置。当装载部有专用的电动机时，也包括装载电动机。装载机构也可以由截割部的机械传动装置驱动。

3）行走部

行走部又称为牵引部是行走（牵引）机构及其驱动装置的总称。行走机构是行走部的执行机构。它的结构形式主要有：钢丝绳-卷绳筒、钢丝绳-摩擦卷筒、牵引链-链轮和无链牵引行走轨-行走轮。前两种使用于早期的采煤机，牵引力小，牵引速度低，使用寿命短，安全性差。现代采煤机都采用无链牵引。行走驱动装置包括调速系统和机械传动装置。调速系统用来调节牵引速度和变换牵引方向，分为机械调速、液压调速和电气调速 3 种。机械调速以机械方式来实现调速，通常和机械传动装置结合在一起，其输出轴的转速往往是不均匀的，这种调速方式仅在早期的采煤机上使用。液压调速以液压传动方式来实现调速。电气调速以电气调速传动方式来实现调速。液压调速和电气调速都是无级调速，调速系统一般是独立的。现代采煤机都采用电气调速系统。

4）电动机

整台采煤机的几个主要部件共用一台电动机驱动时，电动机才成为采煤机的主要独立部件，该电动机往往称为主电动机。主电动机一般是两端都有输出轴，一端驱动截割部，另一端驱动行走部，外形呈箱形结构，用紧固螺栓与相邻部件连接形成采煤机的机身部分。电动机必须防爆，而现代采煤机的电动机都采用水冷式，多数采用定子水冷方式。

5）操作控制系统

操作控制系统是操作控制采煤机的电源（动力源）和工况状态的系统。按系统的工作原理分为机械控制、液压控制和电气控制 3 种。按控制方式分为就机控制、直视遥控和巷道控制 3 种。

6）辅助装置

不同结构类型的采煤机需要配置各种相应的辅助装置。常用的辅助装置有：降（集）尘系统；供电电缆和供水管的拖缆装置；各种安全保护装置；等等。

7）选型原则

采煤机是实现煤矿生产机械化和现代化的重要设备之一。机械化采煤可以减轻体力劳动、提高安全性，达到高产量、高效率、低消耗的目的。那么，“三机”配套中采煤机选型原则应遵循如下原则：

（1）采煤机能适合煤层地质条件，其主要参数（采高、截深、功率、牵引方式）的选取要合理，并有较大的适用范围。

（2）采煤机应满足工作面开采生产能力的要求，其生产能力要大于工作面设计能力。

（3）采煤机的技术性能良好，工作可靠，具有较完善的各种保护功能，便于使用和维护。

6.2.2 液压支架

液压支架是用来控制采煤工作面矿山压力的结构物。液压支架由液压缸（立柱、千斤顶）、承载结构件（顶梁、掩护梁和底座等）、推移装置、控制系统和其他辅助装置组成。

1）立柱

立柱是用于调节支架高度并承载的液压缸，支撑在底座和顶梁或掩护梁之间，主要由缸体、活柱、导向套和密封件等组成，要求有较高的抗压、抗弯强度和密封性能。常见的有全液压调整和液压加机械调整两种伸缩方式。机械调整多采用卡环加长杆式，使用虽不如全液压的方便，但结构简单，维护容易。进液方式多用外进液式，进回液口位于缸体上；有时也用内进液式，其进回液接头位于活柱头部。立柱上下端多用球面连接，可减少偏载且便于转动和拆装。

2）千斤顶

千斤顶是液压支架上除立柱之外用于完成推移、护帮和调架等功能的其他液压缸总称。动作原理和结构类型与立柱类似，多为单伸缩式。所承受载荷一般小于立柱，故缸径和压力也较小。两端连接多为铰接销轴式。浮动活塞千斤顶是一种特殊结构形式，其活塞可在活塞杆上滑动，主要用于推移千斤顶。

3）顶梁

顶梁直接与顶板接触，传递支撑力并起护顶作用的承载构件。不同架型的顶梁有不同特点，按纵向连接方式可分为整体式和分段铰接式。前者结构简单，端部支撑力大，操作方便，但过长时不利于接顶和运输安装。铰接式顶梁接顶较好，便于安装运输，但前端支撑力小，结构较复杂。铰接式顶梁包括：主顶梁、前梁和后梁。

4）底座

底座直接与底板接触，传递支撑力并用于支托立柱和其他部件的承载构件。常见结构类型有整体式和分体式。整体式分为底封和底开两种；分体式分为左右分体和前后分体两种。整体式稳定性好，其中底封式底板比压小，底开式则排矸性能较好。分体式适应底板变化的能力较强，有利排矸，但稳定性和适应软底板较差。

5）掩护梁

掩护梁连接顶梁和底座（连杆），承受支架水平力和垮落顶板岩石压力，防止采空区垮落矸石进入支架的构件。它是掩护式和支撑掩护式支架的主要结构部件，多为整体式箱形结构。部分放顶煤支架的掩护梁有放煤窗口。

6）双纽线机构

双纽线机构又称为支架四连杆机构，由掩护梁、底座和前、后连杆铰接形成的稳定机构，广泛应用于掩护式和支撑掩护式支架，个别也用于支撑式支架。支架升降时顶梁上各点沿双扭线轨迹移动，使梁端与煤壁之间的端面距变化较小，同时可以承受顶板水平力，使立柱无须复位装置。

7）推移装置

推移装置用于推移支架和输送机的装置。多数支架的推移装置连接于支架和输送机之间，既能移架，同时又能推输送机，少数则有独立的移架装置和推输送机装置。推移装置多数布置在支架底部，个别的布置在顶梁上，或者上下都有。按结构形式分为框架式、导向推杆式和直接作用式。框架式利用反向顶推原理使千斤顶较大的推力用于移架，而较小的拉力用于推输送机。导向推杆式常用浮动活塞千斤顶或差动原理来减小推力。直接作用式导向抗弯性能差，已渐趋淘汰。

8）活动侧护板

活动侧护板布置在顶梁、掩护梁或连杆侧面，起挡矸和防倒调架等作用的辅助装置，多由千斤顶、弹簧、导向杆和结构件等组成，可使支架在一定宽度范围内伸缩。常见的有直角伸缩式和铰接式，后者结构简单但封闭性差，只能用于顶梁上，适合于稳定顶板。直角式结构较复杂，但封闭性好，适用范围广。

9）护帮板

在支架前方顶住煤壁，防止片帮的板状构件称为护帮板，用于易片帮的煤层。常见的有下垂式、单铰上摆式和四连杆上摆式。用护帮千斤顶直接使护帮板摆动，或者通过连杆机构实现摆动。下垂式摆动量小，后两种形式摆动量较大，护帮可靠，必要时还可翻平护帮板以支托顶板，其中又以连杆式的护帮力较大。厚煤层支架护帮板还可用伸缩或铰接方式伸长。

10）防倒防滑装置

用于防止支架倾倒和下滑的各种辅助装置称为防倒防滑装置。常见的防倒装置有顶梁之间的调架装置和斜拉千斤顶装置等，通常在支架卸载期间进行调整，为此必须适应降、移行程的要求。常见的防滑装置有输送机防滑装置、底调装置、底座导向梁和排头支架的兜角防滑装置等。

11）液压支架控制系统

液压支架控制系统按控制方式分为液压和电液两种；按动作方式又分为直接式和先导式。液压直接控制系统用手动操纵阀直接控制本架或邻架的液压缸，实现支架的各种不同动作，又称为全流量控制。这种系统结构简单，维护方便，成本较低，但不便于邻架控制，是液压支架的第一代控制系统。液压先导控制系统又称为半流量控制。通过小流量的先导阀和多芯管再经主控阀控制支架动作，这种系统操作容易，便于实现邻架控制和加快动作速度，是第二代控制系统。最新的电液控制系统则采用了微电子和计算机等技术，可以实现动作程序的自动控制，是液压支架控制系统的主要发展方向。

12）液压支架选型原则

（1）液压支架的选型就是要确定支架类型（支撑式、掩护式、支撑掩护式）、支护阻力（初撑力和额定工作阻力）、支护强度与底板比压以及支架的结构参数（立柱数目、最大最小高度、顶梁和底座的尺寸及相对位置）及阀组性能和操作方式等。

（2）选型依据是矿井采区、综采工作面地质说明书。在选型之前，必须将采煤工作面的煤层以及顶、底板和采区的地质条件全部查清；然后依据不同类级顶板选取架型；最后依据选型内容结合国内现有液压支架的主要技术性能直接选定架型及其参数所对应的支架型号。

6.2.3 刮板输送机

用刮板链牵引，在槽内运送散料的输送机叫作刮板输送机。刮板输送机的工作原理：将敞开的溜槽作为煤炭、矸石或物料等的承受件，将刮板固定在链条上（组成刮板链）作为牵引构件。当机头传动部启动后，带动机头轴上的链轮旋转，使刮板链循环运行带动物料沿着溜槽移动，直至物料到机头部卸载。刮板链绕过链轮做无级闭合循环运行，完成物料的输送，同时它还是采煤机的运行轨道，已成为现代化采煤工艺中不可缺少的主要设备。在生产过程中，只要刮板输送机能保持连续运转，生产就能正常进行；否则，整个采煤工作面就会呈现停产状态，使整个生产中断。

各种类型的刮板输送机主要由机头、中间部和机尾部 3 个部分组成。此外，还有供推移输送机用的液压千斤顶装置和紧链时用的紧链器等附属部件。机头部由机头架、电动机、液力偶合器、减速器及链轮等件组成。中部由过渡槽、中部槽、链条和刮板等件组成。机尾部是供刮板链返回的装置。按刮板输送机溜槽的布置方式和结构，可分为并列式及重叠式两种，按链条数目及布置方式，可分为单链、双边链、双中心链和三链 4 种。

刮板输送机可用于水平运输，亦可用于倾斜运输。其“三机”配套也需要遵循一定原则如下：

(1) 刮板输送机的输送能力应大于采煤机的最大生产能力，一般取 1.2 倍。

(2) 要根据刮板链的质量情况确定链条数目，结合煤质硬度选择链子结构类型式。

(3) 应优先选用双电机双机头驱动方式。

(4) 应优先选用短机头和短机尾。

(5) 应满足采煤机的配合要求，如在机头机尾安装张紧、防滑装置，煤壁一侧设铲煤板，采空区一侧附设电缆槽等。

“三机”的合理配套从采煤机、液压支架、刮板输送机的选型原则中看到，综采设备的合理配套是很复杂的系统工程；同时，应充分考虑生产要求、工作方便、安全要求等因素综合选型达到“三机”配套生产效果最佳的目的。

6.3　采煤机智能控制关键技术

6.3.1　采煤机自适应截割技术

1) 记忆截割路径规划

自适应记忆截割控制主要包括路径记忆及数据处理、自适应调高和人工修正三个阶段。路径记忆和数据处理阶段实现截割参数的采集、记忆和处理。在自动截割阶段，采煤机根据记忆的工作路径进行自动行走和截割运动，当煤层地质条件发生变化，造成实际的煤层参数和记忆的截割参数不一致时，将基于人工免疫理论实现采煤机截割滚筒的自适应调高，以适应煤层地质条件的变化。为了保证安全生产，当煤层地质条件变化非常剧烈，采煤机无法正确地自适应处理时，操作人员可以远程引导采煤机的截割运动，对其运动轨迹进行人工修正。采煤机记录下本次修正结果，当再次运行到该位置时，将采用记忆的截割高度和截割参数进行工作。

在采煤机的记忆截割过程中，首先由操作工人操作采煤机沿工作面进行第 1 次截割，采煤机记忆行走路线以及相应位置的截割参数。采煤机根据记忆的工作位置以及相应的截割参数进行自动截割。在人工示教过程中，记忆位置被分为常规点和关键点，采煤机每隔 1 m 对各传感器采样一次，记录下相关信息并添加到记忆集中，这些位置被称为常规点。由于采煤机路径记忆过程中所采集的数据量大，因此不可能记录截割路径中所有点的数据，只是相隔一段距离或关键操作时采集一次数据，这些被采集的点称为关键点。采取常规点和关键点相结合进行记忆的策略，可以提高记录的精度，为后续的记忆截割过程提供可靠的数据。

采集到的关键点都是离散的，必须处理为连续曲线以便于引导采煤机行走，需要对采煤机的记忆路径进行拟合，并且要求该路径可以根据实际的运行情况进行修正。如

图 6-10所示，当采煤机按照记忆路径（实线表示）截割煤层、运行到 A 点和 B 点时，采煤机截割到了岩层，因此需要降低摇臂的高度。此时，应根据新的离散点数据重新规划出采煤机的截割路径。从采煤机的截割路径自动控制看，这是截割路径规划的一个优化问题，需要综合考虑牵引单元、液压调高机构、行走姿态和截割负载等方面的变化对截割路径规划的影响。

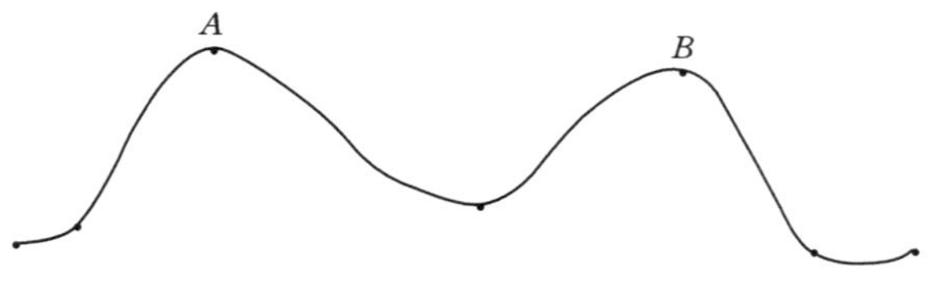

图 6-10　采煤机记忆截割的关键点

2）自适应牵引控制技术

采煤机的自适应牵引控制是当截割环境、截割阻力或者截割状态发生变化时，通过自适应调节采煤机的牵引速度，使采煤机稳定工作，并保证滚筒有足够的时间和空间进行高度调节，从而更好地适应截割条件变化。有关学者提出了一种基于粒子群算法与 T-S 云推理相结合的采煤机自适应牵引控制方法，将采煤机左/右牵引电流、采煤机左/右截割电流、刮板输送机机头电流、刮板输送机机尾电流、采煤机运行状态等参数作为采煤机调速效果的指标，通过这种算法获得最优规划速度，如图 6-11 所示。

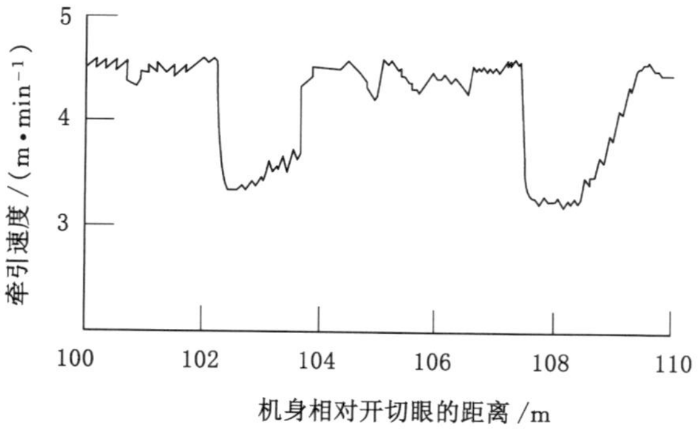

图 6-11　最优牵引速度曲线

3）煤岩识别技术

煤岩界面识别是采煤机自动控制的基础，也是实现无人自动化开采的先决条件。目前有 20 多种方法对此展开研究，包括人工 γ 射线法、自然 γ 射线法、机械振动法、雷达探测法、红外反射、记忆截割法和采煤机截割力学响应法等。

采煤机工作时，由于煤层物理、力学性能无规则变化和参与截割的截齿数量的变化，致使采煤机滚筒所承受的外载荷随机变化。基于采煤机截割力响应的煤岩界面识别传感器法，是用传感器拾取摇臂振动信号、滚筒轴扭矩信号及调高油缸压力信号进行识别。当采煤机在工作面自右向左采煤时，左滚筒受力情况如图 6-12 所示。

假设滚筒受到推进阻力 F_x、截割阻力 F_y 和轴向力 F_z，则：

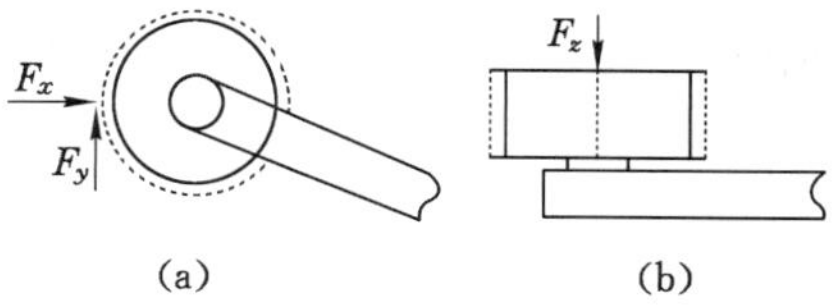

图 6-12　采煤机左滚筒受力情况

$$\begin{cases} F_x = R_1 \sin(\omega_1 t) \\ F_y = R_2 \sin(\omega_2 t) \\ F_z = R_3 \sin(\omega_3 t) \end{cases} \tag{6-5}$$

式中　R_1, R_2, R_3——三个方向外载荷的最大幅值；

$\omega_1, \omega_2, \omega_3$——三个方向外载荷的变化频率。

采煤机的摇臂可视为绕定点转动的刚体，调高液压缸可等效为有阻尼的液压弹簧，如图 6-13所示。则调高机构动力学方程为：

$$J\theta'' + K_n x L_R \sin \varphi_1 + c_n x' L_R \sin \varphi_2 = \sum M \tag{6-6}$$

$$K_h = 4\beta_e A^2 / V_t \tag{6-7}$$

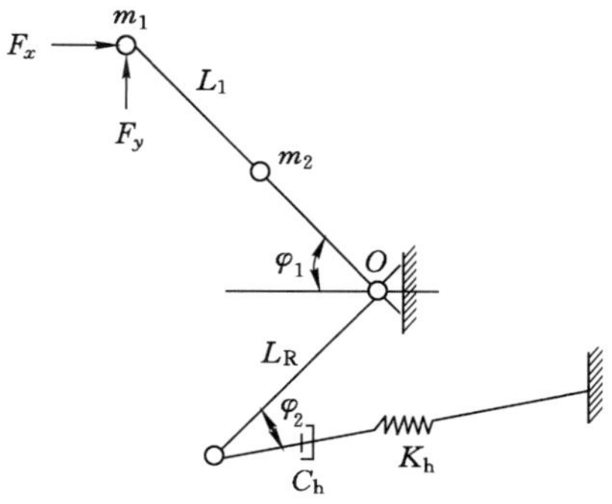

图 6-13　调高结构振动模型

式中　J——滚筒对摇臂 O 点的转动惯量；

θ''——摇臂绕 O 点转动的角加速度；

K_h——液压缸的液压弹簧刚度(最小近似值)；

β_e——液压油的有效体积弹性模量；

A——液压缸两腔作用面积平均值；

V_t——液压缸两腔当量总容积平均值；

c_n——液压缸的液压黏性阻尼系数；

x——液压缸位移；

x'——液压缸移动速度；

φ_1——大摇臂相对于水平面的夹角；

φ_2——小摇臂与液压缸活塞杆的夹角；

$\sum M$——对 O 点所有的外力矩之和。

调高机构在 O 点存在激振力矩和偏心力矩，则式(6-6)和式(6-7)可变形为：

$$\begin{aligned} J\theta'' + K_h x L_R \sin \varphi_2 + c_h x' L_R \sin \varphi_2 = & R_1 L_1 \sin(\omega_1 t) \\ & \cos \varphi_1 + R_2 L_1 \sin(\omega_2 t) \cos \varphi_1 + m e \omega^2 L_1 \sin(\omega t) \\ & \cos \varphi_1 + m e \omega^2 L_1 \cos(\omega t) \sin \varphi_1 \end{aligned} \tag{6-8}$$

式中　m——螺旋滚筒因加工、装配及截齿排列等因素而产生的偏心质量；

e——螺旋滚筒因加工、装配及截齿排列等因素而产生的偏心距；

ω——螺旋滚筒的旋转角速度。

此外，由于摇臂绕 O 点的摆角 θ 较小，可近似认为 $\sin \theta = \theta$，则：

$$x = L_R \sin \theta = L_R \theta \tag{6-9}$$

$$J = m_1 L_1^2 + m_2 L_1^2/3 = (3m_1 + m_2) L_1^2/3 \tag{6-10}$$

式中　m_1, m_2——采煤机滚筒和摇臂的质量。

螺旋滚筒外载荷的变化频率与滚筒旋转角速度相关，令 $\omega_1 = \omega_2 = \omega$，则：

$$\theta'' + A_1 c_h \theta' + A_1 k_h \theta = A_2 \sin(\omega t + \varphi) \tag{6-11}$$

$$A_1 = 3L_R^2 \sin\varphi_2 / [(3m_1 + m_2) L_1^2] \tag{6-12}$$

$$A_2 = \frac{3}{(3m_1 + m_2) L_1} [(R_1 \cos\varphi_1 + R_2 \sin\varphi_1 + me\omega^2 \cos\varphi_1)^2 + (me\omega^2 \sin\varphi_1)^2]^{1/2} \tag{6-13}$$

$$\varphi = \arctan \frac{R_1 \cos\varphi_1 + R_2 \sin\varphi_1 + me\omega^2 \cos\varphi_1}{me\omega^2 \sin\varphi_1} \tag{6-14}$$

式中　θ'——摇臂绕 O 点转动的角速度。

式(6-11)至式(6-14)为采煤机截割过程摇臂的振动模型。通过该方程可获取采煤机截割煤和岩石产生的振动情况，为煤岩界面的识别提供重要的理论依据。

4) 采煤机调高技术

采煤机的调高一般用调高泵和操作阀以及调高油缸等组成的系统进行，这样可使电牵引采煤机上继续保持液压油的使用，而调高、喷雾使用一个清水泵，把调高系统的液压油系统改为清水调高系统，使采煤机进一步减少油脂的使用。泵输出的高压水进入卸载阀后，如果操纵阀动作，高压水将冲开单向阀，按照需要进入不同的调高千斤顶，完成采煤机调高任务。这时，由于节流阀的作用，喷雾暂时停止。采煤机调高不是经常性的工作，因而不会影响喷雾效果。采煤机机载喷雾泵如图 6-14 所示。

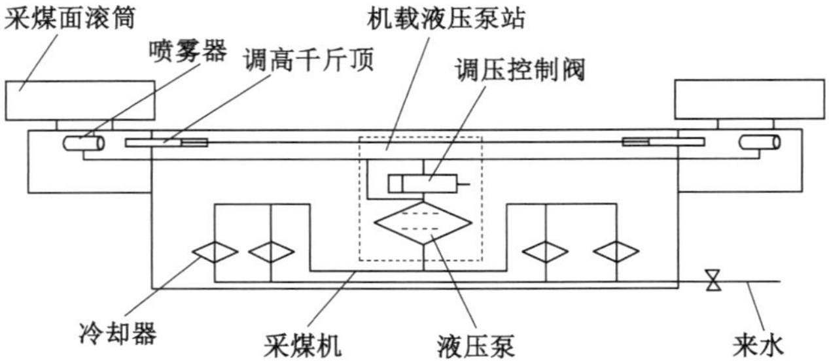

图 6-14　采煤机机载喷雾泵

为了保持采煤机调高的迅速性和灵活性，在调高时，喷雾泵的额定压力全部运用到调高系统中；同时，喷雾泵的流量要比原来的调高泵大得多，所以不会影响调高的正常工作。

调高系统的工作介质从液压油改为水以后，有两个问题需要注意：一是泄漏问题；二是防锈问题。对于调高千斤顶，由于运行速度较低，活塞和缸筒间密封距离较长，不会有泄漏问题；同时，对活塞和缸筒进行防锈处理后，不会有锈蚀问题。

(1) 截割滚筒调高状态控制。在调高油缸中配置了位移传感器，摇臂上配置倾角传感器测量截割滚筒的当前位置。由于倾角传感量和位移传感量与截割滚筒高度之间存在非线性的映射关系，需要通过控制器实现高度调节的动态补偿。在截割滚筒高度调节的过程中，截割滚筒高度的调节量与调节时机受到截割路径曲线、机身位置、牵引速度和截割电动机电流的影响。

在逻辑传感器中增加调高驱动电动机的时间积分、调节高度积分、调节时间积分、油缸位移微分、摇臂倾角微分、牵引速度与其模糊状态、截割电流与其模糊状态等附加特征和相关的附加约束，设置调节高度与调节时间的报警及保护逻辑算子，设置调节高度的位置、方向、时间、调节能力等值函数来反映该单元的逻辑状态。采煤机截割滚筒高度调节逻辑传感器的状态迁移如图 6-15 所示。

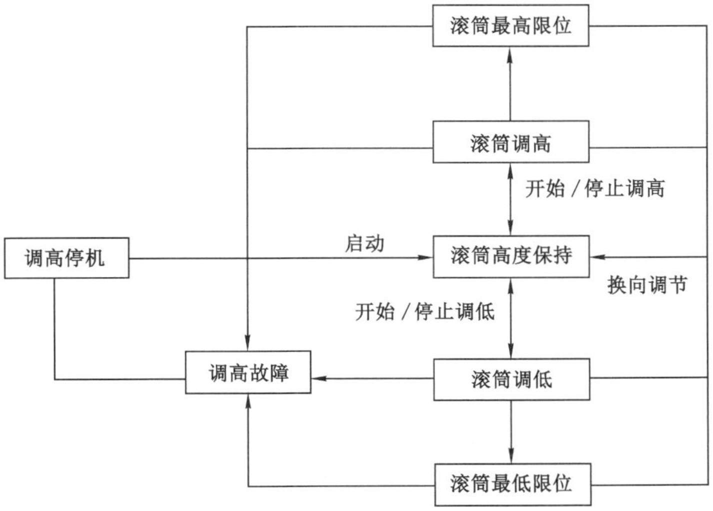

图 6-15　采煤机截割滚筒高度调节逻辑传感器状态迁移

（2）自适应调高控制。当煤层地质条件发生变化时，如果仍然采用记忆的位置会导致截割滚筒截割到顶板岩石、夹矸或者断层，致使采煤机截割部损坏，或者带来严重的生产事故。为了解决上述问题，有关学者提出了基于人工免疫模型的采煤机截割滚筒自动调高技术，将人工免疫理论与记忆截割相结合，从而实现采煤机截割滚筒的自适应调高，如图 6-16 所示。在路径记忆与数据处理阶段，由人工操作采煤机沿工作面截割一次。采煤机在每个记录点处记录采煤机的当前位置、调高油压位移、摇臂倾角、行走速度、左右截割电动机电流和温度、左右截割部行星头温度、左右牵引电动机电流和温度、左右牵引变频器温度、破碎电动机电流和温度以及泵电动机温度等传感器信息。

6.3.2　采煤机自主定位技术

1）以支架为参考基准的定位技术

通过在支架上安装红外传感器、无线传感网络，采煤机信号发射装置发出的信号经支架接收装置接收，根据接收信号的支架编号和支架对应位置坐标进行定位。这种定位技术的定位精度主要与信号接收装置的布置密度有关，而且由于此定位法基于已知的支架坐标信息，在实际的生产过程中，工作面支架移架频繁，位置不能实时获取，所以无法实现实时与精确定位。

2）轨道里程定位技术

通过采煤机行走齿轮传感器监测采煤机在刮板上的运行距离，采煤机的行走距离按照齿轨轮与齿轨啮合的圆周计算。该方法只能确定采煤机沿刮板输送机的运动距离和方向，无法确定采煤机在工作面方向与推进方向上的位移，造成定位不精确，同时存在齿轮计数误差累加的不足。因此，该定位技术仅能大体判断采煤机的位置，无法满足采煤机定位的精度和实时性要求。

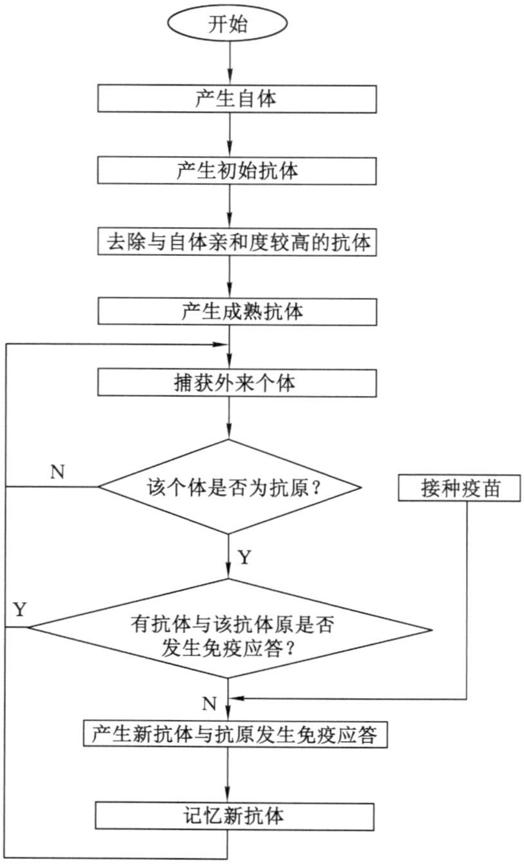

图 6-16 基于人工免疫的自适应截割控制理论

3) 自主定位技术

采煤机与工作面煤岩相互作用，采煤机定位定姿技术必须获得煤岩截割过程中采煤机在煤层中的三维绝对位置及其姿态。将捷联式惯性导航系统应用于井下采煤机的自主定位技术，其原理是将捷联惯导直接固联在采煤机机身，捷联式惯性系统中的陀螺仪和加速度计直接感受采煤机在惯性空间的转动角速度和线性加速度，经过积分运算得到采煤机机身的运动速度、航向、姿态和位置等信息。

基于陀螺仪和里程计的综合定位方法，利用光纤陀螺仪测量采煤机的航向角，将里程计测得的速度利用航位推算方法获得采煤机的位置。这种定位方法解决了捷联惯导系统以线加速度积分测量采煤机速度造成的积分累积误差问题，但在航向角度上仍然存在积分累积误差。

基于 GIS 的采煤机定位定姿的目标是将采煤机定位到工作面煤层中，确定采煤机及其截割滚筒与工作面煤层顶、底板的位置关系。为了与工作面煤层数据库匹配，采煤机定位坐标系与工作面煤层数据库坐标系使用同一坐标系，即以开采起始点为原点的东北天坐标系。因此采煤机定位定姿算法要实时解算出采煤机机身、截割滚筒在“东北天”坐标系下的坐标。采煤机定位定姿技术方案与采煤机坐标系如图 6-17 所示。

此种采煤机定位定姿技术方案中，利用安装于采煤机机身的具有自动寻北功能的惯性

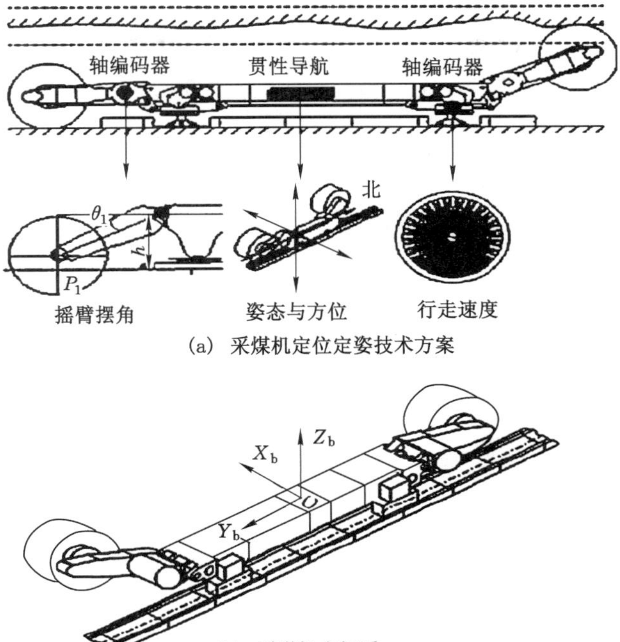

(a) 采煤机定位定姿技术方案

(b) 采煤机坐标系

图 6-17　采煤机定位定姿技术方案与采煤机坐标系

导航装置测量采煤机机身的运行方位与姿态，利用安装于摇臂与机身铰接轴的轴编码器测量摇臂相对于采煤机机身的旋转角度，利用安装于采煤机行走部的轴编码器测量采煤机的行走速度与距离(标量)，行走方向由惯性导航装置确定。数据处理系统把各轨迹数据点与工作面煤层顶底板数据在"东北天"坐标系下进行融合，获得采煤机在工作面煤层的位置。采煤机定位定姿算法主要流程如图 6-18 所示。

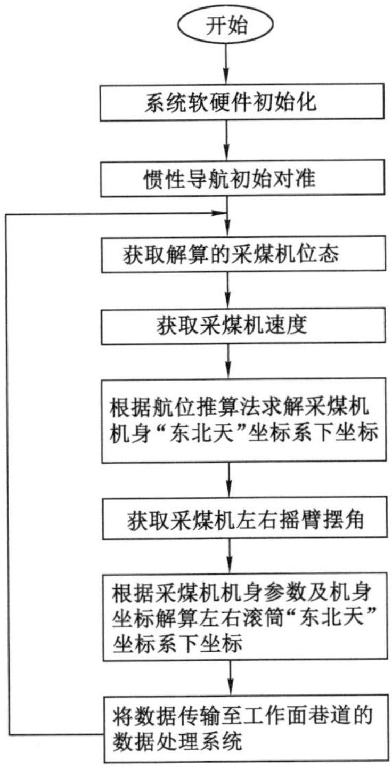

图 6-18　采煤机定位定姿算法主要流程

6.3.3　采煤机状态控制技术

6.3.3.1　采煤机状态故障诊断

由于恶劣的工作环境、超重负载工况和超长工作时间，采煤机在工作过程中故障频发，且故障类型呈现多样性和随机性的特点。传统的采煤机故障诊断方法一般依赖于现场维修人员的专业知识和经验，通常具有滞后性和不确定性。为此，通过现代智能感知技术建立的采煤机故障诊断模型，如图 6-19 所示。在采煤机工作过程中，可能发生 n 种故障或非正常截割状态，统称为非正常工作状态。将不同故障或非正常截割状态下的系统所处的不同状态称为 $S_1, S_2, \cdots, S_n$。当采煤机处于状态 S_i 时，对应的可测量特征向量 $\boldsymbol{X}_i=(x_{i1}, x_{i2}, \cdots, x_{in})$，定义 $\boldsymbol{X}_i$ 为故障检测器，一个故障可能对应多个故障检测器。由于故障状态并非绝对的，有一定的模糊性和预测性，因此故障检测器中每个向量的特征值应该具有一定的变动范围。在这种情况下，采煤机故障诊断就成为根据故障检测器匹配采煤机故障类型或对特征向量进行状态的模式识别问题。在对采煤机故障诊断的过程中，采煤机运行状态参数的取值是连续的，这些状态表征的故障类型也不是唯一的。因此，对每个故障类型的最终判断，必须综合考虑各个相关运行状态参数。

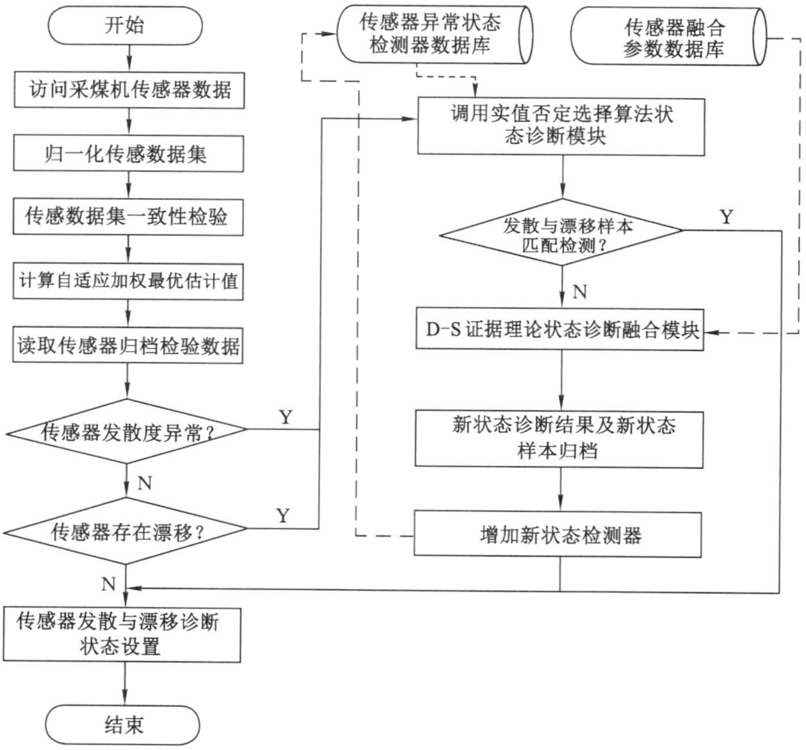

图 6-19 采煤机故障诊断模型

6.3.3.2 采煤机状态控制

有限状态机是表示有限个状态以及在这些状态之间的转移和动作等行为的数学模型。利用有限状态机可以准确描述采煤机截割控制状态、姿态控制状态以及截割滚筒调高控制状态的动态变化过程，从而建立采煤机的智能控制模型。

1）截割控制状态机

采煤机依靠左右截割部和破碎部实现煤壁截割和大块煤破碎，其电动机运行的基本信号仅包括停机和运行两种状态。根据截割和破碎电动机的联锁控制要求，为逻辑传感器增加了电动机的启动保护、启动联锁和停机联锁等状态，并从整体上设置了截割与破碎单元的运行状态。采煤机的 3 个主电动机的逻辑状态迁移如图 6-20 所示。

为了保障采煤机中的截割电动机安全运行，除了严格按照状态图的状态迁移进行控制

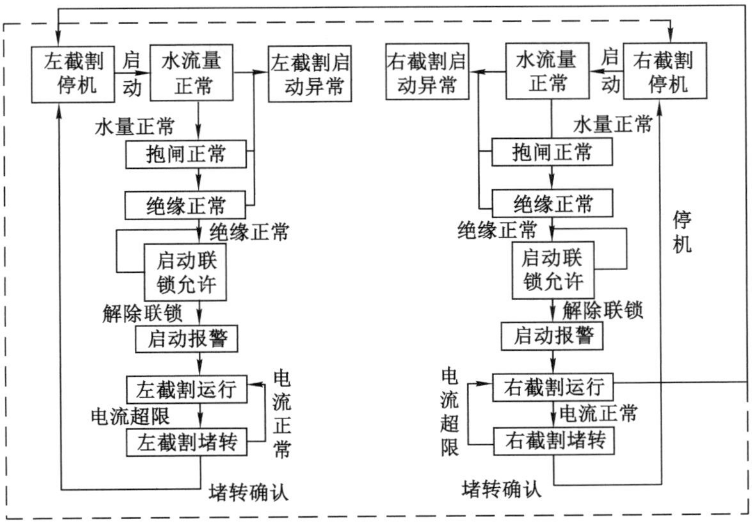

图 6-20　采煤机截割单元逻辑传感器状态迁移

以外，还需要对电动机运行的电流、温度、振动等传感器信息进行融合，获取截割电动机的运行良好程度，实现故障的诊断与预警功能。

2) 姿态控制状态机

电牵引采煤机通常使用记忆截割来实现滚筒高度的调节。当截割滚筒需要调节时，通常需要改变牵引速度，而牵引速度本身与牵引调节能力和牵引调节余量紧密相关，也与采煤机的行程姿态紧密联系，牵引速度的调节也受到液压支架移架速度的限制。为了解决这些问题，建立单独的采煤机行程姿态逻辑传感器，并给出了它的状态空间、值函数、附加特征和附加约束，给出了支持截割路径调节与牵引变频控制的接口。记忆截割是按照记忆的位置-速度对应关系来调节采煤机的牵引行程姿态。结合采煤机行程姿态控制的过程和外部约束，其逻辑传感器的转移如图 6-21 所示。

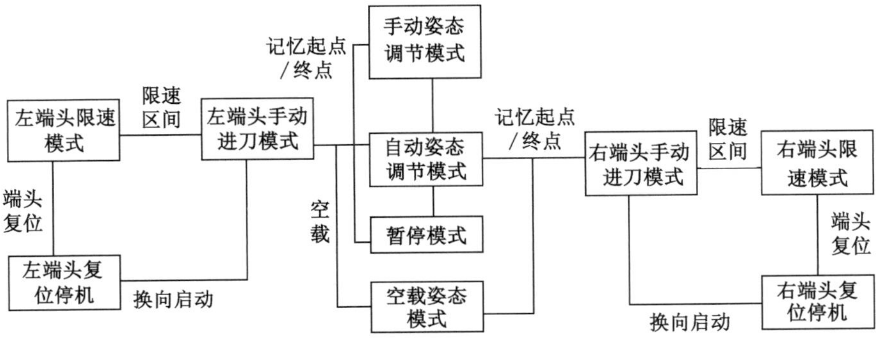

图 6-21　采煤机姿态逻辑传感器状态转移

3) 牵引控制状态机

利用现场总线技术，实现采煤机变频牵引控制系统与采煤机机载控制器连接；采用主从控制方式，通过给定主变频器转速，让变频器以跟随方式运行。变频牵引控制单元的工作模式分为恒功率截割牵引与截割路径规划连续调节牵引两种。在牵引变频单元的I/O控制模式下，通过外部I/O端子实现变频器的启停和加减速控制。在远程控制系统中，变频牵引控制单元通过控制协议实现变频器的状态转换、变频器参数状态查询、变频器参数设置和牵引电动机转速等任务；同时，还配备电牵引电动机电流、温度等传感器获取牵引电动机状态，如图6-22所示。

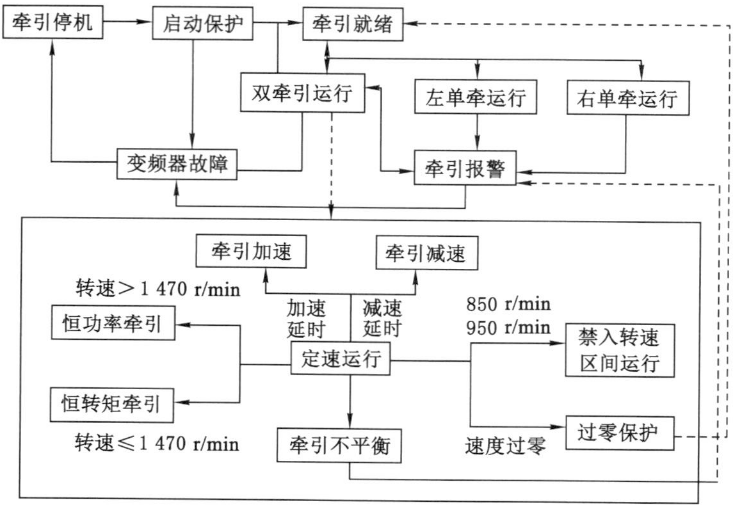

图6-22　采煤机变频牵引单元逻辑传感器状态迁移

6.4　液压支架智能控制关键技术

6.4.1　液压支架姿态感知模型

6.4.1.1　液压支架姿态类型

在采煤工作面内，液压支架通过支撑覆层的重量，保证回采空间内人和物的安全，使生产得以顺利进行。为了使覆岩在其重力作用不发生或发生可控情况下的回转下沉，符合底板走势要求，液压支架通过改变自身姿态来适应工作面环境变化，以此达到支护效果。本文将根据支架顶梁、底座的动作情况以及支架支护高度变化对支架姿态进行划分。

液压支架对顶板进行支护时，支架与工作面顶板紧密贴合，为了阻碍顶板发生回转下沉，顶梁通常产生低头、水平、抬头3种姿态变化。图6-23为支架在其他机构不发生动作时顶梁的姿态状态示意图。在实际生产中，支架顶梁的抬头占比远高于低头；在抬头情况下，倾角为0°～5°范围内，工况状态最佳，以顶梁所产生的角度为正值，低头倾角为负值。

一般情况下，由于工作面底板走势不同，且采煤机在进行割煤时会在一定量的浮煤，支架底座为了适应此变化，也出现类似于顶梁的姿态变化。图6-24所示为在液压支架其他机构不发生动作时，底座产生低头、水平、抬头3种姿态情况。以底座产生低头的倾角为正值，

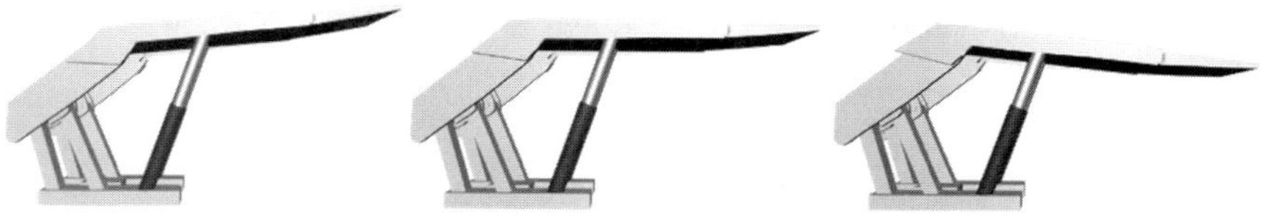

(a) 抬头　　(b) 水平　　(c) 低头

图 6-23　液压支架顶梁姿态

抬头时倾角为负值。

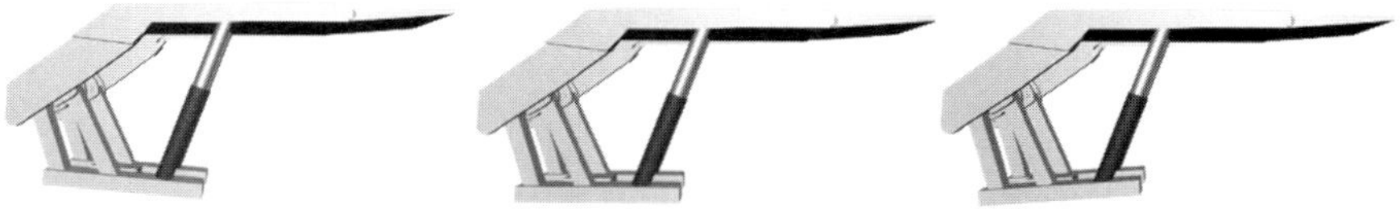

(a) 抬头　　(b) 水平　　(c) 低头

图 6-24　液压支架底座姿态

在工作面进行回采时，根据工作面厚度的不同以及液压支架所处的工作状态情况，支架工会对支架进行相应的升高或者降低。图 6-25 为顶梁以及底座倾角不变的情况下液压支架升高、降低两种姿态情况。此时，液压支架的立柱、四连杆机构、平衡千斤顶以及掩护梁等均会产生相应姿态变化。

(a) 伸长　　(b) 降低

图 6-25　液压支架支护高度

6.4.1.2　液压支架姿态模型的建立

在综采工作面“三机”配套中，两柱掩护式液压支架的应用最为广泛。该液压支架可由平衡千斤顶调节顶梁合力作用点的位置，对工作面顶板压力适应性强，并且具有结构简单、操纵方便、支架移架速度快等优点。因此，本书选取两柱掩护式液压支架作为液压支架的主体机构来进行研究，如图 6-26 所示。

当液压支架工作时，根据支架构件性质可知，支架液压缸产生较大位移且发生弹性形变。除此之外，其余部件弹性形变较小，可以忽略不计。因此，本书在进行模型构建时将除液压缸外的部件作为刚体，如图 6-27 所示。

在该模型中，以支架底座末端点 O 为坐标原点，建立坐标系 XOY。在 XOY 内，假设液压支架的顶梁 NS、前连杆 GE、底座 OT 均已发生转动，产生倾角分别为 α_1、α_2、α_3，则支架其他机构的姿态将按照一定的对应关系产生变化。表 6-1 列出了支架姿态模型各个物理参数及含义。

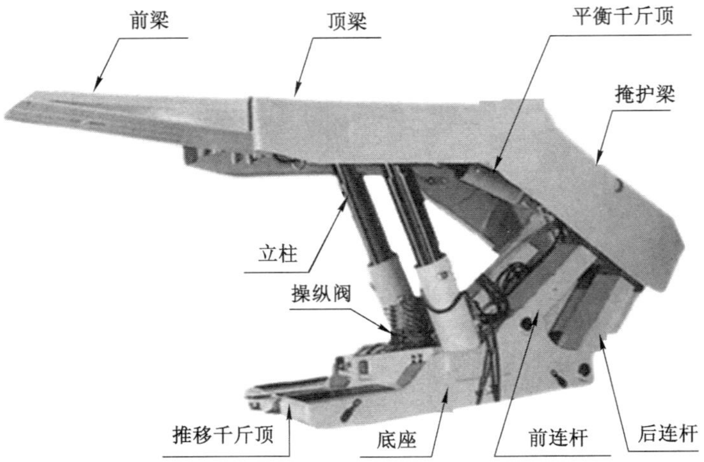

图 6-26　两柱式掩护液压支架

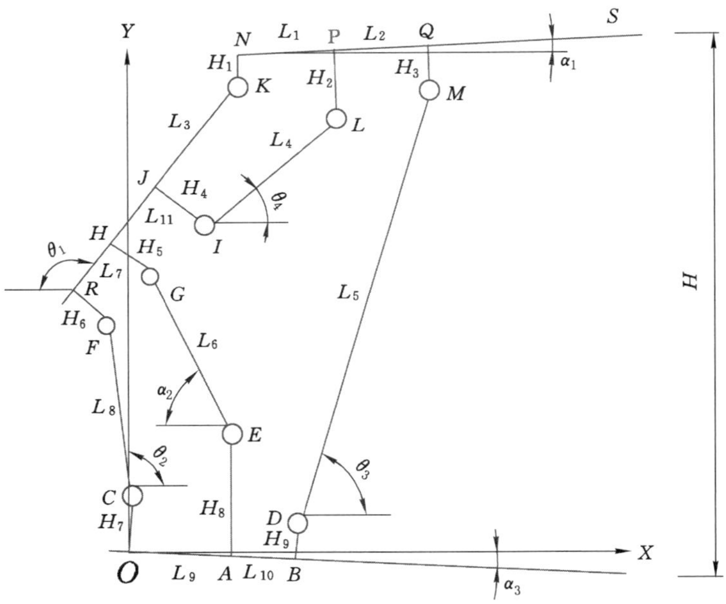

图 6-27　液压支架姿态模型

表 6-1　姿态模型的物理参数表

标记	物理参数	标记	物理参数
α_1	顶梁 NS 与 X 轴的夹角	θ_1	掩护梁 RK 与 X 轴的夹角
α_2	前连杆 GE 与 X 轴的夹角	θ_2	后连杆 FC 与 X 轴的夹角
α_3	底座 OT 与 X 轴的夹角	θ_3	立柱 MD 与 X 轴的夹角

表 6-1(续)

标记	物理参数	标记	物理参数
θ_4	平衡千斤顶 LI 与 X 轴的夹角	H_1	NK 段长度
L_1	NP 段长度	H_2	PL 段长度
L_2	PQ 段长度	H_3	QM 段长度
L_3	JK 段长度	H_4	JI 段长度
L_4	平衡千斤顶 LI 长度	H_5	HG 段长度
L_5	立柱千斤顶 MD 长度	H_6	RF 段长度
L_6	前连杆 GE 长度	H_7	OC 段的长度
L_7	RH 段长度	H_8	EA 段的长度
L_8	FC 段长度	H_9	DB 段的长度
L_9	OA 段长度	H	液压支架的支护高度
L_{10}	BA 段长度	K_1	平衡千斤顶油缸刚度
L_{11}	HJ 段长度	K_2	立柱千斤顶油缸刚度

6.4.1.3 液压支架姿态模型的解算

(1) 矢量闭合方程

一般来说,任意一个闭合的连杆机构都可以用矢量闭合环进行描述。在闭环中,每个杆件均可以使用矢量表示,且它们的矢量和为零。根据这一特性,可利用连杆方程来计算该机构中位置、速度以及加速度信息。如图 6-27 所示,模型可形成三个闭环,分别是闭环一 $OAEGHRFC$、闭环二 $ILPNKJ$、闭环三 $OBMQNKJHRFC$。本书将利用这三个闭环把液压支架感知系统的监测量作为已知量,对各个部件位置信息进行解算。

(2) 姿态模型的解算

在闭环一、闭环二和闭环三中,基于闭环的相对位置,建立矢量闭环方程如下所示:

$$\overline{OC}+\overline{CF}+\overline{FR}+\overline{RH}-\overline{OA}-\overline{AE}-\overline{EG}-\overline{GH}=0 \tag{6-15}$$

$$\overline{IJ}+\overline{JK}+\overline{KN}-\overline{IL}-\overline{LP}-\overline{PN}=0 \tag{6-16}$$

$$\begin{aligned}&\overline{OC}+\overline{CF}+\overline{FR}+\overline{RH}+\overline{HJ}+\overline{JK}+\overline{KN}-\\&\overline{OA}-\overline{AB}-\overline{BD}-\overline{DM}-\overline{MQ}-\overline{QN}=0\end{aligned} \tag{6-17}$$

由于采用复数表示矢量既简洁又方便,因此将对式(6-15)至式(6-17)位置矢量用复数进行表示,可得:

分别把式(6-15)至式(6-17)用复数表示可得:

$$\begin{aligned}&H7\mathrm{e}^{\mathrm{j}(\frac{\pi}{2}-\alpha_3)}+L_8\mathrm{e}^{\mathrm{j}\theta_2}+H_6\mathrm{e}^{\mathrm{j}(\frac{3\pi}{2}-\theta_1)}+L_7\mathrm{e}^{\mathrm{j}(\pi-\theta_1)}=\\&L_9\mathrm{e}^{-\mathrm{j}\alpha_3}+H_8\mathrm{e}^{\mathrm{j}(\frac{\pi}{2}-\alpha_3)}+L_6\mathrm{e}^{\mathrm{j}(\pi-\alpha_2)}+H_5\mathrm{e}^{\mathrm{j}(\frac{3\pi}{2}-\theta_1)}\end{aligned} \tag{6-18}$$

$$H_4\mathrm{e}^{\mathrm{j}(\frac{\pi}{2}-\theta_1)}+L_3\mathrm{e}^{\mathrm{j}(\pi-\theta_1)}+H_1\mathrm{e}^{\mathrm{j}(\frac{\pi}{2}+\alpha_1)}=L_4\mathrm{e}^{\mathrm{j}\theta_4}+H_2\mathrm{e}^{\mathrm{j}(\frac{\pi}{2}+\alpha_1)}+L_1\mathrm{e}^{\mathrm{j}(\pi+\alpha_1)} \tag{6-19}$$

$$\begin{aligned}&H_7\mathrm{e}^{\mathrm{j}(\frac{\pi}{2}-\alpha_3)}+L_8\mathrm{e}^{\mathrm{j}\theta_2}+H_6\mathrm{e}^{\mathrm{j}(\frac{3\pi}{2}-\theta_1)}+(L_7+L_{11}+L_3)\mathrm{e}^{\mathrm{j}(\pi-\theta_1)}+H_1\mathrm{e}^{\mathrm{j}(\frac{\pi}{2}+\alpha_1)}=\\&(L_9+L_{10})\mathrm{e}^{-\mathrm{j}\alpha_3}+H_9\mathrm{e}^{\mathrm{j}(\frac{\pi}{2}-\alpha_3)}+L_5\mathrm{e}^{\mathrm{j}\theta_3}+H_3\mathrm{e}^{\mathrm{j}(\frac{\pi}{2}+\alpha_1)}+(L_1+L_2)\mathrm{e}^{\mathrm{j}(\pi+\alpha_1)}\end{aligned} \tag{6-20}$$

$$\mathrm{e}^{\mathrm{j}x}=(\cos x+\mathrm{j}\sin x) \tag{6-21}$$

引用式(6-21)的欧拉公式,将式(6-18)至式(6-20)进行实部和虚部进行分离,且令各式中实部和虚部分别等于零，可得液压支架各个部件的位置关系方程，如下式所示。

$$(H_7-H_8)\sin\alpha_3+L_8\cos\theta_2-L_9\cos\alpha_3+(H_5-H_6)\sin\theta_1+L_6\cos\alpha_2-L_7\cos\theta_1=0 \tag{6-22}$$

$$(H_7-H_8)\cos\alpha_3+L_8\sin\theta_2+L_7\sin\theta_1+L_9\sin\alpha_3+(H_5-H_6)\cos\theta_1-L_6\sin\alpha_2=0 \tag{6-23}$$

$$H_4\sin\theta_1+L_1\cos\alpha_1-L_3\cos\theta_1+(H_1-H_2)\sin\alpha_1-L_4\cos\theta_4=0 \tag{6-24}$$

$$H_4\cos\theta_1+L_3\sin\alpha_1+L_1\sin\alpha_1+(H_2-H_1)\cos\alpha_1-L_4\sin\theta_4=0 \tag{6-25}$$

$$(H_7-H_9)\sin\alpha_3+L_8\cos\theta_2+(L_1+L_2)\cos\alpha_1+H_1\sin\alpha_1-H_6\sin\theta_1-(L_3+L_7+L_{11})\cos\theta_1-(L_9+L_{10})\cos\alpha_3-L_5\cos\theta_3-H_3\sin\alpha_1=0 \tag{6-26}$$

$$(H_7-H_9)\cos\alpha_3+L_8\sin\theta_2+(L_1+L_2)\sin\alpha_1+H_3\cos\alpha_1-L_5\sin\theta_3+(L_3+L_7+L_{11})\sin\theta_1-H_6\cos\theta_1-H_1\cos\alpha_1+(L_9+L_{10})\sin\alpha_3=0 \tag{6-27}$$

$$L_4=L_{4'}-(P_1-P_{1'})A_1/K_1 \tag{6-28}$$

$$L_5=L_{5'}-(P_5-P_{5'})A_5/K_5 \tag{6-29}$$

式中　P_1,P_2——立柱千斤顶、平衡千斤顶油压；

$L_{4'},L_{5'}$——立柱千斤顶、平衡千斤顶初始长度；

$P_{1'},P_{2'}$——立柱千斤顶、平衡千斤顶初始油压；

A_1,A_2——立柱千斤顶、平衡千斤顶横截面积；

K_1,K_2——立柱千斤顶、平衡千斤顶的刚度。

液压支架姿态感知系统会对支架的顶梁、前连杆、底座的倾角以及立柱千斤顶和平衡千斤顶的油缸压力进行实时的监测。因此，在该姿态模型中，顶梁倾角、前连杆倾角、底座倾角可作为已知量。根据式(6-28)和式(6-29)可知，立柱千斤顶和平衡千斤顶的油压以及油缸刚度存在一定关系，平衡千斤顶长度 L_4 以及立柱千斤顶长度 L_5 与各个构件的尺寸均可视为已知量。基于此，式(6-22)至式(6-27)可看作含有 θ_1、θ_2、θ_3、θ_4 四个未知量的非线性方程组。我们将引入牛顿法使其嵌入姿态感知系统之中，对非线性方程组进行求解，从而达到对姿态模型进行实时解算的目的，如图 6-28 所示。

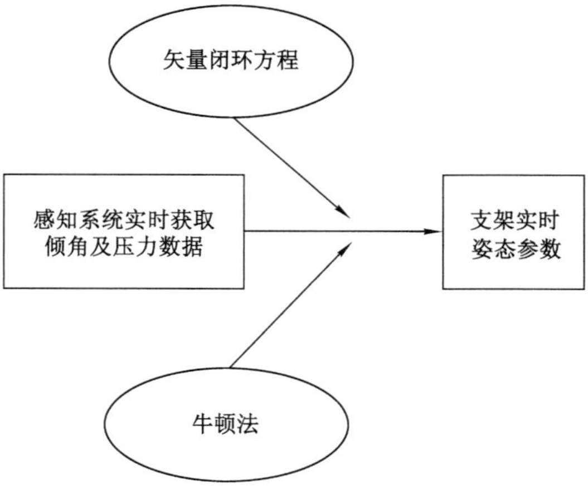

图 6-28　液压支架姿态解算流程

6.4.2 液压支架姿态光纤感知技术

6.4.2.1 液压支架姿态光纤感知系统组成

如图 6-29 所示，液压支架姿态光纤感知系统组成部分主要由两柱掩护式液压支架、光纤传感器、矿用隔爆型光纤光栅分析控制箱、智能控制器以及电磁驱动器等结构组成。光纤传感器以及矿用隔爆型光纤光栅分析控制箱为姿态感知系统的重要组件，智能控制器和电磁驱动器起驱动作用、控制作用以及决策作用。

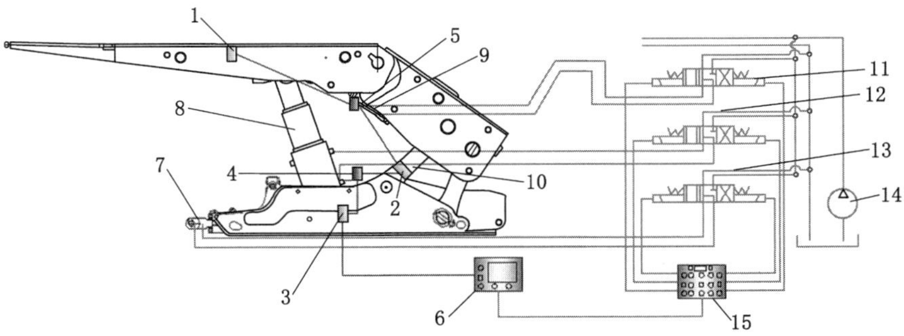

1，2，3—矿用光纤光栅液压支架倾角传感器；4，5—光纤光栅压力传感器；
6—矿用隔爆型光纤光栅分析控制箱；7—推移千斤顶；8—立柱；9—平衡千斤顶；
10—前连杆；11—电液控制阀；12，13，14—液压泵；15—智能控制器。

图 6-29　液压支架姿态光纤感知系统组成

1）光纤光栅倾角传感器

光纤光栅倾角传感器为姿态感知系统的核心元件，分别在液压支架的顶梁、底座及前连杆上安装。通过使用该传感器，可直接或间接解算出支架各个机构的姿态，如图 6-30 所示。

2）光纤光栅支架压力传感器

平衡千斤顶以及立柱对支架姿态调节起着决定性作用。其中，平衡千斤顶为顶梁姿态角度调节的主要驱动部件，对顶梁有一定程度的承载作用。而立柱为顶梁压力主要承载元件，该元件对支架支护高度起着调节作用。因此，在液压支架中引入压力传感器对立柱以及平衡千斤的油压进行实时监测，对于研究支架受力的情况、分析支架姿态形成原因以及判断支架与顶板的耦合情况有重要意义。

图 6-31 为液压支架中所使用的压力传感器。与传统的支架压力传感器不同，光纤光栅压力传感器以光纤光栅压力计为核心元件，采用光纤传感技术，对支架油压进行实时监测。如图 6-32 所示，光纤光栅支架压力传感器的构造，它主要由光纤光栅压力计、三通阀、直读式压力表、压力膜壳、导压孔等组成。

3）矿用隔爆型光纤光栅分析控制箱

矿用隔爆型光纤光栅分析控制箱主要由隔爆外壳和内置于其中的光纤传感分析仪组成，如图 6-33 所示。其中，光纤传感分析仪可适用于光纤光栅的温度、压力、应变、位移等多种类型的光纤光栅传感信号的解调以及传感数据的采集。它将姿态传感器反射的光信号转换为电信号传输至智能控制器，实现了光纤姿态感知系统与电液控制系统信息交流与传输，在该系统中起到枢纽作用。

图 6-30　光纤光栅液压支架倾角传感器

图 6-31　光纤光栅支架压力传感器

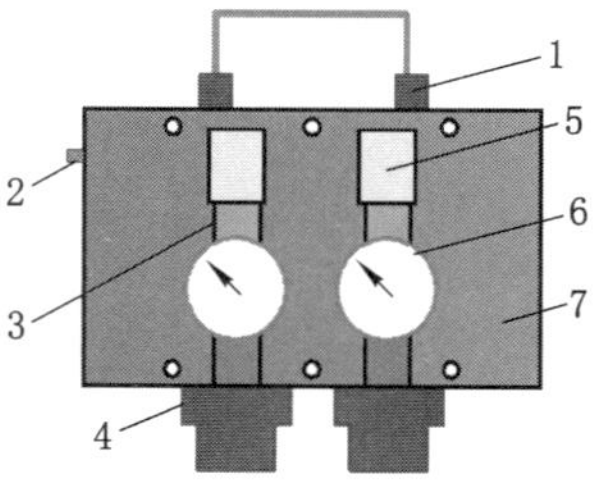

1—挂钩；2—光纤接口；3—三通阀；4—导压孔；
5—光纤光栅压力计；6—直读式压力表；7—压力膜壳。

图 6-32　光纤光栅压力传感器的构造

图 6-33　隔爆外壳以及光纤传感分析仪

4）智能控制器

智能控制器既为电液控制系统核心组件，也为液压支架系统的重要构件。一方面，它起到了对液压支架姿态及相关信息采集与传输的作用，可作为支架在线监测系统的中枢机构，可与连接器相连，形成通信网络；另一方面，对监测信息进行处理与决策，形成对支架各个机构的控制，实现对支架姿态的动作与调整。如图 6-34 所示，智能控制器通过控制电液控制阀将电信号转换为液压信号，主阀接收信号控制液压产生相应的支架的动作。

图 6-34　智能控制器

6.4.2.2　液压支架姿态光纤感知系统结构

液压支架的姿态感知系统是在光纤传感技术的基础上构建的，它是集传感器技术、信息处理技术以及通信技术于一体，是支架实现智能化的基础。如图 6-35 所示，该系统主要由姿态传感器、矿用隔爆型光纤光栅分析控制箱、支架控制器等构件组成，它大体可分为三大子系统，分别为姿态信息感知子系统、数据处理与传输子系统以及信息接收与存储子系统。

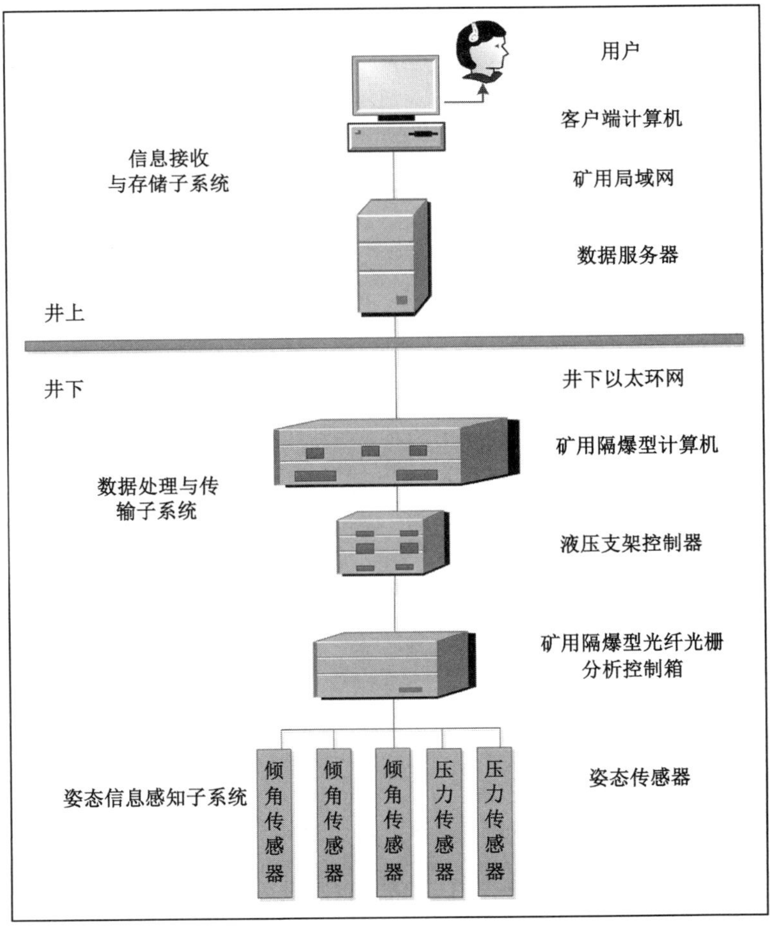

图 6-35　液压支架姿态感知系统结构

1）姿态信息感知子系统

姿态信息感知子系统主要由光纤光栅倾角传感器以及光纤光栅压力传感器构成，它是支架姿态感知系统的信息接收的始端。分别在支架顶梁、底座和前连杆布置光纤光栅倾角传感器，且在支架立柱以及平衡千斤顶布置光纤光栅压力传感器，通过使用光纤跳线将各个姿态传感器串联，便组成了姿态信息感知子系统。该子系统中的姿态传感器对支架的姿态信息进行实时获取。获取后，将支架的姿态信号转化为传感器光信号传输至数据处理与传输子系统。

2）数据处理与传输子系统

数据处理与传输子系统具有对姿态信息接收、传输、处理等功能。该系统由矿用隔爆型光纤光栅分析控制箱、液压支架控制器、矿用隔爆计算机等元件组成。

当姿态信息感知子系统将信息传输至数据处理与传输子系统后，该子系统首先经过矿用隔爆型光纤光栅分析控制箱，对接收光栅光信号进行解调分析，转换成电信号，传输至支架控制器，矿用隔爆型计算机联合控制器通过利用内置于其中的分析软件、决策模块对姿态信息进行分析计算，得出相应的预测、预警以及决策信息，然后将该信息以电信号的形式传输至控制系统以及通过井下以太环网传输至地面。

3）信息接收与存储子系统

信息接收与存储子系统是由数据服务器、矿用局域网和客户端计算机共同组成。它是通过井下以太环网接收姿态数据并将其存储至数据服务器，数据服务器利用矿用局域网将数据共享至客户端计算机，并生成相应的支架姿态信息报表，供用户分析、查询和调阅。该系统主要是用来存储支架姿态信息，方便矿方人员直接在井上对采煤工作面支架姿态数据进行实时的观测与研究。

如图 6-36 所示，当姿态感知系统运行时，液压支架姿态随着采煤工作面开采情况不断发生变化，姿态传感器感知姿态信息后，以光信号的形式传输至矿用隔爆型光纤光栅分析控制箱，分析控制箱对光信号进行分析解调，解调后将光栅波长信息以电信号形式传输至波长数据转换模块，最终形成姿态数据报表，供矿方人员使用。

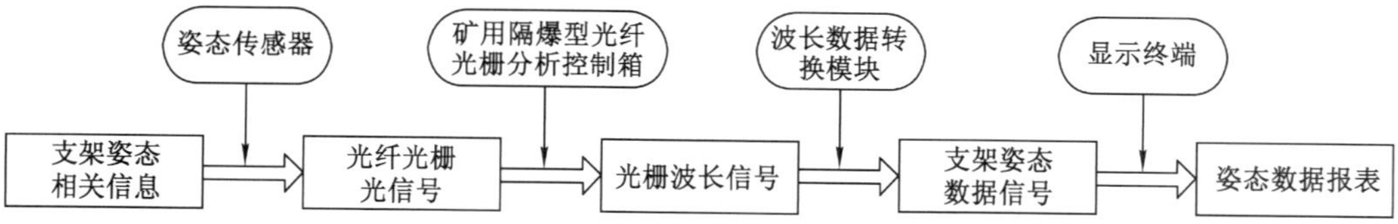

图 6-36　液压支架姿态感知信号转化流程

6.4.2.3　液压支架姿态光纤感知系统功能

支架姿态感知系统是液压支架的重要组成部分，为了使其更好地应用于煤矿生产，服务于后期科研工作，该系统具有以下功能：

1）支架姿态信息查询及存储功能

感知系统利用子系统对感知信息进行存储，通过上位监测软件的人机界面采用图形、报表的形式对姿态信息进行显示，矿方人员及相关科研人员根据需要对信息进行查询与利用。

2）支架姿态信息分析与处理功能

该系统通过使用内嵌姿态信息处理模块，对姿态传感器感知信息进行处理与分析，并将处理后信息传输至控制模块,实现支架的智能控制。

3）支架实时定位功能

由于液压支架内部存在电子地图模块,该系统对液压支架在工作面位置进行实时定位,根据支架位置,可反映出采煤机与刮板输送机实时位置信息。

6.4.3　液压支架自动移架技术

在液压支架电液控制系统实现全工作面跟机自动化的基础上,依据电液控制系统的数据与液压支架视频相结合,通过监控中心远程操作台对液压支架进行人工干预,以满足复杂环境下液压支架的自动化控制。其中,自动跟机技术是指综采工作面液压支架以采煤机位置及运行方向为根据,在电液控技术的基础上,跟随采煤机完成工作面自动移架、自动推刮板输送机、自动喷雾、“三机”联动等成组或单架控制功能。

目前,北京天地玛珂电液控制系统有限公司研发的 SAC 型支架电液控制系统是领域内应用最广泛。该系统主要由支架控制器、支架人机操作界面、隔离耦合器、压力传感器、行程传感器、采煤机位置监测传感器、工作面巷道监控主机、本安电源、电液控制主阀、电磁先导阀和高压过滤站等设备组成,并能实现如下功能:

1）实现支架的单动作控制

通过支架控制器、人机操作界面和隔离耦合器,在任意一个支架上,选定本架或左/右邻架为被控支架,通过操作使被控支架实现立柱升、立柱降、移架等操作。

2）实现自动移架控制

自动移架的整个过程分为自动降-移-升。根据工人的实际操作过程,以传感器实时检测的数据和控制器的参数设置为依据,通过程序控制,实现支架的自动降-移-升和与之关联的其他动作,达到智能控制的目的。

3）实现支架成组动作控制

通过程序人为自动移架、推移刮板输送机、护帮板伸出和收回等动作提供了成组自动控制功能。采用电液控制系统以后,操作工只要进行一次键盘操作,工作面 15～20 个支架就可以一次性完成推移刮板输送机动作。使刮板输送机受力均衡,延长了设备的使用寿命,提高了工作面生产效率,降低了工人的劳动强度。

6.5　“三机”远程视频监控关键技术

煤矿企业多数都已经建立了自己的模拟视频监控系统,采用的是点对点光纤模拟视频信号传输将井下各监视点信号输送至地面调度室进行显示。具有很大的局限性:首先,有线模拟视频信号的传输对距离十分敏感,当传输距离大于 1 000 m 时,信号易受干扰,使图像质量下降;当用于井下复杂的工作现场时,效果不好。其次,随着煤矿生产规模的扩大,视频监控点越来越多,相应的矿用光缆芯数大大增加,使得布线工程量极大,不便于系统的维护和升级。最后,只有在矿调度室才能看到井下生产情况,而相关的领导、业务科室及基层单位不能了解职工在现场操作的具体情况,形成生产指挥中的不连续现象。

网络视频监控系统可以克服模拟闭路电视监控的局限性,随着现代通信技术的发展,数据传输时代已经到来。通过网络平台实现远距离监控,做到无人值守。我们可以采用微波通信技术、数字视频处理技术、CDMA/GPRS 通信技术、IP 通信技术和光纤通信技术等先进通信技术的远程视频监控系统，即使是千里之外，也能达到亲临现场的效果，提高了监控效率，同时图像可以在本矿的局域网上传输。这样，管理人员就能在办公室随时通过计算机了解现场的工作情况。

6.5.1 煤矿监控系统

煤矿监控的系统组成包括监控前端、监控中心、远程传输等。

1）监控前端

监控前端设备主要包括摄像机和井下夜视仪。摄像机将采集的图像信号通过视频服务器连接到网络并设置一个 IP 地址，网络视频服务器拥有固定的 IP 地址后就可以依托已有的无线局域网，在局域网内的任何地方都可以利用浏览器查看井下的作业情况。另外，瓦斯传感器、通风检测设备、报警设备等矿井安全监测设备也可以通过相关辅助设备连接到网络视频服务器上。内置的 Web 服务器除了能增强传统监视系统的性能外，还可以在一个安全的内部网或者互联网上发布监控图像从而实现网络联通。

2）监控中心

监控中心是煤矿视频监控系统的核心，由监控服务器、监控客户终端等组成，主要的任务是接收和显示矿区现场图像，用户登录信息管理，控制信号的协调，图像的实时监控以及录像的备份、存储、检索、回放、恢复等。在网络上配置一台监控服务器并安装客户端软件后，监控服务器对前端的各个摄像机、视频服务器进行管理，后端对所有的上网用户进行管理只要获得相应的授权，就能了解到各矿区的现场工作情况，并及时对发生的情况做出反应；同时，还可以安装一台大屏幕显示器利用网络系统软件的强大功能，在大屏幕上显示多个画面。

3）远程传输

远程传输主要由监控主机和接收软件两部分组成，通过矿务局和各个煤矿之间的联网就可以构建一套数字化、网络化的视频监控系统。在计算机上安装监控系统软件后，就可以随时随地查看所需要的现场图像，并能任意转换镜头。通过计算机可以与前端的工作人员进行对话，数据则以曲线、柱状图和表格等形式直观地表现出来，使得煤矿在安全信息化水平等方面均能发挥良好的作用。

6.5.2 可视远程干预技术

1）技术原理

可视远程干预开采技术以实现综采工作面常态化无人作业为目标，以采煤机记忆截割、液压支架自动跟机及可视化远程监控为基础，以生产系统智能化控制软件为核心，实现在巷道监控中心或地面对综采设备的智能监测与集中控制，确保工作面割煤、推移刮板输送机、移架、运输、消尘等智能化运行，达到工作面连续、安全、高效开采。这一创新技术思路另辟蹊径地诠释了无人开采的新理念，提出了“无人操作、有人巡视”的无人开采生产模式，即：采用拟人手法，把人的视觉、听觉延伸到工作面，将工人从危险的工作面采场解放到相对安全的巷道监控中心或地面，实现在巷道监控中心或地面对液压支架、采煤机、刮板输送机等综采设备进行远程操控，达到工作面无人开采的目的。

2）总体方案

可视远程干预开采技术总体方案分为执行层、控制层和决策层，如图 6-37 所示。总体方案各分层具体如下：

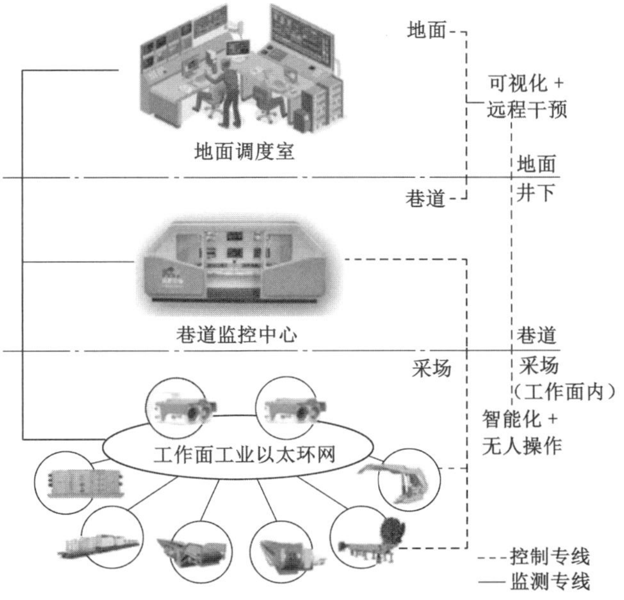

图 6-37　可视远程干预无人化开采系统结构图

（1）执行层。在保证单机设备稳定可靠的前提下，各子系统接收并执行操作指令，完成设备的远程控制、数据监测以及环境信息的实时接入。

（2）控制层。通过巷道监控中心实现对综采设备的监测和控制，实现对综采设备的自动化过程控制和环境、设备工况参数的实时监测传输，为生产过程提供安全保障。

（3）决策层。通过对系统接收的数据进行深度处理和高效挖掘分析之后，建立工作面决策系统，完成工作面“人、机、环、管”的决策方案。

3）系统功能

可视远程干预无人化开采技术系统在环境感知的基础上，将综采设备连接至网络上，使其具有计算、通信、控制、协调和自治 5 个功能。

（1）计算功能。由 6 台高性能矿用服务器构成的具有强大计算能力的巷道监控中心构成了智能化无人开采系统的“大脑”。通过智能化系统软件，协调综采设备智能化运行，实现煤流负荷平衡；监测、预测设备运行状态，提高设备使用寿命；分析系统运行历史数据，辅助生产管理决策。建立一整套综采工作面智能专家决策系统，融合“人、机、环、管”所有环节的数据及信息，并进行深度数据挖掘，实现煤炭开采的“预测、预判、预控”。

（2）通信功能。通过通信光缆、通信电缆连接多种网络设备构建工作面以太环网，该以太环网具有一定的冗余功能；同时也可将所有综采设备运行数据、物理环境信息、视频信号、音频信号等海量数据采集一并传输至监控中心，为智能化无人开采提供一条高速通道。

（3）控制功能。通过监控中心操作台，可在极短的时间内对综采工作面 200 多台设备发出精确的控制指令，实现设备的远程单动控制、成组控制以及自动控制；同时，也可通过“一键启停”按钮，实现工作面所有设备的逆煤流启动或顺煤流停止。

(4) 协调功能。操作人员通过人机交互界面，获得数据、视频、三维等实时运行信息，当发现生产过程出现偏离，影响工作面连续推进或危及设备人身安全时，可及时进行远程人工干预。

(5) 自治功能。液压支架电液控制系统实现全工作面跟机自动化，采煤机采用全工作面记忆截割自动化，与监控中心智能分析计算得出的工作面采煤工艺模型相结合，建立顶层智能控制、本机自动控制、远程人工干预的三层控制体系。

4) 监控技术

工作面视频监控技术采用视觉沉浸技术，将人的视听感官延伸到工作面(目前工作面视频监控主要以视觉为主)，即在综采工作面安装不同类型和不同功能用途的摄像仪。其中，视频监控的主要方面是实时跟踪工作面采煤机附近的围岩环境，智能化自动完成视频跟机推送、视频组合和视频拼接等功能，为工作面可视远程干预监控提供身临其境的视觉感受，方便远程指导生产。工作面数据、视频、三维自动推送界面如图 6-38 所示。

图 6-38 工作面数据、视频、三维自动推送界面

6.5.3 远程可视化监控技术

6.5.3.1 采煤机远程控制系统架构

采煤机远程控制功能包括采煤机状态远程监测、电动机启停控制、采煤机参数化控制、截割路径规划、采煤机传感信息融合和本地远程控制器同步互锁等。远程监测功能实现各控制单元的运行参数、保护、报警事件的监测。采煤机远程控制原理如图 6-39 所示。

机载控制层负责传感信息的采集、本地操作信号的响应、逻辑控制单元的操控、数据通信和同步互锁等工作。机载控制器通过无线网与远程控制系统及各传感器连接。网络层主要负责采煤机运动过程的无线网络漫游、工作面-地面控制系统冗余网络连接以及地面冗余以太网通信等工作。在远程控制层中，远程 PLC 控制器负责采煤机的远程操控、逻辑控制单元管理、有限状态机操作保护、振动传感器通信、同步互锁等工作。WinCC(Windows control center)监控系统负责提供远程人机操作交互界面、截割路径执行、传感信息的融合与预警、报警故障事件信息响应、数据归档等功能。

1) 采煤机远程控制的 3DVR(三维虚拟实现技术)平台

为了真实再现采煤机的工作状态，中国矿业大学开发了基于 3DVR 技术的采煤机远程控制数字化平台，如图 6-40 所示。该平台利用实时数据归档技术将采煤机的状态参数保存在归档数据库“SQL Server”中，3DVR 平台通过调用数据库中的采煤机参数，实现采煤机三

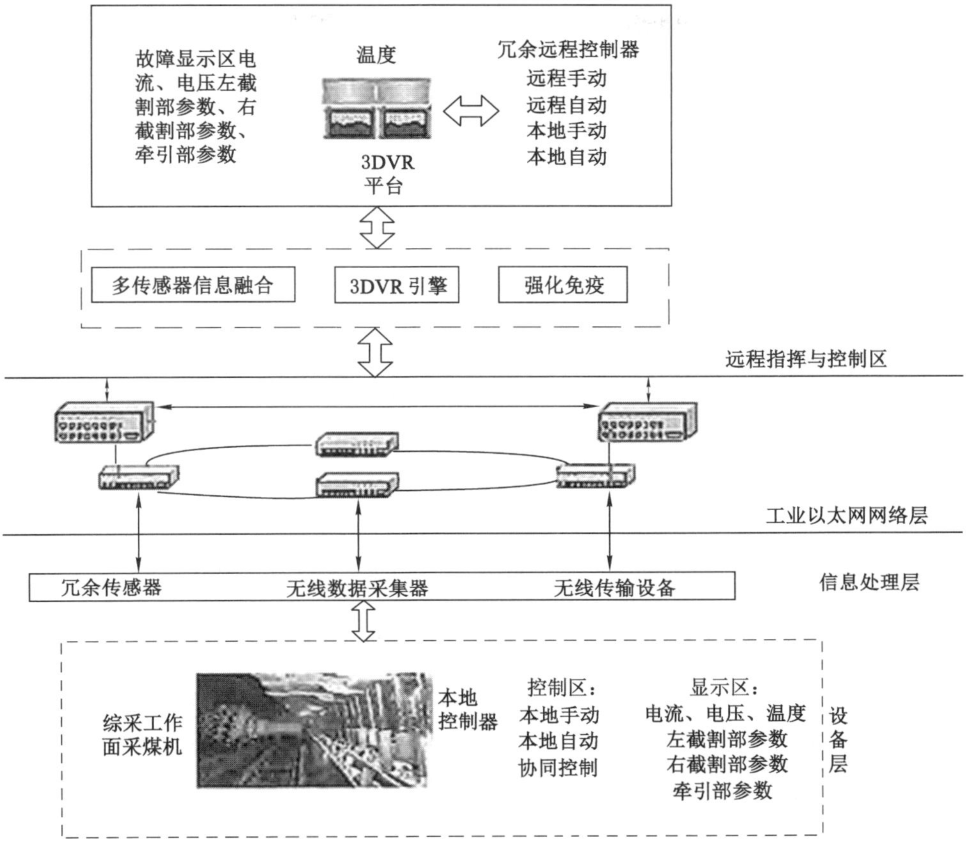

图 6-39　采煤机远程控制原理

维虚拟样机模型的实时驱动，并可以通过远程监控平台实现控制指令的下发，通过归档数据库、WinCC 监控系统以及远程控制器，将控制指令传输到采煤机的本地控制器，实现采煤机的可视化远程控制。

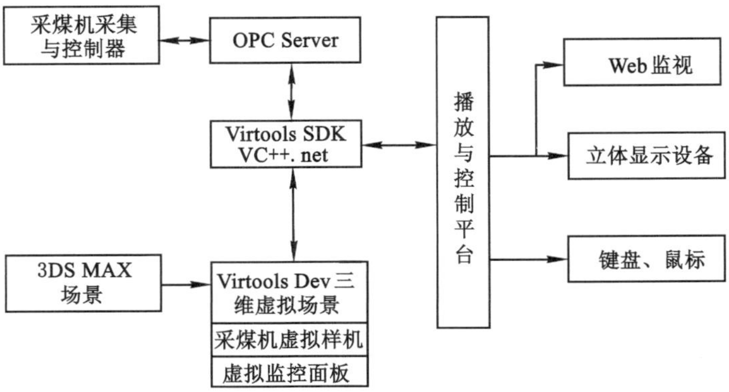

图 6-40　采煤机远程监控可视化平台工作原理

采煤机远程可视化监控界面具有4个功能区:采煤机工作状态真实再现区、工作参数显示区、采煤机远程控制区和故障显示区。在可视化监控平台上再现的采煤机实时状态有:采煤机位置、采煤机沿工作面的直线行走、采煤机内部关键部位传动及左右滚筒旋转、采煤机摇臂连杆机构驱动、关键部位温度显示及落煤场景等。

2) 基于多传感融合的数据采集处理系统

采煤机远程监控系统所需的传感信息不仅包含采煤机本身的数据,还包括刮板运输机和液压支架的相关数据。采煤机远程监控系统利用这些数据实现采煤机的机身定位、摇臂调高以及故障监测。其中,采煤机的摇臂振动状况由振动传感器获取,但由于振动信号数据量大、处理复杂,严重消耗机载控制器资源,因此由采集处理模块将其进行快速傅里叶变换后再批量传送至机载控制器。在数据采集处理系统中,由于单个传感器的测量值存在着误差,甚至是失真,因此为了提高测量数据的准确性,需要使用多个传感器同时测量一个物理量。另外,还可以采用多传感器数据自适应加权融合估计算法对同种类多个传感器数据进行数据级融合,得出均方误差最小的数据融合值。

3) 基于多冗余的数据传输系统

数据传输系统的功能是负责数据采集处理系统和远程监控平台间的正常通信,将机载控制器的状态数据传输给数据存储模块,同时将数据存储模块中的控制参数传输给机载控制器。目前,国内采煤机尚不具备远程监控功能,其机载控制器只能通过红外收发装置与遥控器、液压支架进行简单的开关信号通信,无法与外界进行数字信号传输。通常情况下,井下控制器都是通过光纤或双绞线接入井下光纤环网,然后将数据传输至井上。而采煤机机载控制器采取此方法传输信号是不可取的,主要原因在于:布线烦琐,采煤机工作面环境恶劣且跨度大,又要考虑到防水防爆等问题,使得布线难度较大;可靠性差,采煤机的往返运动和煤块的下落冲击都极易导致线缆折损,从而影响到通信的可靠性。因此,可采用无线传输方式将采煤机的工况数据传输到工作面端头,并通过光纤传输到煤矿远程监控中心。其主要优点为:无须布线,安装简便,布置灵活且易于维护;基于多冗余设计,增强了系统的可靠性。

6.5.3.2 液压支架远程监控系统

1) 监控系统总体结构

液压支架监控系统总体结构如图6-41所示。井下设备主要由液压支架、电液阀组、压力传感器、行程传感器、红外传感器、接近传感器、倾角传感器、支架控制器、隔离耦合器、隔爆兼本安电源、支架通信服务器和巷道控制中心组成。为了提高远程控制系统的可靠性,系统采用冗余模式提供网络通信服务,由双CAN总线、井下无线交换网、双环工业以太网共同构成整个网络系统。系统主控装置位于巷道控制中心,其核心部分是1台隔爆兼本安型工业计算机,它采用RS422通信接口与通信服务器相连,通过通信服务器将主控计算机的数据信息传输到液压支架控制器,经同样的传输方式,然后通过安装在系统内部的应用软件对采集到的各种信息进行集中管理和控制,实现对综采工作面液压支架各种动作状态、故障信息以及工况参数的采集、存储和转化。WinCC组态系统实时监测液压支架的动作信息和工况参数(如立柱压力、推溜位移、支架倾角、护帮伸缩情况等)。故障报警系统实时监测综采工作面设备故障情况并提供报警。

2) 监控系统实现过程

当液压支架远程监控系统启动时,安装在液压支架上的传感器及反馈装置将液压支架

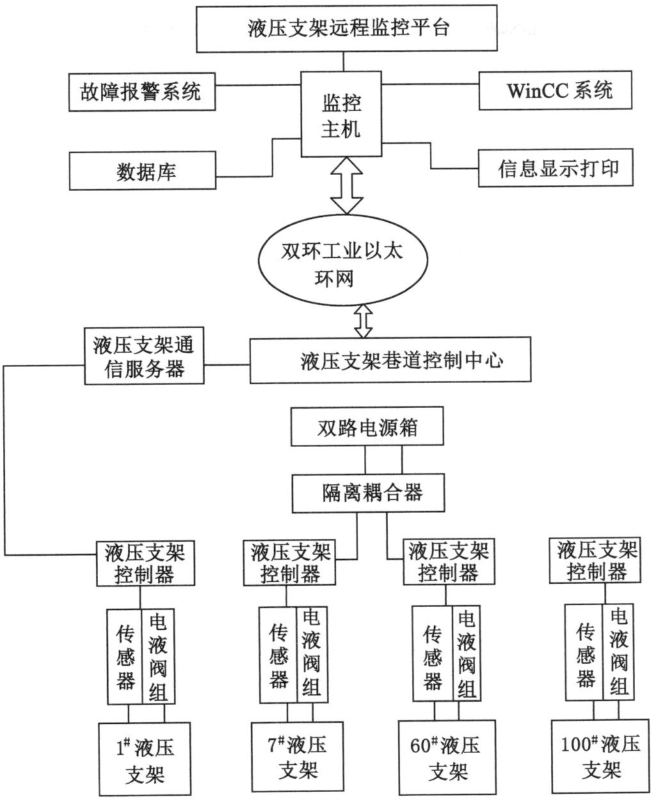

图 6-41 液压支架远程监控系统总体构架

所受工况参数、动作状态及故障信息转换为标准电信号传给液压支架控制单元，实现数据的采集任务。机载控制系统负责将采集到的各种数据进行分析、加工处理，并为上位机提供原始数据。机载控制系统的核心部件是支架控制器，支架控制器将物理传感单元与本地人机操作装置连接起来，驱动液压支架执行部件，并完成逻辑单元的控制与网络通信等任务。巷道控制中心通过 RS422 与通信服务器相连接，实现与工作面支架控制器之间数据的相互传输。液压支架远程监控平台用来实时监测综采工作面所有液压支架的运行状态，它能够将液压支架的各种动作状态、传感器信息和故障信息等在监控平台上以画面的形式实时显示出来，使调度室工作人员不用到综采工作面就能实时了解液压支架的工作状态，及时掌握液压支架的运行情况，方便总体调度。在遇到突发情况时，能够及时采取紧急措施，进行远程急停操作。液压支架状态信息显示流程如图 6-42 所示。

3) 通信及实现方式

本系统采用基于 Microsoft.net 平台的 C 语言和 SIEMENS WinCC 组态软件对上位机监控系统进行编程和模块开发，其特点是支持多种通信方式和通信协议，使系统具有良好的开放性，易于升级和维护，并且可以实现参数化编程和友好的人机操控界面。液压支架数据采集系统将采集到的液压支架各参数通过 OPC(OLE for process control)服务写入 WinCC 系统内部。在 WinCC 系统中，利用系统自带的 C 脚本编辑器编写 C 程序代码，将液压支架数据采集系统写入 WinCC 系统中的液压支架状态信息赋值给 WinCC 系统内部变量，内部变量将获取到的

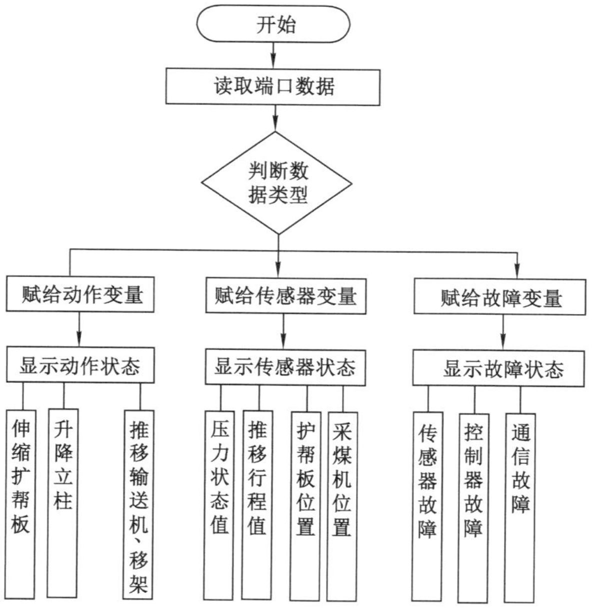

图 6-42 液压支架状态信息显示流程

数据通过图形控件显示出来，完成对液压支架状态信息的实时监测。

6.5.3.3 综采机组物联网监控系统

如图 6-43 所示，综采机组物联网由地面监控中心、巷道监控中心、工作面工业以太网、巷道集中控制系统和现场设备监控系统等部分组成。以矿用隔爆型移动变电站和低压真空馈电开关为主要组成部分的综采工作面供电系统，通过现场总线网和串口服务器与巷道集控中心实现通信，实现串口数据在以太网中的双向透明传输；采煤机、刮板输送机、转载机、破碎机通过无线网状网与巷道集控中心进行通信；乳化液泵站和电液控主机通过以太网接入环网交换机，最终实现综采机组的监控。地面监控中心和巷道监控中心通过煤矿已经建设的井下工业以太环网连接。

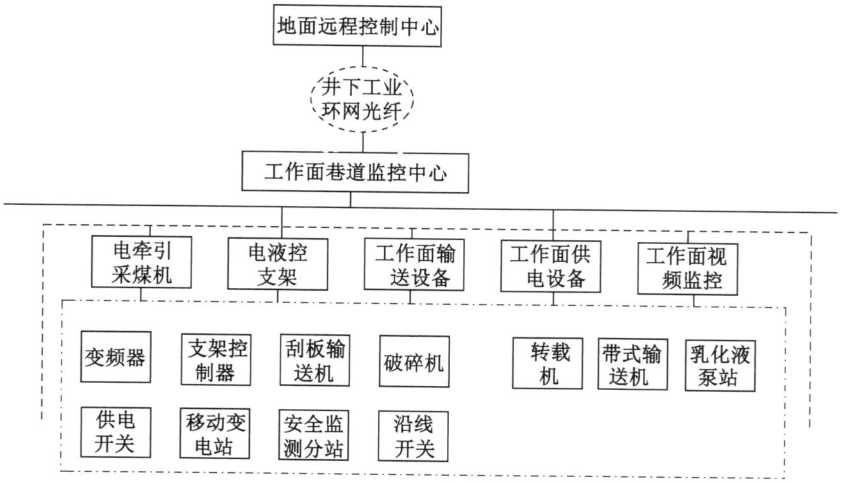

图 6-43 综采机组物联网系统结构

第 7 章 掘进工作面智能控制基础理论与技术

7.1 掘进工作面破岩基础理论

7.1.1 机械破岩理论

7.1.1.1 机械破岩方法

机械破岩是一种借助刀具的作用，通过机械驱动将岩石破碎的技术，在功率充足的情况下实现破碎岩石的目的。根据刀具的类型、刀具的分布和刀具的作用方式的差别，设备分为多种类型，见表 7-1。从表中可以看出，岩石情况对于破岩方法和机械设备的选择有很大的影响，因此应该根据实际情况确定破岩设备。

表 7-1 机械破岩方法

破岩方法	岩石情况	切割速度 /($m^3 \cdot h^{-1}$)	破岩能力 /($m^3 \cdot h^{-1}$)	输入功率 /kW	单位能耗 /($kW \cdot h \cdot m^{-3}$)
滚刀切割	坚固	2.3	2.3	150	65
金刚石岩芯钻进	坚固/破碎	5.4	0.24	150	625
刮刀钻头切割	破碎	4.0	0.14	30	210
冲击破碎	破碎	9.5	9.5	24	2.5

伴随着破岩机械的应用和发展，大多数矿山生产过程都引入了破岩机械，并逐渐实现了矿山生产机械化程度的大幅提高以及作业效率的大幅提升，同时为矿山创造出巨大的经济效益。根据破岩机械的破碎岩石机理及其工作方式，分为切削破碎、冲击破碎和碾压破碎三种方法。

1）切削破岩

切削破岩是凭借刀具刃角对岩体产生作用，从而使得岩石表面分离破碎的一种机械破岩方式。金刚石钻头、刮刀钻头、人造金刚石钻头、麻花钻头和采煤机、掘进机截割部等均属于切削破岩的机械设备。其中，使用钻头的机械通过钻头的旋转实现其对岩石的切削，而采煤机和掘进机切削破碎岩石的工具是带有刃口的刮刀。根据刀具在破岩时的运动轨迹分类，切削破碎可分为钻、刨、截、挖等。

2）冲击破岩

冲击破岩是通过工具的高速度运动对岩石产生冲击，通过能量转化实现岩石的破碎。目前，应用较多的冲击破岩设备有矿用凿岩机、潜孔钻机和钢丝绳冲击钻机、碎石机等。根据其破碎岩石的实质可以分为如下几类：凿碎，如凿岩机凿岩钎头冲击式凿岩；劈落，如风镐落煤侵入岩体，分离大块出来；砸碎，如破碎头冲击大块矿岩进行二次破碎；射击，如吊绳冲击式凿岩。

3）冲击切削破岩

冲击切削破岩是联合冲击和剪切作用对岩石进行破碎，主要设备有牙轮钻机钻井和全断面井巷钻机掘进，主要破岩刀具包括各种滑移型牙轮钻头和钻掘进机刀头。

7.1.1.2 机械破岩机理

不同的岩石破碎方法其破坏机理也不完全相同，根据岩石的破碎过程，分析其破坏机理可借助机械切削破岩机理模型进行理解。

20 世纪 50 年代以来，国内外学者对许多岩石的切削进行了大量的研究，建立了不同的破碎机理模型，经典模型包括：剪切模型、拉伸模型、拉-剪联合模型、断裂力学理论模型 4 种。

1）剪切模型

格赖（K.E. Gray）理论指出，切削钻头所产生的作用力本质上是作用于弹性半空间，并呈线载荷分布，与最大主应力存在一定夹角的对数螺旋线作为其剪应力轨迹。当剪应力大于岩石的极限抗剪强度以后，首先沿着近似于对数螺旋线的路径产生裂纹并不断发展，然后逐步向上弯曲，直至自由表面，如图 7-1 所示。格赖认为，最大正压力与扭转力随着钻进深度的增加和前角的减小而急剧增大，同时刀尖磨钝或刃角加大时也符合上述规律。

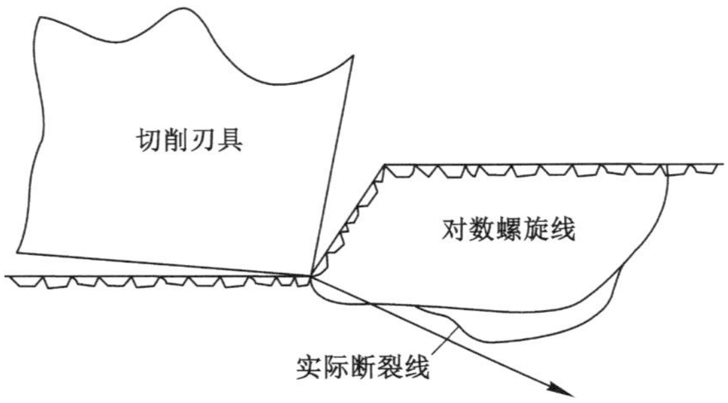

图 7-1　格赖的剪碎机理模型

西松裕一（Y.Nishimatsu）在莫尔-库仑强度准则基础之上，建立了剪切破碎模型。他认为，岩石的切削破碎是脆性破坏，当切削钻进岩石时，不会有塑性变形的出现。因此，在出现宏观断裂或块体崩裂以前，岩体各区域的受力情况一定是不均匀的，岩石中也不会像金属切削过程中那样出现塑性区。由切削破碎产生的剪应力其轨迹是与最大主应力呈一定夹角的直线，如果剪应力超过岩石的极限抗剪强度，将沿着近似于直线的路径产生断裂裂纹并不断发展直至自由表面。

2）拉伸模型

19 世纪 60 年代，伊万斯（Evans）根据刨煤机原理建立了脆性拉伸破岩机理模型，并不断对其进行完善，使该模型可以适用于中硬岩石，如图 7-2 所示。伊万斯理论认为，在刨刀截齿锥形合金头压入岩体过程，当岩体的拉应力达到张力强度时，会在刀具与岩体的接触面发生拉力破坏，如果条件合适，这种断裂破坏会一直延伸，使岩石的一个近似 V 形的部分被剥落。在此前提下，考虑一个圆断面，如图 7-2(b)所示，其周围作用有相同的崩落压力，断裂面通过截齿轴线，且与竖直表面的夹角为 φ_b。在此假设条件下，Evans 给出了刨刀截齿截割阻力表达式：

$$F_c=\frac{16\pi h^2\sigma_t^2}{\sigma_c\cos^2\theta} \tag{7-1}$$

式中　F_c——截割阻力；
h——截割厚度；
θ——截齿半锥角；
σ_t——煤岩抗拉强度；
σ_c——煤岩抗压强度。

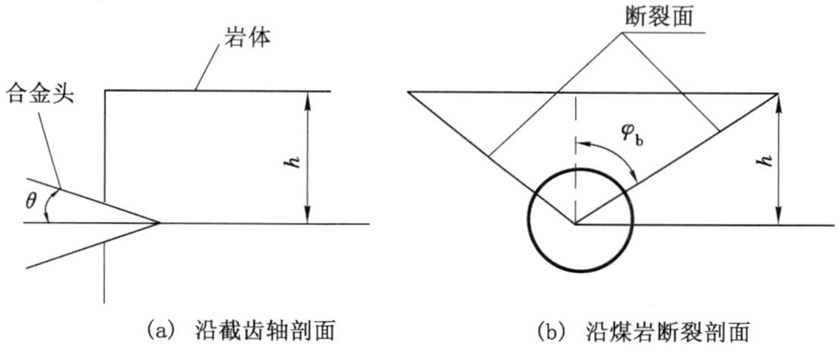

图 7-2　伊万斯拉伸断裂模型

20 世纪 70 年代，洛克斯包劳夫(F.F.Roxborough)通过实验的方法证明了伊万斯模型可以用于砂岩、石灰岩和硬石膏等岩石的破碎，并且得出了破岩参数与破碎比之间的关系。

此外，费尔哈斯特(C.Fairhurst)等人认为，断裂是沿着直线发展的，并且与切削钻头正压力和扭转力的合力方向的夹角为 α，如图 7-3 所示。

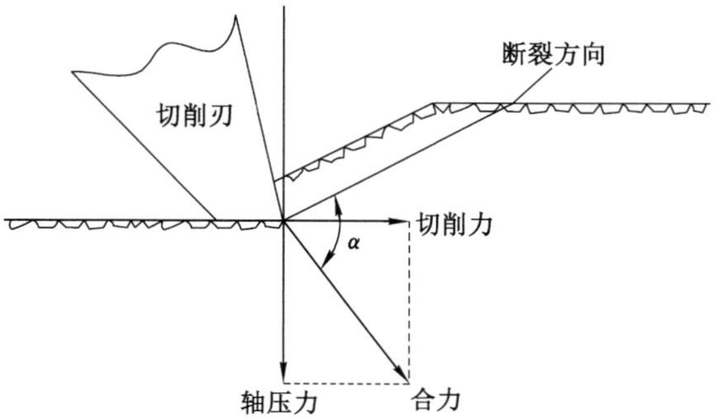

图 7-3　费尔哈斯特破岩机理模型

3) 拉剪联合模型

古德里治(R.Goodrich)等人分别建立了拉剪联合切削的模型。他们认为，切削破岩经历的过程是将小块脆裂逐步发展成为大块崩裂，即每次大块崩裂之后，切削刃向前移动，压碎刃前形成若干小块岩石，直至下一次发生大块崩裂现象。其实质为：刃前岩石首先被剪碎或压碎成粉状，然后由于拉应力的作用，逐渐形成裂纹扩展和块体断裂。

费尔哈斯特等人研究发现，由于切削破岩的过程是不连续的，钻头上的瞬时正压力和扭矩力都会随着小块脆断的产生而出现较快波动。在经历 2～3 次小波动之后，正压力在大崩裂发生之前达到其最大值，然后迅速下降并超于零。扭矩力也是如此，但波动的幅度比较小，由于作用力会发生变化，在脆裂形成时，总作用力与水平面之间夹角在 30°～ 90°。

别隆应用高速摄影法获取了煤炭的切削破碎过程的录像。他认为，在切削破岩的过程中，随着刃与煤之间接触压应力的增加，同时考虑到煤炭多孔性与裂隙性的影响，煤炭首先被挤压成非常细小的颗粒，然后被压实成压实体。这样一部分的压实体随着切削过程的进行，沿着刃面流出，当切削力逐渐增加到一定程度时，在压实体边缘就会出现大体积剪碎的现象，如图 7-4 所示。

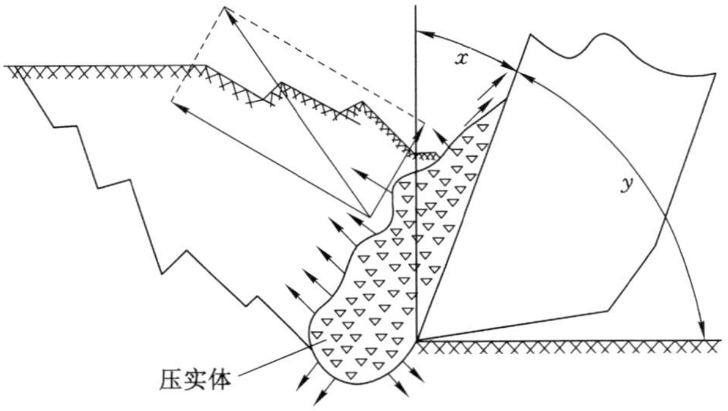

图 7-4　简化的别隆切削机理模型

4）断裂力学理论模型

20 世纪 90 年代，我国学者牛东民在 Evans 和 Nishimatsu 破岩理论的基础上，基于断裂力学理论，考虑煤岩的层理、节理等特性对刀具破岩过程的影响，建立了楔型刀具直线切削煤岩的切削力模型。他认为，煤岩在镐型截齿作用下沿着煤体本身的层理和节理破碎，刀具切削力与其切削厚度并非呈线性关系，建立了切削阻力数学模型：

$$F_c = A\sqrt{h}B_w \frac{2\cos\gamma_q}{1+\sin\gamma_q} \tag{7-2}$$

式中　F_c——刀具的平均切削阻力；

h——刀具切削煤岩厚度；

A——煤岩抗切割阻抗系数；

B_w——楔型刀具的宽度；

γ_q——刀具的前倾角。

7.1.2　岩石爆破理论

岩石爆破理论是用来说明爆破时的破岩机理，并指导岩石爆破工程进行合理设计和施工的理论。爆破理论是随着炸药、起爆器材的发明和应用、爆破量测技术的进步以及相邻学科发展而发展的。

1）爆炸气体膨胀压理论

该理论认为，当药包爆炸时，产生大量的高温高压气体，这些爆炸气体产物迅速膨胀并以极高的压力作用于药包周围的岩壁上，引起岩石质点的径向位移，由于作用力的不等引起径向位移的不等，导致在岩石中形成剪切应力。当这种剪切应力超过岩石的抗剪强度时，岩石就会产生剪切破坏。当爆轰气体的压力足够大时，爆轰气体将推动破碎岩块做径向抛掷运动。

2）冲击波拉伸破坏理论

该学说以爆炸动力学为基础，认为应力波是引起岩石破碎的主要原因。这种学说忽视了爆轰气体的破坏作用，其基本观点如下：轰波冲击和压缩着药包周围的岩壁，在岩壁中激发形成冲击波并很快衰减为应力波。此应力波在周围岩体内形成裂隙的同时向前传播，当应力波传到自由面时，产生反射拉应力波，如图 7-5 所示。

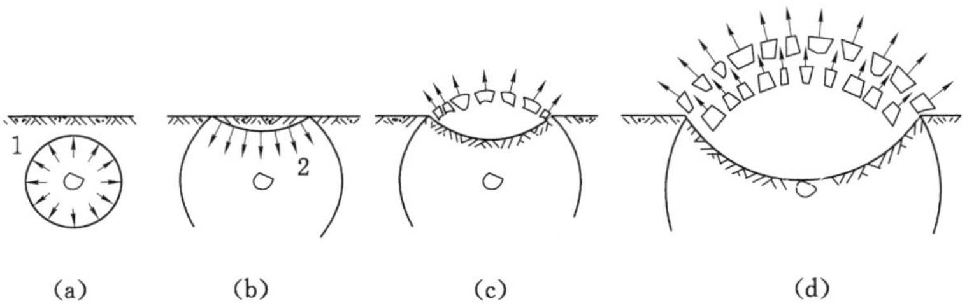

1—压应力波波头；2—反射拉应力波波头。

图 7-5　拉伸波破坏过程

3）冲击波和爆炸气体综合作用理论

该学说认为，岩石的破坏是应力波和爆轰气体共同作用的结果。这种学说综合考虑了应力波和爆轰气体在岩石破坏过程中所起的作用，更切合实际，并且被大多数研究者所接受。其基本观点如下：爆轰波波阵面的压力和传播速度大大高于爆轰气体产物的压力和传播速度。爆轰波首先作用于药包周围的岩壁上，在岩石中激发形成冲击波并很快衰减为应力波。冲击波在药包附近的岩石中产生“压碎”现象，应力波在压碎区域之外产生径向裂隙。随后，爆轰气体产物继续压缩被冲击波压碎的岩石，爆轰气体“楔入”在应力波作用下产生的裂隙中，使之继续向前延伸和进一步张开。当爆轰气体的压力足够大时，爆轰气体将推动破碎岩块作径向抛掷运动。

7.2　掘进工作面智能开采关键技术

7.2.1　掘进工作面智能开采工艺及控制系统

综掘工作面智能化开采技术是以煤壁为输入对象，原煤和支护成型巷道为输出对象，且探测控制、生产控制和视频控制在综掘工作面电液控制系统的协同作用下完成的智能化开采方式。综掘工作面信号来源复杂，可测量、不可测量、可控制和不可控制信号交叉存在。综掘工作面探测工序有岩层移动、超前地质勘探、水源探测、瓦斯抽采等；生产工序有割煤、支护、运输等；视频工序有供电、通风、排水、顶板监测和瓦斯监测等。掘进工作面智能化开采工艺，如图 7-6 所示。

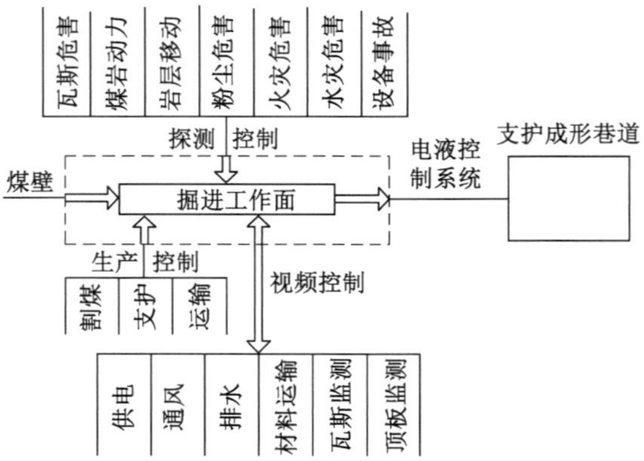

图 7-6　掘进工作面智能开采工艺

根据综掘工作面智能化开采工序可将综掘工作面智能化开采控制分为三大系统：围岩探测系统、生产控制系统和视频监控系统。综掘工作面智能化开采控制系统，如图 7-7 所示。

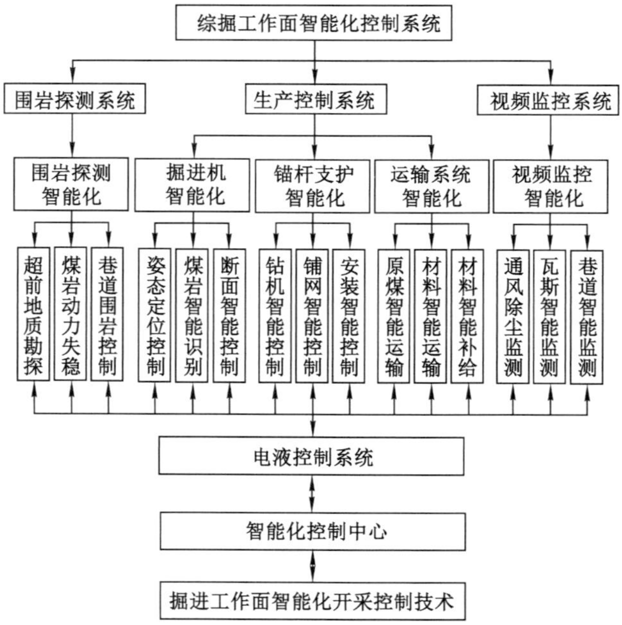

图 7-7　掘进工作面智能开采控制系统

7.2.2　掘进工作面智能开采实现技术

根据掘进工作面智能化开采工序和控制系统分析可知，掘进工作面智能化开采技术旨在针对综掘工作面的智能化程度，从大断面巷道变形智能控制技术、掘进机智能化技术、锚杆支护智能化技术、运输系统智能化技术和视频监控智能化技术等入手，从系统控制的角度研究巷道掘进的智能化集成。

1）大断面巷道变形智能控制技术

随着综采工作面自动化、智能化及无人化程度的提高和重型设备的应用、工作面产量的增加以及瓦斯涌出量的增大，对回采巷道提出加大巷道断面的要求。大断面巷道与目前一般断面的巷道变形破坏规律是一致的，即巷道开挖后，如果未采取及时、有效的支护，巷道的破坏区与塑性区会越来越大。但是，破坏区与塑性区的扩展有一定过程，若能及时对巷道施加高预紧力锚杆支护，增加煤岩体的峰值强度和残余强度，可使巷道处于稳定状态。所以，及时采用高预紧力锚杆及锚索支护是目前控制大断面煤巷围岩变形的一种有效支护技术。但是，综掘智能化工作面对大断面巷道变形要求具有智能感知和智能控制的功能，需要对大断面巷道围岩稳定机理及变形特征做进一步研究，以达到智能控制、适应及预测围岩变形的目的。

2）掘进机智能化技术

掘进机是综掘智能化工作面的核心装备，对实现综掘工作面智能化开采起到关键作用。掘进机姿态定位控制、煤岩智能识别和断面智能成型控制等方面是目前需要重点研究的方向。其中，基于光纤陀螺的惯性导航、激光制导和机器视觉测量等实时检测掘进机在推进过程中的定位技术，可以揭示掘进机与巷道开掘前后的空间耦合关系，并能进一步构建掘进机推进过程中的自主导航体系，这是目前掘进机智能化技术的前沿研究热点。

3）锚杆支护智能化技术

锚杆支护是综掘智能化工作面的常用支护方式，其钻孔智能化、铺网智能化和安装智能化是锚杆支护智能化技术实现的关键。目前，钻孔和安装智能化在采用掘锚一体化钻机等方式后，取得了长足的进步，但铺网智能化发展较为缓慢，缺乏成套的解决方案，可在锚杆支护全工序内进行优化创新，找到智能化铺网的解决途径。

4）运输系统智能化技术

运输系统智能化关键在于原煤运输、材料运输和补给的智能化。原煤运输智能化目前具有可行的解决方案，材料运输和补给的智能化受综掘工作面空间、材料的自动搬运等限制，可采用矿用机器人或智能装备代替人工装卸材料的方式，最终实现运输系统的智能化发展。

5）视频监控智能化技术

视频监控智能化技术是实现综掘工作面可视远程干预型智能化无人开采的关键技术。由于综掘工作面存在粉尘极大、视频晃动等问题，可视远程视频不易分辨、看清，因此需要建立综掘工作面成像轮廓与掘进机转速、电流、机头温度等工况参数的非线性规律关系，探索基于热成像技术的综掘工作面高清成像研究，这是实现视频监控智能化技术的可行研究方向之一。

7.2.3　设备故障诊断技术

7.2.3.1　设备故障诊断检测技术的基本原理

随着科学技术的不断发展，掘进工作面设备机械化程度也在不断提高，随之带来的设备故障种类也在不断增多。因此，这就要求矿山机电设备的故障诊断技术水平相应地得到提高。

矿山机电设备诊断技术的基本原理如下：

(1) 数学模型的建立。对矿山机电设备进行数字模型的建立,在一些关键的部位,安装一些数据传感设备,在机电设备运行的情况下,能够对设备中每一个部件的参数进行收集,而在现实的数据中,某一部位出现故障的时候,数据就会显示出异常,就能够很好地找到出现故障的位置。

(2) 分析数据。在对矿山机电设备故障进行诊断时,一般需要将收集到的数据进行综合分析。这就需要人们将收集到的数据及时录入,对出现故障的类型进行判断。

(3) 完成数据模型的建立。利用计算机对数据进行建模,相关工作人员可利用专业知识对其进行分析,找到出现故障的位置并对其进行诊断。

(4) 通过进行以上步骤的操作,对其进行信息转化,成为浅显易懂的信息,对其进行处理方案的制订。

7.2.3.2 设备故障诊断技术分类

1) 主观诊断技术

主观诊断技术是指相关的技术人员根据自己的工作经验来进行诊断,以此来判断矿山机电设备出现故障的原因以及类型。在对矿山机电设备故障进行诊断时,技术人员要利用自己本身的视觉、听觉等能力,对出现故障的原因进行判断。如果不能够根据直观的能力判断出设备的故障,可以将一些其他的机械设备作为辅助工具,进行故障判断。主观诊断技术的应用非常广泛,在大部分的矿山机电设备的故障诊断中都能够被使用,但过于依赖工作人员的主观意识和判断能力,容易受到工作人员的情绪、态度、自身的经验等方面的限制,所以判断结果有一定的局限性。

2) 仪器诊断技术

仪器诊断技术就是通过一定的仪器和设备检测某种数据,对矿山机电设备中的参数进行检查,将检测出来的数据和原本正常运行的数据进行分析和比较,从而判断矿山机电设备的故障,并且及时进行相关措施的制定。因为仪器诊断技术能够很好地检测出相关数据,准确度较高,在矿山机电设备故障诊断中应用广泛。

3) 数学模型诊断技术

数学模型诊断技术是根据数学的统计方法和统计概率的方法对其进行分析,与动态检测技术以及传感器技术等结合而出现的诊断技术。数学模型诊断技术在当前的矿山机电设备故障诊断中是应用最广泛的。数学模型诊断技术在使用时比较方便、快捷,并且能够准确地检测出数据,还能够对矿山机电设备进行实时监控,在一定程度上可减少工作人员的数量,提高工作效率。在使用该诊断技术对矿山设备进行建模时,一定要按照实际情况进行,这样才能够得到准确的数据,否则就会影响到诊断结果,出现判断失误的情况。

4) 智能诊断技术

智能诊断技术是随着科学技术的发展而不断发展的,综合了传感器技术以及人脑模拟等技术,完成了对设备故障进行智能检测和分析的过程,进而得到有效的诊断结果,根据得到的数据来进行相应的处理。而智能诊断技术在技术上的困难之处就是要建立一个设备故障特征的数据库,这既是难点,也是重点。建立数据库能够让矿山机电设备的诊断工作变得更加方便和快捷。当设备出现故障时,只需要将故障的特征数据与数据库中的数据进行比对。如果在某一项数据中出现差异,那么就能够找到故障产生的原因。目前,智能诊断技术还不是很成熟,随着科技的发展,在未来还会有很大的提升空间。

7.2.4 智能信息传输技术

1）智能信息传输技术功能分析

(1) 信息的采集和分析。信息采集和分析的主要对象是生产过程中的各种各样的模拟或数字量，并且对这些参量进行必要的检测、采样和分析。例如，常见报表的打印、电视显示等。

(2) 合理存储。对得到的信息进行针对性的分析处理以及计算等二次加工，然后把这些信息按实时数据信息和历史信息进行合理化的保存。

(3) 控制功能。依据检测功能，对所得到的数据信息进行有目的的处理，在处理的过程中，应与事先设置的控制策略相互协调，形成具有控制性质的输出，最后将其直接应用于整个过程之中。

2）智能信息传输技术实现

(1) 物理现象的有效转化需要借助传感器的作用实现。

(2) 电信号在信号匹配器的作用下转化为具有测量性强的参数。

(3) 模拟的电信号在数字模拟转化器的作用下回变为数字信号。

(4) 能够在它的界面利用下对数据信息进行直接式的输送。

3）数据信息处理运行原理

智能监控系统除了可以实现实时不间断的勘察作用之外，它的另一个作用就是可以对其进行智能化的分析操作，不仅可以确保整个系统对获得的各种收集的状态数据信息进行合理的控制，而且还可以对其进行所固有的预处理和初步的辨别。除此之外，在实际应用的过程中，由于环境的特点限制，它还需要具备在户外进行长时间的工作的能力，减少人工模式过多的干扰。从实际运行情况来看，数据信息处理的运行原理一般包括以下几方面内容：

(1) 对测量系统的数据信息界面进行针对性的接收。

(2) 承担一个执行作用的平台，具体执行的有系统自身和用户的需求计算。

(3) 程序的开发和数据的测量是采用记忆单元进行的。

4）信息传输的时效性

要保证参数信息的获取具有很好的时间保障，系统应该具备超越距离限制的传输手段，进行具有远程化、实时化特点的及时传输，并对其有一个正常性的判断分析。从使用角度来讲，要提高它的使用便利性，就要有一个互动性很强的操作界面。也就是说，在机械的显示界面上通过图形的展现把关键参数的变化予以直观地表达，并且还应具备进一步扩展升级的条件。

7.2.5 设备状态数据挖掘及预警技术

煤矿设备的安全运行直接关系到煤矿的安全生产，该问题一直是矿山安全生产领域的重要研究课题。目前，煤矿设备的安全管理还停留在定期停产检修和人工巡检的阶段，为煤矿设备的运行造成了非常大的安全隐患。大数据时代的到来为煤矿设备管理提供了新的路径，改变了以往粗略的管理手段，使生产设备高效运行，通过采集分析大量的设备运行数据，可以在事故发生前发出预警信息，更好地保障安全生产，提高了操作人员和设备管理人员的工作效率。

7.2.5.1 设备状态的数据挖掘

1）基于数据挖掘的设备状态可视分析技术

当前，矿山设备运行监控过程中存在较为混乱的管理方式，通过将设备监控运行数据进行地图可视化并实现对其挖掘分析，实现监控设备的地理位置可视化，实现故障点位置及原因推测等效果，具体包括以下内容：

(1) 设备运行监控数据专题图可视化实现。软件调用的电子地图格式以层的形式保存为 ASCⅡ文件，每层对应一组或一类设备数据。其中，数据对应点、线、面等多种对象，专题图文件数据通过多种途径转换获取，如专业的 GIS 软件就具有生成数字地图的功能，能够将栅格地图数字化，并以需要的格式转出。

(2) 使用 GDI＋提高设备运行监控数据可视化显示效果。一般情况下，地图可视化数据可以满足要求，但它是利用 Windows 的图形绘制接口(GDI)编程实现图形显示，由于设备运行监控的海量数据，需要使用 GDI 的升级版本 GDI＋来完成设备运行监控数据的可视化展示。

(3) 基于空间数据挖掘的监控运行数据专题图分析方法。基于 GIS 的设备运行监控数据挖掘主要按空间特征规则、空间区分规则、空间分布规则、空间分类规则、空间聚类规则、空间关联规则、空间演变规律等分析方法。

2）矿山异构网络环境下的多端实时告警技术

利用移动互联网和矿山内外网安全通信技术，构建及时通信的多端实时告警平台，实现在异构网络环境下的移动与桌面终端等设备的实时同步告警。

3）设备运行状态海量数据分布式存储与读写技术

构建矿山设备态势感知与监控模型，设备实时监控过程中会产生海量数据，这些数据以集群的形式汇聚在服务器图片库中。T 级数量的数据汇聚在服务器，其写入和读取的效率十分低下。Seaweed-FS 又称为 Weed-FS，它是一种用 Go(golang)语言实现的简单且高效的分布式文件系统，也是一种用以存储大规模数据文件的简单分布式模型，采用该模型可以对大数据进行存取及优化处理。

7.2.5.2 设备异常状态预警技术

在役设备大部分故障都有一个发展演变的过程，若能对渐变故障进行趋势预示，则有利于提前排除事故隐患，有效避免恶性事故发生。设备监测预警可以从揭示设备运行状态劣化发展趋势规律与特征入手，预测今后设备运行状态将达到不可接受的程度而应当停机维修或进行有针对性的维修；其主要任务是提取能反映设备故障发展趋势的特征量，分析并预测故障特征量的趋势，预报设备运行状态，并根据恶化程度进行早期故障预警，制订可行的安全保障措施及设备维修计划。

设备异常状态预警关键技术如下：

(1) 揭示设备运行状态机械动态特性劣化演变规律。设备由非故障运行状态劣化为故障运行状态，其机械动态特性通常有一个发展演变过程。需揭示劣化过程及故障变化演变规律及发展特点，分析故障产生机理、发展原因和发展模式，构建劣化演变机械动态特性模型。

(2) 提取设备运行状态发展趋势特征。在役设备往往具有复杂运行状态，在长历程运行中工况和负载等非故障因素会造成信号能量变化，故障趋势信息往往被非故障变化信息淹没，需较大程度上消除非故障变化造成的冗余信息，进而构建预测模型。若提取到敏感特征分量因子及模式,有望实现典型部件及部位分析。

(3) 低信噪比微弱信号特征早期故障的信号处理。早期故障信息具有明显的低信噪比微弱信号的特征,为实现早期故障有效分析,涉及方法包括:多传感系统检测及信息融合,非平稳及非线性信号处理,故障征兆量和损伤征兆量信号分析,噪声规律与特点分析,相关数据挖掘、盲源分离、粗糙集等方法。

(4) 故障预测模型构建。构建基于智能信息系统的设备早期故障预测模型,这类模型大致有两个途径,分别是物理信息预测模型以及数据信息预测模型,或构建这两类预测模型相融合的预测模型。

(5) 运行状态劣化的相关评价参数、模式及准则。如表征设备状态发展的参数及特征模式,状态发展评价准则及条件,面向安全保障的决策理论方法,稳定性、可靠性及维修性评估依据及判据等。

7.3　掘进工作面智能控制关键技术

7.3.1　设备状态动态管理技术

现代化矿井所需的设备种类、数量日益增多,如何利用先进的网络技术和计算机设备来有效地管理这些设备,建立以信息化为核心的管理体制,减轻管理人员和业务人员的数据处理负担,提高设备管理效率和管理手段,是摆在每一个矿井管理者面前的难题。通过研究煤矿的实际设备管理需求,本书提出一种煤矿设备动态管理信息系统设计方案,实现了对煤矿设备的全过程、全要素管理。

7.3.1.1　设备状态动态管理需求与目标

设备是煤炭采掘企业的重要资产,是企业生存与发展的基础,是保证企业正常生产与安全的条件。由于煤炭生产过程的特殊性和生产环境的特定性,大大增加了煤炭企业现场设备管理的难度,因此在煤炭企业建立设备动态管理信息系统势在必行。

设备动态管理信息系统以国家、行业的政策为支撑,企业的制度、规范和作业规程为基础,采用先进的技术手段将设备编码体系、人员定位系统、工业以太网、综合信息办公平台、移动通信网、智能 PDA(personal digital assistant)和设备点检仪等集成为一个规范化的业务管理体系,形成科学、高效的设备管理机制,实现现场设备的“位置精确化、过程透明化、信息准确化、管理精细化、行为标准化”,最终降低现场设备管理成本,减少因设备故障引发的安全隐患,提高企业设备管理效能。具体实现的目标:

(1) 实现全矿现场设备的统一编码管理,建立领用设备的信息管理库。

(2) 以 GIS(geography information system)技术为基础、矿井巷道及地面布置图为背景,动态显示各责任区队管理范围内的设备情况(总数、使用、备用、丢失、故障、待修、送修、闲置)、布置位置及移动情况,实现设备现场的全过程管理。

(3) 以责任区队为单位,管理设备为对象,人的行为为要素,制度、规范、措施为标准,巡检路线为驱动,结合人员定位系统、条码、二维码、智能 PDA 及相关点巡检设备,实现现场设备的全生命周期管理。

(4) 以岗位定区域,以区域定地点,以地点定设备,以设备定人员,依据相关规范,强化设备检查手段,从而实现设备管理的动态化。

(5) 依据检修作业标准,实现点、巡检人员的现场行为管理,减少设备日常检、维修过程中带来的安全事故隐患。

(6) 实现现场设备的动态卡片管理,记录设备的巡检记录、设备状态、检修记录、检修负责人、检修人员、检修结果、配件更换及设备更换等信息。

(7) 动态更新现场设备信息库,供管理部门及责任部门及时掌握现场设备使用信息、位置信息、状态信息、点巡检信息等相关动态信息,提高设备管理水平。

(8) 为现场设备的分析提供可靠的数据依据。

7.3.1.2 设备状态动态管理系统设计

设备动态管理信息系统设计流程如图 7-8 所示。

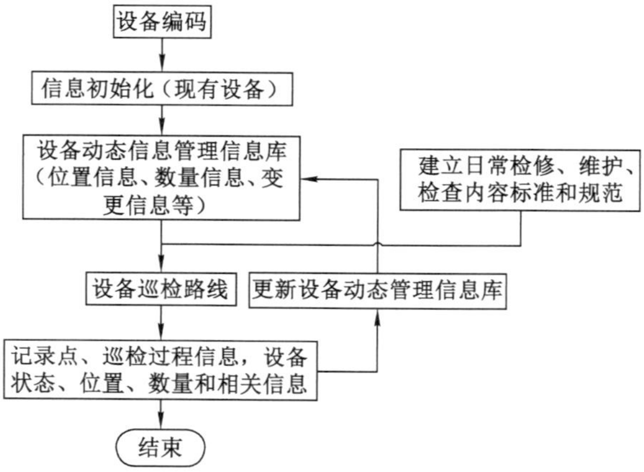

图 7-8 设备动态管理信息系统设计流程

(1) 设备管理必须有统一编码规则,设备编码信息涵盖设备名称、初次使用时间、初次安装地点(分为井下具体地点、地面具体地点)、移动或固定设备、归属单位及编号,将这些信息用编码生成器生成条形码或二维码固定在设备上。

(2) 将这些信息添加到设备动态管理信息库中,将使用的设备位置信息添加在矿井巷道及地面布置的全景图上(使用 GIS 技术),使相关管理职能部门和责任区队直观地了解相关区域内的设备安装数量及使用情况等信息。

(3) 各单位每天将设备班巡检、日检、计划检修、故障维修、故障分析结果及维修人员等信息添加到设备动态管理信息库中。

(4) 各责任区队可提取设备动态管理信息库中的制度、规范、标准信息、厂家远程技术指导信息,设置岗位职责范围内设备的日常点、巡检路线、内容和标准。

(5) 通过设备动态管理信息库完善本单位使用的设备编码信息内容,将设备参数性能、安装地点、操作说明、用途、包机人、检修维护信息、检修注意事项、巡检要点、设备主管及厂家联系方式等信息添加到设备动态管理信息库中。

(6) 设备管理人员定期对现场设备进行点、巡检,记录设备相关状态、位置及使用信息,并上传到设备动态管理信息库中,与设备原始信息进行比对,更正相关设备的位置信息、数量变化及状态信息。

7.3.1.3 应用案例分析

图 7-9 为某煤矿与设备动态管理信息系统相关的业务组织。

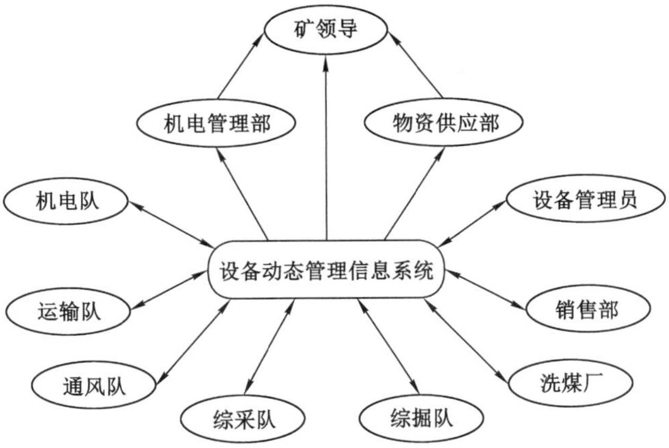

图 7-9　与设备动态管理信息系统相关的业务组织

各相关业务部门的职能：

(1) 各区队每天必须将设备巡检、维护、保养、更换、人员等信息提交到信息库中，提交后不能随意更改，区队可以调取每台设备信息，查看相关资料，便于分析和处理设备故障。

(2) 设备管理员定期使用点、巡检仪对设备进行跟踪检查，以便在数据上传到系统后，能及时掌握设备移动、数量变化、设备状况及设备丢失等动态信息。

(3) 机电管理部通过设备动态管理信息系统把控各单位的设备维护检修过程是否遵循相关制度及技术规范，以便及时发现设备存在的安全隐患，通过下达整改措施减少设备故障事故，并定期将设备存在的问题上报矿领导。

(4) 物资供应部通过设备动态管理信息系统及时了解各单位设备领用、实际使用及材料消耗情况，做到设备库存的动态预警，对急需物品进行采购提醒，并将物资管理存在的问题上报矿领导。

(5) 矿领导查看机电管理部、物资供应部提供的报表，及时掌握真实、全面的全矿设备管理和物资管理情况。

该矿实施设备动态管理信息系统后，实现了以下目标：现场设备的统一编码管理；现场所有设备(井上和井下)的动态管理；现场作业人员的作业过程、风险隐患、规程措施、各种工卡单的管理；现场检查、检修和维修的全过程管理；最新的现场作业标准化和规范化管理，设备巡检处理流程如图 7-10 所示。

7.3.2 智能专家控制技术

专家系统是一类包含知识和推理的智能计算机程序，其内部包含某领域专家的知识水平和经验，具有解决专门问题的能力。智能专家控制系统是智能控制的一个重要分支，也是将专家系统的理论和技术同控制理论、方法与技术相结合而设计的系统，实现对系统的智能控制，具有模拟(延伸、扩展)专家控制系统的功能。实质上是基于控制对象与控制规律的各种知识，并且以智能的方式利用这些知识，使控制系统尽可能地得到优化和实用化，它反映

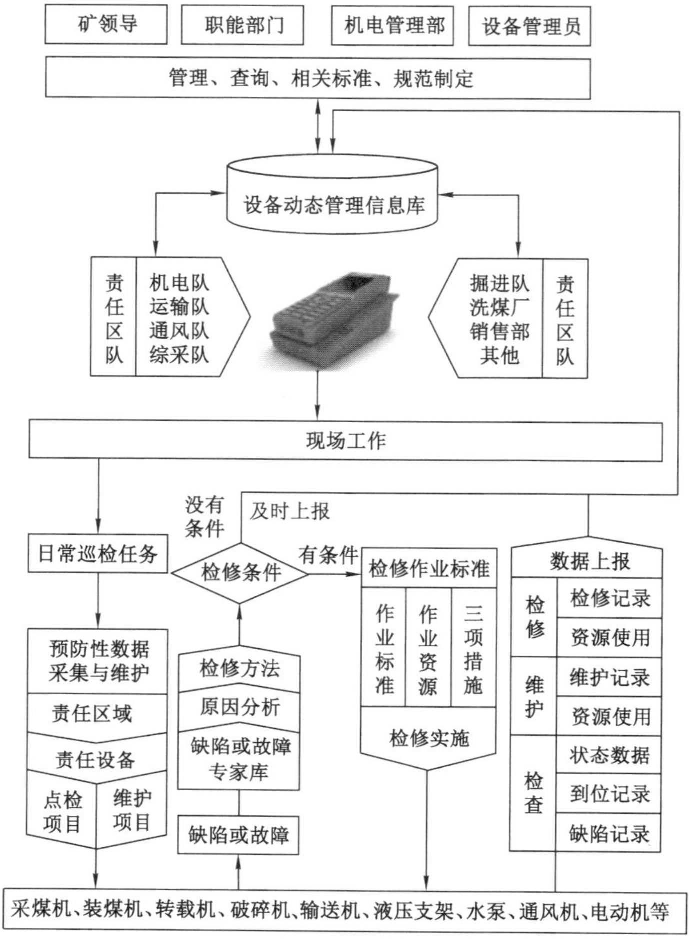

图 7-10 设备巡检处理流程

出智能控制的许多重要特征和功能。另外，智能专家控制系统具有解释、预报、诊断、规划和执行等功能。

(1) 智能专家控制系统引入了专家系统的思想及其区别

① 专家系统能完成专门领域的功能，辅助用户决策；智能专家控制系统能进行独立的、实时的自由决策。智能专家控制系统比专家系统对可靠性和抗干扰性有着更高的要求。

② 专家系统处于离线工作方式，而智能专家控制系统要求在线获取反馈信息，即要求在线工作方式。

(2) 智能专家控制的关键技术

① 知识的表达方法。

② 从传感器中识别和获取顶梁的控制信号。

③ 将定性知识转化为定量的控制信号。

④ 控制知识与控制规则的获取。

(3) 智能专家控制的特点

① 灵活性:根据系统的工作状态及误差情况,可灵活地选取相应的控制规律。

② 适应性:能根据专家知识和经验,调整控制器的参数,适应对象特性及环境变化。

③ 鲁棒性:通过利用专家规则,系统可以在非线性、大偏差下可靠地工作。

7.3.3　掘进机自动纠偏技术

掘进机操作人员通过手动调节掘进机左右行走液压马达的方式实现纠偏作业,将掘进机的位姿调整为预定值。手动纠偏作业存在着劳动强度大、作业环境恶劣以及地质构造差异与作业人员技术水平不同导致的巷道欠挖和超挖等弊端。而自动纠偏技术能够让操作人员实现对掘进机纠偏作业的远程操作,不需要再进入工作环境恶劣的第一线;同时,借助计算机的高速逻辑处理能力,掘进机的工作效率也获得了大幅度的提升,防止因为地质构造问题、操作人员水平因素造成的巷道成型不规范的问题。

1) 悬臂式掘进机自动纠偏实现方法

(1) 悬臂式掘进机行走结构分析。对于悬臂式掘进机而言,行走系统是一个非常关键的部件,它负责为掘进机整体的前进、后退、拐弯以及钻进截割的进给运动等多种运动形式。待获取掘进机的位姿参数之后,掘进机行走系统便可以根据特定的纠偏指令执行运动。因此,分析掘进机的行走系统有利于我们准确控制掘进机依照参考轨迹运动。

(2) 悬臂式掘进机位姿信息的检测。悬臂式掘进机工作环境的照明严重不足、作业环境的粉尘较大,作业环境十分恶劣,在巷道内不能使用全球定位系统,无法直接运用视觉导航设备,如果想要对掘进机的位姿信息进行精确地检测,则具有很大的难度。另外,掘进机不论是行走过程中还是截割作业过程,掘进机的中心轴线均不可避免地与巷道中心线出现相互偏离的问题。

悬臂式掘进机的位姿信息是进行自动化纠偏的重点和难点。由于掘进机的位姿检测直接决定了自动化纠偏效果和巷道成型质量,为了获得更加精确的位姿参数,采用超声波测距传感器和双轴倾角传感器并结合相应的解算方法获取掘进机的位姿信息;同时,利用激光指向仪为掘进机进行掘进作业指引方向。

如图 7-11 所示,α 表示悬臂式掘进机的方位角;β 表示悬臂式掘进机的俯仰角;γ 表示悬臂式掘进机的横滚角;a 表示悬臂式掘进机机身中心点和巷道设计中心线的偏距。其中,超声波测距传感器负责探测悬臂式掘进机的方位角 α 和中心偏距 a;双轴倾角传感器负责探测悬臂式掘进机的俯仰角 β 及横滚角 γ;结合解算方法获得相应信息,便能够掌握参考位姿与实际位姿之间的偏差问题,而后利用纠偏控制器依照特定的控制策略,将其转变成为悬臂式掘进机能够识别的电磁阀开关信息与控制脉冲信号,最终实现掘进机位姿的自动纠正。

2) 悬臂式掘进机纠偏控制策略的实现途径

悬臂式掘进机的纠偏控制策略通过机载工业控制计算机和可编程逻辑控制器(programmable logic conrtoller,PLC)实现,PLC 产生的控制指令经电液比例阀控制行走部的左右液压马达,驱动掘进机的驱动轮实现纠偏功能。纠偏控制策略主要由掘进机纠偏程序、角度范围调整子程序、掘进机中心调整子程序、方位角纠偏子程序等实现。

PLC 采集传感器的测量值时,依据不同的方位角和中心偏距采用不同的控制策略。当掘进机方位角超过该限定值时,如果调用掘进机中心调整子程序,则掘进机可能碰撞巷道煤帮,因此需要首先把掘进的方位角调整到一定的范围之内。然后,依据中心偏距的不同情况调用不同子程序完成掘进机的纠偏。当巷道地质条件较为复杂时,调整掘进机机身中心轴

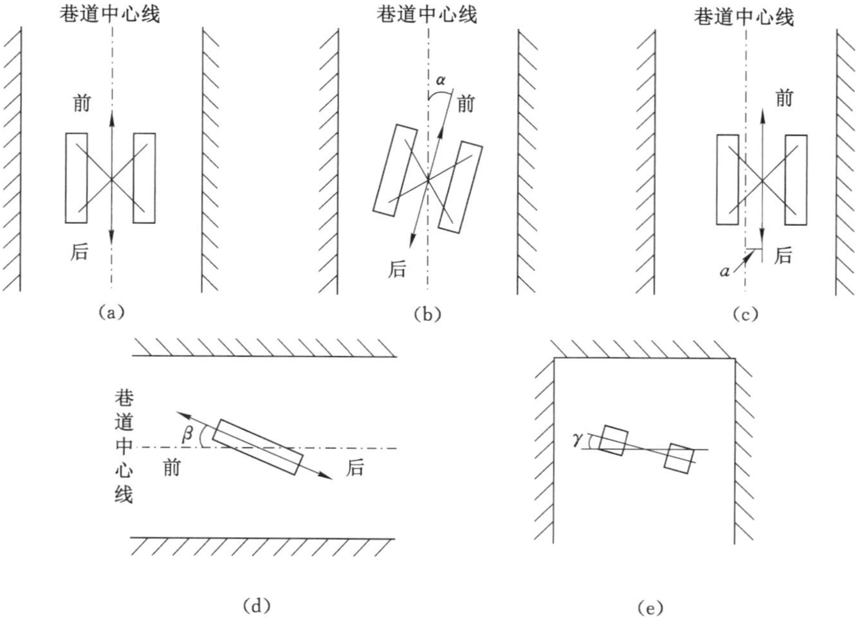

图 7-11　悬臂式掘进机位姿信息

线与巷道中心线重合将会出现较大的难度，且用时较长，影响掘进速度，因此在设计程序时允许有一定的距离偏差。

3）掘进机自动纠偏的现实意义

掘进机采用自动纠偏技术具有以下重要意义：首先，自动化纠偏技术实现了操作人员对掘进机的远程化操控，有利于实现少人/无人化的掘进机操作模式；其次，自动化纠偏技术对于提高我国煤炭掘进机的自动化水平具有重要意义；最后，自动化纠偏技术能够有效改善工人的工作环境，降低工人的劳动强度，特别在煤与瓦斯突出的矿井，该技术的应用对安全快速高效掘进具有重要意义。

第 8 章 智能采矿系统工程应用

8.1 智能采煤工作面工程实例

8.1.1 沙曲矿 22201 薄煤层无人工作面

8.1.1.1 工作面概况

华晋焦煤有限责任公司沙曲矿位于我国山西省吕梁地区，沙曲矿区煤系地层为石炭系上统太原组和二叠系下统山西组。其中，可采及局部可采煤层 9 层，分别是太原组的 6# ～10# 煤层和山西组的 2# ～5# 煤层，煤层以焦煤为主，总厚度 15.4 m，属于低透气性高瓦斯近距离煤层群开采。

22201 工作面是矿井北翼二采区 2 号煤的保护层首采面，工作面走向长度约 1 538 m，倾向长 150 m。工作面地质构造相对简单，总体呈单斜构造，煤层倾向向西，平均倾角 4°，平均煤厚 1.1 m，工作面标高＋396～＋486 m。工作面采用沿空留巷 Y 形通风方式，22201 沿空留巷 Y 形通风工作面通风系统：采区进风巷→22201 辅助运输巷及 22201 机轨合一巷→22201 工作面→22201机轨合一巷沿空留巷→22202 开切眼→22202 轨道巷→采区回风巷。22201 工作面北面已形成了 22202 工作面，其余 2 号煤均未开拓，其下为 3＋4 号煤层工作面，仅南面正在掘进的 24208 工作面，其他方位 4 号煤工作面均未施工。22201 工作面布置如图 8-1 所示。

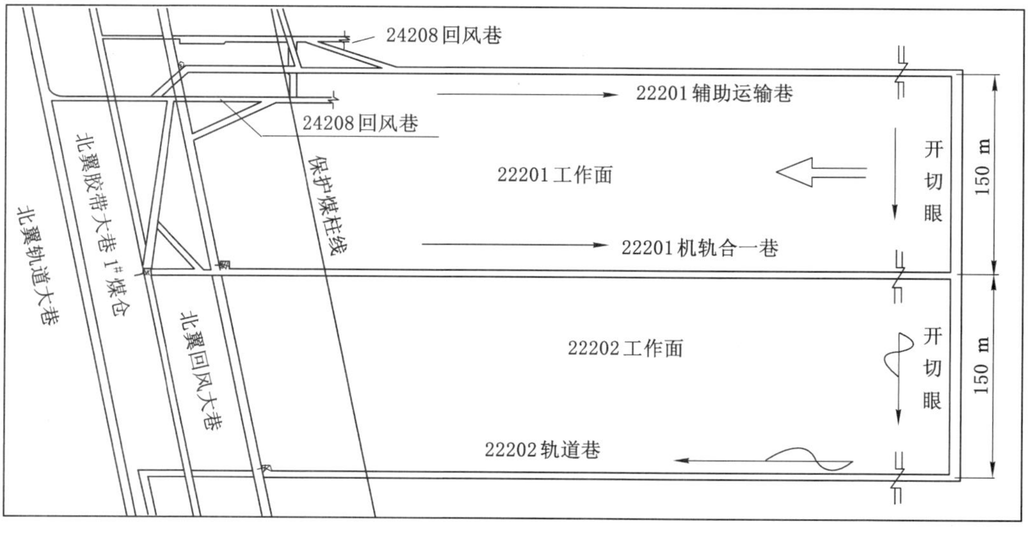

图 8-1 22201 工作面布置图

8.1.1.2 工作面设备选型

无人工作面要求工作面中各设备具有高可控性，在先进的智能控制方式下这些设备能够自动运行，不受或少受人为因素的影响，并且能够根据环境和设备自身的工况的变化实时调整设备的运行姿态。为保证设备选型能满足无人工作面开采的需求，要求整个工作面的设备具有统一的配套，结合沙曲矿开采设备的研究，对工作面配套设备进行了选型分析和能力校核，最终确定沙曲矿 22201 工作面的设备选型，见表 8-1。

表 8-1 无人工作面开采主要配套设备选型结果

序号	设备名称	型号	主要技术参数	数量	序号	设备名称	型号	主要技术参数	数量
1	采煤机	MG2X150/700-WD1	装机功率：700 kW 适应采高：1.20～2.05 m 牵引速度：0～9.01 m/min	1	10	喷雾泵、冷却泵	PB320/4.3	压力：4.3 MPa 流量：19.3 m^3/h 功率：125 kW	1
2	中部液压支架	ZY3600/07/14.5D	支护强度：0.37～0.49 MPa 工作高度：0.7～1.65 m	96	11	清水箱	QX320/20	320 L	1
3	过渡液压支架	ZYG3600/07/14.5D	支护强度：0.37～0.45 MPa 工作高度：0.7～1.65 m	4	12	双速绞车	SDJ-20	双速，功率：22 kW	2
4	工作面刮板输送机	SGZ730/320	装机功率：2×160 kW 额定电压：1 140 V 输送能力：650 t/h 刮板链速：1 m/s	1	13	回柱绞车	JM-14	牵引力：140 kN 功率：18.5 kW	1
5	转载机	SZB-730/75	破碎能力：1 000 t/h 功率：75 kW 电压：1 140 V	1	14	调度绞车	JD-1	功率：11.4 kW 电压：660 V	1
6	破碎机	PCM-110	破碎能力：1 000 t/h 最大粒度：300 mm 装机功率：110 kW 电压：1 140/660 V	1	15		JD-1.6	功率：25 kW 电压：660/380 V	1
7	可伸缩带式输送机	SSJ-1000/2×200	长度：2 000 m 带宽：1 000 mm 输送能力：1 000 t/h 功率：2×200 kW	2	16	无极绳绞车	JWB75BJ	牵引力：60/35 (100/60)kN 功率：75 kW	1
8	乳化泵	BRW-315/31.5	流量：315 L/min 压力：31.5 MPa 功率：200 kW	2	17	水泵	BQW-7.5	电压：660 V 功率：7.5 kW	6
9	乳化液箱	RX400/25	400 L	1	18	牵引绞车	JQB-20W	660 V	1

另外，在 22201 工作面进行的无人工作面研究，主要是采用先进的自动控制设备代替以往的手动控制设备，从而减少工作面的工人。但是，由于开采条件和采煤设备的限制，工作面仍然还需要部分工人，并且由于采用了先进的自动控制设备，在回采巷道的控制台等岗位

也需要工人操作。

8.1.1.3　无人工作面控制体系

在沙曲矿 22201 工作面已经配置了 KTC101 控制器及 SAC（support automatic control）电液控制系统，现场 22201 工作面沿空留巷充填和回采巷道支护无法实现无人化。因此，采用回采巷道集中控制技术方案，在 22201 机轨合一巷内设置集中控制中心，通过机轨合一巷配置 KTC101 控制器自动化控制采煤机、刮板输送机，SAC 电液控制系统通过支架红外线传感器以采煤机位置为依据实现支架的跟机自动化，实现薄煤层工作面的自动化、无人化。其中，工作面数据传输、控制结构如图 8-2 所示。

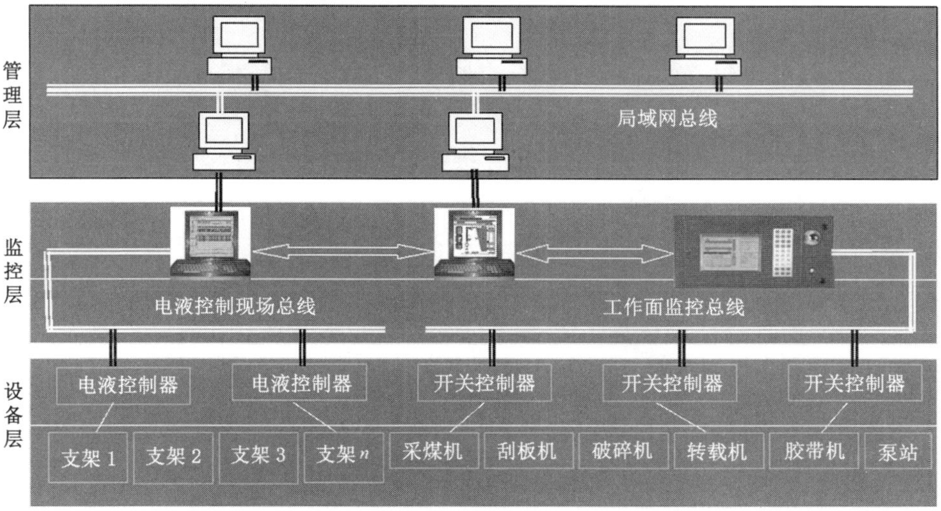

图 8-2　工作面数据传输、控制结构图

1）KTC101 控制器控制方式

在 22201 工作面机轨合一巷布置的 KTC101 控制器可对采煤机、刮板输送机、带式输送机等设备实现保护、控制、沿线通话、故障检测、汉字显示及语言报警等功能，如图 8-3 所示。该控制器采用嵌入式技术，可以通过它的通信接口与外界计算机或其他设备配接实现信息共享。但是，由于在 22201 工作面内的相关设备的连接较复杂，所以在实际控制过程中并未充分发挥该控制器的性能，部分控制仍需要通过手动操作，同时缺乏详细统一的监测数据收集、分析和处理的能力。因此，还必须配合各种设备的监测系统，从而完成对这些设备的自动控制功能。

通过 KTC101 控制系统的实施，实现在机轨合一巷对 22201 工作面的生产进行自动控制，主要表现在以下几个方面：

（1）工作面顺序启动。通过操作通信控制计算机，发出工作面启动命令给通信控制子系统，实现工作面的顺序启动。其启动顺序如下：带式输送机→破碎机→转载机→刮板机→采煤机。

（2）工作面顺序停机。停机顺序如下：采煤机→刮板机→转载机→破碎机→带式输送机。

（3）工作面设备闭锁逻辑。工作面内单台设备闭锁时，根据煤流方向，自动实现逻辑闭锁。该项功能由通信控制子系统和电液控制子系统在自动监控主机的协调下自动完成。

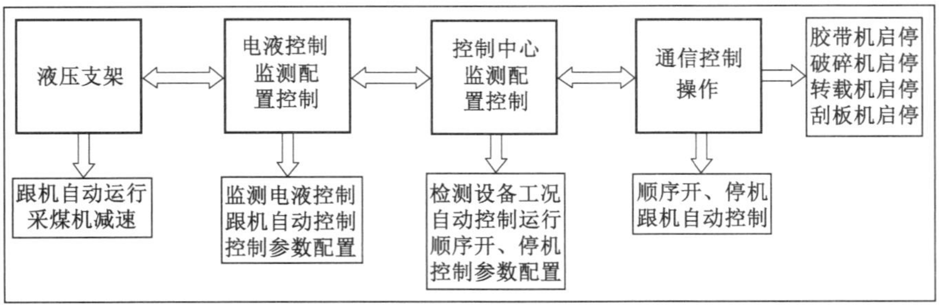

图 8-3 22201 机轨合一巷集中控制结构图

(4) 满仓控制。当煤仓的煤位到达特定的位置时，系统就会向工作面下达指令，停止采煤机的推进，暂停煤炭生产，而刮板机继续运行；当煤仓的煤位到达满仓位置时，刮板机停下来，带式输送机上也不会满载，为下次顺利启动奠定基础；当煤仓出煤后，煤位到达可以开始生产的位置后系统会自动按顺序和程序启动设备生产。

(5) 负荷控制。根据刮板机的负荷量自动调整采煤机的牵引速度，从而调整落煤量。当刮板机的负荷超载时，系统能及时降低采煤机的牵引速度以减少落煤量。反之，可适当提高采煤机的牵引速度，以达到设备工作中处于高效、安全的状态。

2) 电液控制系统控制方式

22201 工作面中间液压支架采用 ZY3600/07/16.5D 型两柱掩护式液压支架，端头支架采用 ZYG3600/07/16.5D 型两柱掩护式，这两种液压支架均可配合 SAC 电液控制系统实现自动控制。

(1) 电液控制系统组成。该系统主要包括液压支架电液控制装置控制器、本质安全型信号转换器、支架人机操作界面、矿用压力传感器、行程传感器、感应磁环、红外线发送器、红外线接收器、矿用隔爆兼本质安全型稳压电源、隔爆耦合器、监控主机、网络终端器和电缆组件及其附件。

(2) 电液控制系统实现的功能。该系统主要完成 22201 工作面液压支架的自动控制，最终达到减少整个工作面内工人数量的目的，实现的功能具体为：以采煤机位置为依据的支架自动控制；支柱在工作中发生卸载时的自动补压功能；闭锁及紧急停止；信息功能（人机操作界面）；向其他系统（如地面调度室、监控中心等）传输信息，也能够从其他系统接收数据，并可进行数据处理。

(3) 电液控制系统配置。针对 22201 工作面的开采条件，要求工作面尽量实现以采煤机位置为依据的自动控制，结合 SAC 电液控制系统的常用连接方式，可以采用先配置、连接单台液压支架，然后通过中间连接设备组建整个工作面液压支架控制体系。其中，每个支架装备一台液压支架电液控制装置控制器，两个传感器和一套电液阀组；液压支架控制器因电源供电关系而被分组，控制器之间按顺序互联成网；还增加了采煤机位置红外线检测系统，回采巷道集中控制中心的主控制计算机，整个电液控制系统配备隔爆兼本质安全型电源箱。

(4) 电液控制系统界面。在 22201 工作面液压支架控制中，由于需要采用控制器的高级控制，还必须配置主控计算机，因此在机轨合一巷集中控制中心内设立一台型井下主控计算机，并与工作面支架控制器网络连接。其人机工作界面包括数据通信界面和数据显示界面,可随时查看工作面内所有支架的推移行程、活塞缸压力值、采煤机位置等信息,并可根据需要随时更改控制程序或者设置控制参数,如图 8-4 所示。

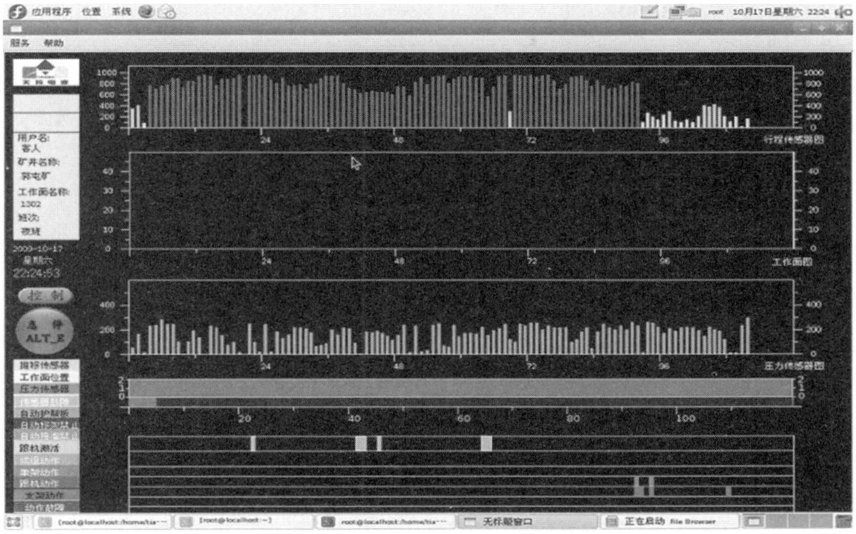

图 8-4　数据显示界面

3) 工作面设备自动控制方式

为了实现液压支架的自动控制,需要采用电液控制系统中的高级控制方式,即采煤机自主定位控制方式,因此研究液压支架与其他设备之间的约束关系是无人工作面的重要内容。

(1) 液压支架与采煤机的约束关系。当采煤机沿工作面往返牵引采煤时,要求支架拉移后应及时推移输送机,为了避免截割到液压支架护帮板,采煤机前滚筒前方的液压支架依次将护帮板收回,后滚筒以后的液压支架依次推移刮板输送机,从而使刮板输送机按照一定的曲线弯曲。对于单个液压支架而言,完成整个推移刮板输送机行程之后,需要执行降架、移架、开架动作,在获得了液压支架与采煤机的相互约束关系以后,可以将这种关系通过程序输入到工作面控制器中,从而控制液压支架的动作,使得液压支架的运动时刻与采煤机的位移相关联。

(2) 采煤机自动割煤技术。对于记忆割煤法,采煤机首次割煤采用手动操控方式,计算机储存所需采集的截割信息、运行数据,以后的割煤循环是根据上一次截割期间储存的数据自动地修改采煤机割煤程序,这种割煤方式所用理论相对简单、易于实现,同时也符合沙曲矿 22201 无人工作面对采煤机自动割煤的要求。在工作面首次开采以后,每一次割煤期间相应传感器采集工作面的数据并传输至存储器保存;在每一次割煤完成后,可对上一次储存信息进行修改,为下一次截割循环提供数据。

8.1.1.4　22201 无人工作面应用成效

(1) 按照无人工作面设备选型要求对沙曲矿 22201 工作面的综采设备选择进行校验。校验结果表明,配套设备工作能力富余量较大,完全满足设备基本性能要求,且结合自动控制设备能够实现自动化控制。

(2) 采用回采巷道集中控制技术方案，在 22201 机轨合一巷内设置集中控制中心，通过机轨合一巷配置 KTC101 控制器自动化控制采煤机、刮板输送机，SAC 电液控制系统通过支架红外线传感器以采煤机位置为依据实现支架的跟机自动化，实现了薄煤层工作面的自动化、无人化作业。

(3) 在采用了无人工作面开采技术后，相对于采用综采工作面开采方式，在工作面内施工作业的工人数量在检修班每班为 7 人(减少 5 人)，相对减少了 41.67%，采煤班每班为 4 人(减少 5 人)，相对减少了 55.56%，两个采煤班和一个检修班总共可减少 15 人，即相对综采工作面开采方式相对减少了 50%。

(4) 按照无人工作面开采方式进行生产组织，22201 工作面采用不留三角煤端部斜切进刀双向割煤方式和“四六”制工作制度。井下作业人员主要集中在回采巷道内，将工人从采高较低的薄煤层工作面内解放出来，不仅降低了工人劳动强度、改善了工作环境、提高了生产效率和安全状况，还促进了难采薄煤层工作面自动化的发展。

8.1.2 郭二庄矿 22204 薄煤层智能工作面

8.1.2.1 22204 工作面概况

郭二庄煤矿 22204 薄煤层工作面煤层厚度 1.48 m，采高 1.8 m，倾角 23°，煤层密度 1.68 t/m^3，顶板泥岩厚度为 2.48 m，地板为泥岩、细砂岩，煤层为一般不自然倾向，水文地质条件简单，断层较多、落差较小。工作面长度为 150～207 m，连续推进长度 1 288 m，设计月产 7.9 万 t。

8.1.2.2 22204 工作面设备及地面安装调试

郭二庄矿 22204 薄煤层综采工作面设备明细清单见表 8-2。

表 8-2 22204 工作面设备材料清单

序号	名称	型号	单位	数量	序号	名称	型号	单位	数量
1	设备列车集中控制台	定制	台	1	11	控制器架间连接器	ZE0701-43 (L)	台	20
2	地面集控控制服务器		台	1	12	红外线发射器	ZE0701-24	台	1
3	支架电动主阀		台	1	13	网络终端器	ZE0701-36	台	1
4	矿用隔爆兼本安型计算机	KJD127	台	2	14	电液控系统主机软件	ZE07-HS/D	台	1
5	工作面集控系统软件	V1.0	台	1	15	矿用隔爆本安型接入网关	KJJ127	台	2
6	支架控制器	ZE0701-05	台	20	16	矿用隔爆型监视器	JBY1.0/127	台	1
7	隔爆兼本安型稳压电源	ZE0701-04	台	2	17	嵌入式网络视频解码器	HYDS-6008D	台	1
8	隔离耦合器	ZE0701-26	台	3	18	地面监视器		台	1
9	压力传感器及连接器	ZE0701-07	台		19	矿用本安型扩音电话	KTK24(A)	台	1
10	红外线接收器	ZE0701-08	台	20	20	矿用隔爆兼本安型直流稳压电源	KDW660/24	台	1

表 8-2(续)

序号	名称	型号	单位	数量	序号	名称	型号	单位	数量
21	矿用本安型红外摄像仪	KBA12H	台	6	26	矿用阻燃电源电缆	MVV3×1.5	台	1
22	矿用本安型直流稳压电源	KDW127/12	台	8	27	矿用阻燃通信电缆	MHYV4×2	台	2
23	矿用本安型信号转换器	KZC12	台	2	28	矿用阻燃通信电缆	MHYVP4×1.0	台	1
24	矿用阻燃通信电缆(双插头)	MHYVP-2-100	台	3	29	安装附件		台	1
25	矿用阻燃通信电缆(单插头)	MHYVP-2-100	台	2					

综合考虑各种指标要求之后,对表 8-2 中的设备在郭二庄煤矿进行了地面调试,取得了良好的效果。郭二庄煤矿综采工作面设备地面调试期间,进行了“三机”协同控制系统及支架电液控制系统安装调试,调试场地内配套 20 台液压支架,型号 ZY3200/08/18D,1 台采煤机,型号 MG-2×160/710-AWD,1 台刮板输送机,型号为 SGZ-730/264。在调试阶段,实现了工作面“三机”联动控制功能,如图 8-5 至图 8-13 所示。

图 8-5 郭二庄煤矿“三机”地面联试平台搭建

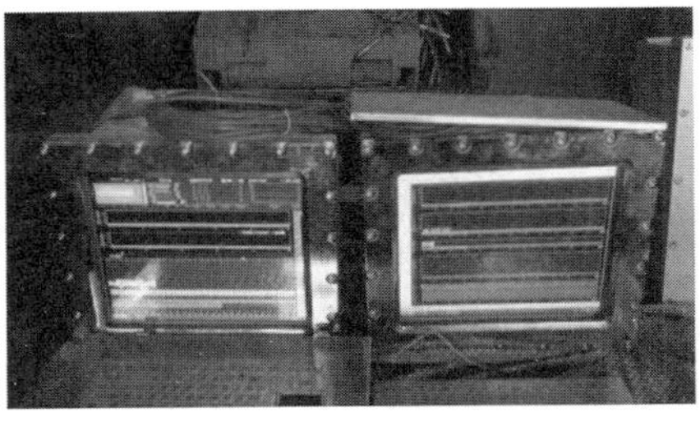

图 8-6 电液控主机及“三机”协同控制主机

图 8-7 “三机”协同控制软件界面

图 8-8　矿用本安型红外摄像仪

图 8-9　巷道图像监控主机切换界面

图 8-10　矿用本安型摄像仪及支架控制器

图 8-11　集控系统地面成套设备联试平台

图 8-12　22204 工作面刮板机变频控制器

图 8-13　22204 综采工作面刮板运输机

8.1.2.3　工作面智能化开采的实现

1) 22204 综采工作面设备配套情况

郭二庄煤矿 22204 薄煤层工作面综采设备配套情况见表 8-3。

表 8-3　工作面综采设备配套

序号	名称	型号	单位	数量
1	液压支架	ZY3000/10/20	架	100
2	刮板输送机	SGZ-730/264	台	1
3	采煤机	MG2×160/710-WD	台	1
4	乳化泵	BRW315/31.5	台	1
5	转载机	SZZ-630/110	台	1
6	刮板输送机	SGZ-630/150C	台	2
7	带式输送机	SDJ100/2×75	套	2

2) 22204 综采工作面集控系统

(1) 系统控制的设备。工作面集控系统控制设备有转载机、破碎机、前部运输机、后部运输机、乳化泵、清水泵的启停。图 8-14 所示为郭二庄煤矿 22204 综采工作面集控系统设备结构图。

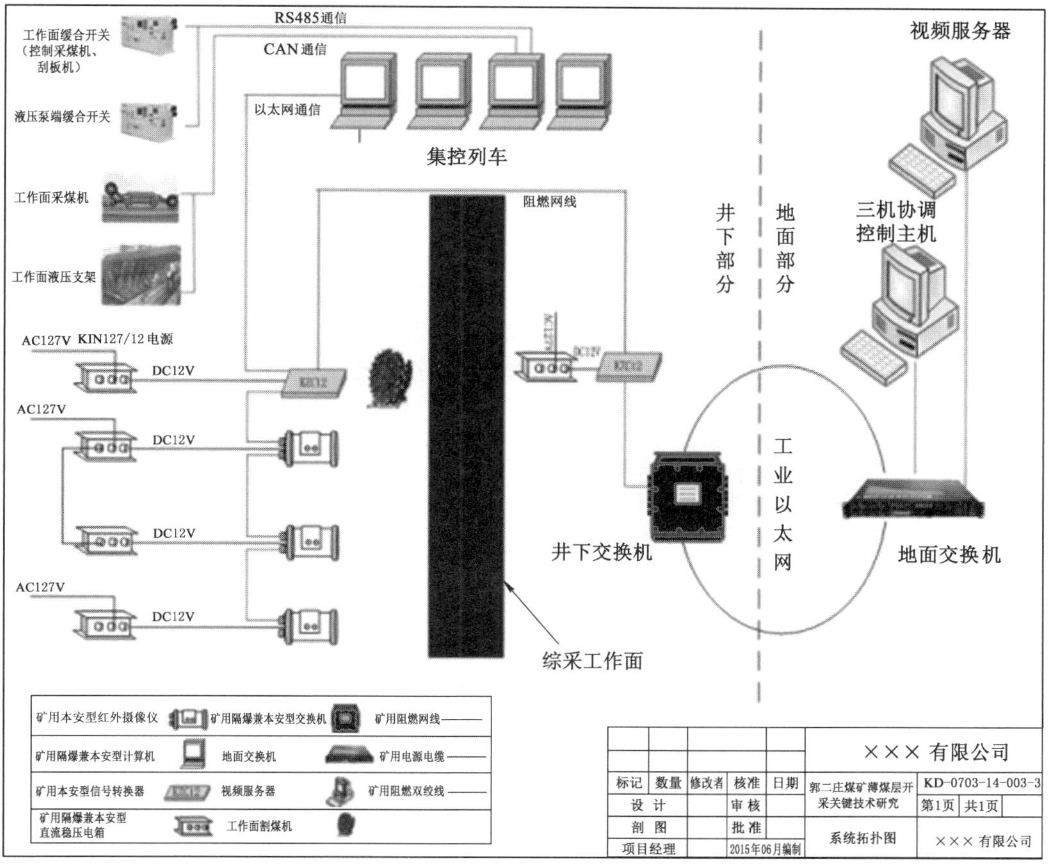

图 8-14　22204 综采工作面集控系统结构图

(2) 系统的功能。工作面设备启停控制;设备状态检测;系统多种运行方式;设备状态显示;语言报警;设备启停时间统计、故障自诊断显示;灵活的参数设置;工作面设备的控制;通话与闭锁电话。

(3) 巷道集控列车。在井下巷道安装集控中心 1 台,内置矿用隔爆性计算机 4 台,1 台作为工作面"三机"协同控制主机,1 台作为工作面电液控主机、1 台作为工作面视频监控主机,1 台作为工作面视频跟机切换系统主机;同时,4 台主机通过井上、下工业以太网系统将信号传输到地面调度指挥中心,地面监控服务器可实现和井下巷道集控中心监控主机同样功能。集控中心地面与井下安装如图 8-15 和图 8-16 所示。

(4) 液压支架电液控制系统。液压支架电液控制系统主要设备包括:控制器 1 台/架、红外线接收器 1 个/架、压力传感器 1 台/架、红外线发射器 1 个/工作面、14 功能 14 接口电液主阀阀组 1 组/架(采用天玛原有主阀)、其他附件 1 套/架。

图 8-15 集控中心地面安装

图 8-16 集控中心井下安装

该系统每 10 台支架配备一台隔爆兼本安电源用于给支架控制单元供电，每 5 台配备一台隔离耦合器用于隔离和耦合不同电源组控制器间的通信信号。红外线发射器安装在采煤机上，用于采集采煤机当前所在位与行进方向在液压支架下级联安装矿用本安型红外网络摄像仪，用于井下录像存储和传输；在井下控制列车上安装隔爆兼本安型计算机 1 台，用于工作面自动化运行的视频监控。系统现场安装如图 8-17 所示。

(a) 调试

(b) 运行

图 8-17 电液控制系统井下安装

3) 22204 智能工作面应用成效

通过“三机”协同控制系统，实现了采煤机、运输机、液压支架、乳化泵、转载机等工作面配套设备的协同自动控制；通过薄煤层综采工作面液压支架电液控制系统，实现了工作面液压支架的邻架控制/成组控制/自动降架、移架、升架控制；通过刮板运输机监控系统，实现了刮板输送机温度、电压、电流、压力、转速、开停状态等工况参数的监测，完成对刮板运输机开停和伸缩机尾远程控制。在各大系统相互协调与配合下，22204综采工作面开采智能化、无人化得以实现。

8.1.3 黄陵矿801中厚煤层智能工作面

8.1.3.1 八盘区801工作面概况

八盘区801工作面煤层厚度1.8～2.8 m，平均2.5 m；煤层顶板其伪顶多为泥岩，厚度为0.1～0.5 m，随回采垮落；直接顶为泥岩和粉砂岩互层，为中等垮落顶板；底板为泥岩，遇水底鼓严重。八盘区产量要求由十盘区200万t/a增加至400万t/a，总体目标要求产量翻倍，系统智能化升级，稳定性提高。

8.1.3.2 工作面设备配套

1）液压支架

根据煤层赋存条件和顶板控制要求，确定液压支架型号为ZY7800/17/32D，通过支架围岩智能耦合电液控制系统实现支架初撑力自动补偿、平衡千斤顶自动调节和跟机自动化等智能化自适应调整和动作功能。

2）采煤机

根据生产能力和煤层赋存条件要求，经理论计算选用MG620/1660-WD型大功率矮机身采煤机，采煤机具备可配置复杂工艺程序的记忆截割功能，以满足不同工作面的采煤工艺要求；自动控制具有高精度，行走位置检测分辨力不大于10 mm，典型位置控制精度优于±50 mm，记忆截割典型采高重复误差±25 mm；具有线性插值、采高精度与牵引速度的自适应调节与预期控制等功能。

3）工作面运输系统

根据采煤机最大割煤能力和工作面参数确定刮板输送机型号为SGZ1000 /2×855，驱动方式为“高压变频器＋变频电机＋摩擦限矩器＋行星减速器”，采用平行布置，交叉侧卸方式；转载机为SZZ1000/525型，配备MY1200转载机自移系统；破碎机为PLM3000型，通过DY1200自移机尾与带式输送机搭接。

8.1.3.3 工作面智能化开采关键技术

根据八盘区综采工作面的生产工艺要求和工作面环境状况，确定该工作面自动化集中监控系统包括视频监视系统、电液控制系统、采煤机控制系统等系统，如图8-18所示。

八盘区智能化无人工作面控制系统主要在以下方面进行升级：布置高清摄像仪，建立无盲区高清视频监视系统；实现自动化系统故障自诊断（包括对采煤机、液压支架、“三机”、泵站、带式输送机控制的故障诊断）、故障类型显示及管理等功能；实现转载机自移的远程控制功能；实现端头和超前支架的远程控制功能；利用智能化刮板输送机实现采、运双向协同控制；通过高精度行程传感器和调控装置实现工作面推进过程直线度精准控制，解决智能化无人开采工作面直线度控制难题，保证工作面连续稳定高速推进。

1）高清视频监控

视频监视系统是远程操作工人眼睛的延伸，是进行遥控作业的基础，在刮板输送机机头和机尾、转载机机头和机尾、设备列车上、远程配液点等区域各安装1～2台矿用本安型云台摄像仪；每6个支架配备3台矿用本安型摄像仪，安装于支架的顶梁上；监控中心安装2台彩色摄像仪。通过高清摄像仪的合理优化布置，实现工作面、工作面巷道及重要岗位的高清

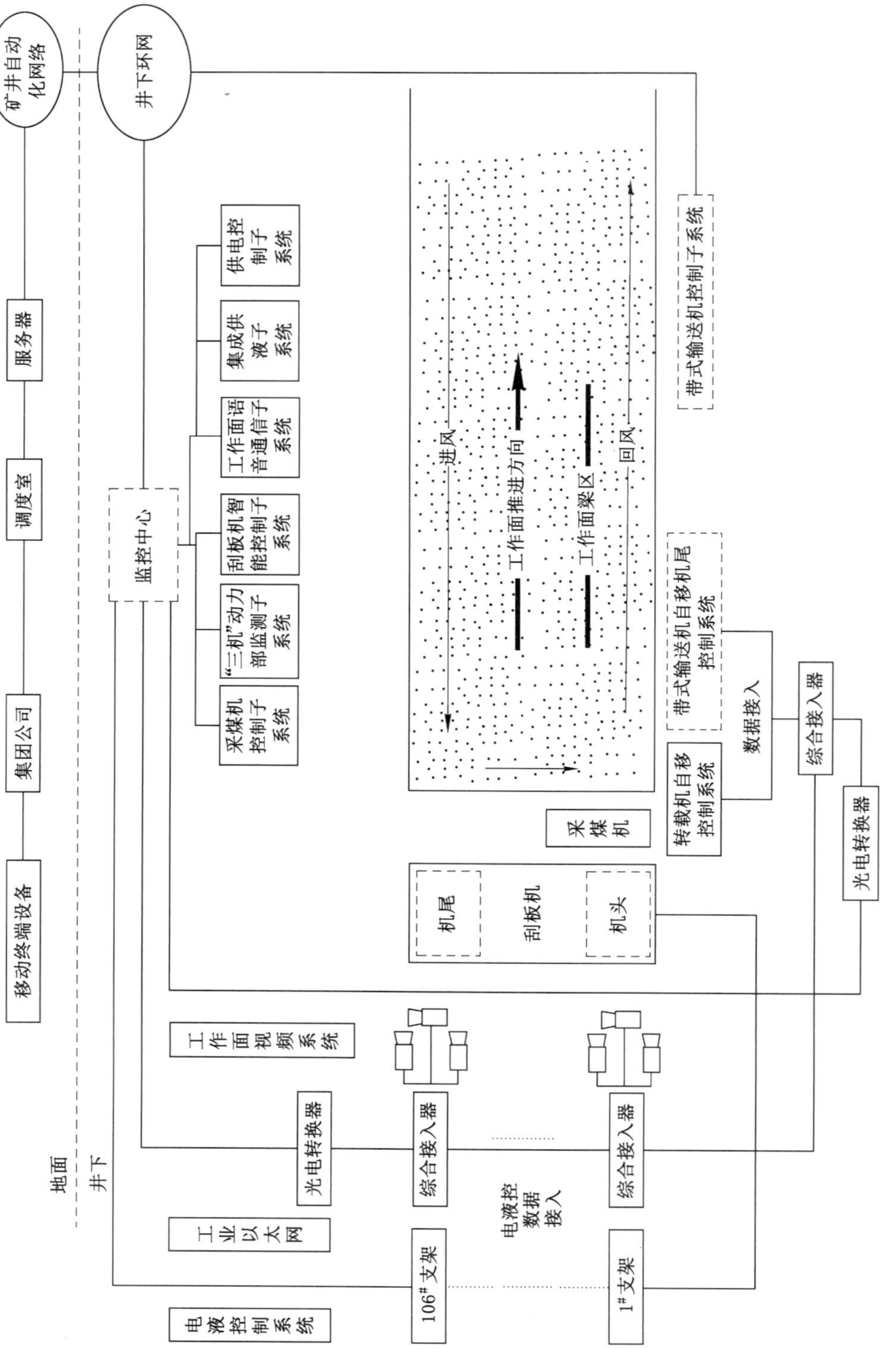

图 8-18 八盘区 SAM 型综采自动化控制系统组成结构

无盲区视频监视。

视频系统可通过通信获取采煤机运行位置和方向，实现在视频监视器上跟随采煤机自动切换高清视频摄像仪，保证割煤作业、支架跟机作业、推移刮板输送机等远程控制的高精度和高可靠性。

2) 工作面装备状态监测与健康诊断系统

通过智能控制系统对采煤机、液压支架、刮板输送机主要部件的运行时间、运行距离等数据进行记录，在此基础上可实现对关键元部件剩余寿命预估和预警，形成预防性维护报告，及时提醒更换磨损部件，减少维护时间和大故障发生的概率。

3) 端头、巷道设备远程遥控

工作面端头安全高效快速支护和巷道设备的协调快速联动是自动化控制的难点，端头支架、转载机和超前支架的远程遥控操作。具体实现方式为：

(1) 端头架推溜前，由端头架发送邻架控制命令，启动转载机控制器执行准备阶段动作。转载机控制器进行声光报警，在端头架执行推溜动作与转载机控制器执行前移阶段动作共同完成转载机自移功能。

(2) 通过电液控制系统实现转载机和带式输送机机尾自动动作的功能。

4) 刮板输送机变频智能控制系统

采用具有带载启动性能和运量调节能力的智能型刮板输送机，通过智能调速随时改变运行速度，与工作面产量适时匹配，驱动部电机在各种状态下始终保持 96% 以上高效运行。变频器控制系统与工作面语音通信子系统采用干接点控制方式，提供急停、启停、备妥、反馈 4 路干接点信号线，系统具有智能启动、煤量监测与智能在线调速、低速检修、功率协调、链条智能调节松紧等多项功能。能够全面降低刮板输送机的能耗和无功磨损，显著提高生产效率、降低备件损耗、提高可靠性、延长使用寿命。

5) 自动化超前支护控制系统

(1) 超前支护理念。超前支护区与工作面支护存在较大不同，工作面支护为限制顶板的初期下沉需要较高初撑力提供主动支撑作保障，但在超前支护区过高的初撑力和反复的支撑将造成顶板的被动破碎。针对超前支护的特殊性，采用“低初撑、高工阻”自动化的超前支护理念：避免超前支架对巷道反复支撑的破坏，通过自动化控制在工作初期只给顶板较小的支撑，当顶板下沉后，为防止顶板离层量过大，借助较高的工作阻力延缓顶板的下沉，实现对顶板的有效控制。

根据超前支护设计理念，运输巷超前支架平均支护强度为 0.194 MPa，初撑力为 0.142 MPa；回风巷超前支架平均支护强度为 0.297 MPa，初撑力为 0.218 MPa；立柱型式为双伸缩，立柱缸径 230 mm。

(2) 超前支护自动化控制系统。以超前支架电液控制为基础的远程遥控操作系统能够实现以下功能功能：可远程遥控操纵；实现快速移架；便于控制初撑力大小；可减少工作面两端头作业人员。自动化超前支护系统提高了超前支护的安全性，解决了单体支护工人数量多、劳动强度高和手动控制邻架操纵管路布置乱的难题；提高了移架速度，实现了快速安全移架，也可以实现控制初撑力大小的目的，满足“低初撑、高工阻”要求；保证了工作面和超前巷道内成套装备智能化协同控制和采煤全过程自动化无人生产。

8.2 煤矿光纤智能感知系统工程实例

8.2.1 工程概况

隆德煤矿101工作面为1^{-1}煤层，为中厚煤层，煤层厚度为0.15～3.07 m，平均总厚度1.75 m，可采煤层厚度为0.80～2.38 m，平均厚度1.97 m，稳定性较好，煤层埋深130 m。煤层西北部厚而东南部薄，煤层厚度变化较小，煤层倾角小于1°。工作面标高为1 001.8～1 033.1 m，平均埋深在130 m左右。根据101工作面地质资料显示，工作面顶、底板情况见表8-4。

表8-4 煤层顶、底板情况

顶底板	岩石名称	厚度/m	岩性特征描述
基本顶	细砂岩	8.2～8.6	深灰色，泥质胶结，为中等硬度波状层理，含细粒，夹砂岩薄层，层面中可见少许植物化石
直接顶	粉砂岩	4.4～6.0	灰色，泥质胶结，为中等硬度，波状层理发育，具有劈理面，夹砂质泥岩薄层，含植物叶片化石
伪顶	泥岩	0.3～0.5	灰色，可见微斜层理，硬度小，易风化呈粉末状，含少许植物化石
直接底	粉砂岩	9.2～11.5	灰色，为中等硬度，内含植物化石，岩芯完整，水平及波状层理

101工作面采用长壁后退式综采一次采全高工艺，全部垮落法管理煤层顶板，采用中厚煤层综采设备。考虑煤层埋深较浅，顶板较坚硬，中间架液压支架均选用高阻力的两柱掩护型支架，中间架型号为ZY10000/13/26D，过渡架型号为ZYG10000/14/28D，端头架型号为ZT12000/16/32。101工作面采煤机采用端头斜切进刀、双向割煤、一刀一循环、每刀推进0.8 m的工作方式，“三八”工作制，回采和准备平行作业，每班2～3个循环。101工作面平均采高1.97 m，工作面长300 m，推进长度为3 596 m。

101工作面布置三条回采巷道：101工作面辅助运输巷、胶带运输巷和回风巷。胶带运输巷和运输巷之间的隔离煤柱宽度为20m。辅助运输巷与胶带运输巷通过1^{-1}煤层北翼辅助运输大巷与北翼胶带运输大巷形成工作面的运输、进风系统，回风巷道通过1^{-1}煤层北翼回风大巷形成工作面的回风系统如图8-19所示。回采巷道采用锚网支护，切眼采用锚网索联合支护，顶板锚杆规格为ϕ18×2 100 mm的左旋螺纹钢锚杆，间排距为1 000 mm×1 000 mm。顶板锚索规格为ϕ17.8×6 500 mm，间排距2 000 mm×3 000 mm，巷道支护参数见表8-5。

表8-5 101工作面巷道参数

巷道名称	巷道断面尺寸	断面形状	支护形式
101工作面胶带运输巷道	5.4 m×2.4 m	矩形	锚网索联合支护
101工作面辅助运输巷道	5.2 m×2.4 m	矩形	锚网索联合支护
101工作面回风巷道	5.4 m×2.4 m	矩形	锚网索联合支护

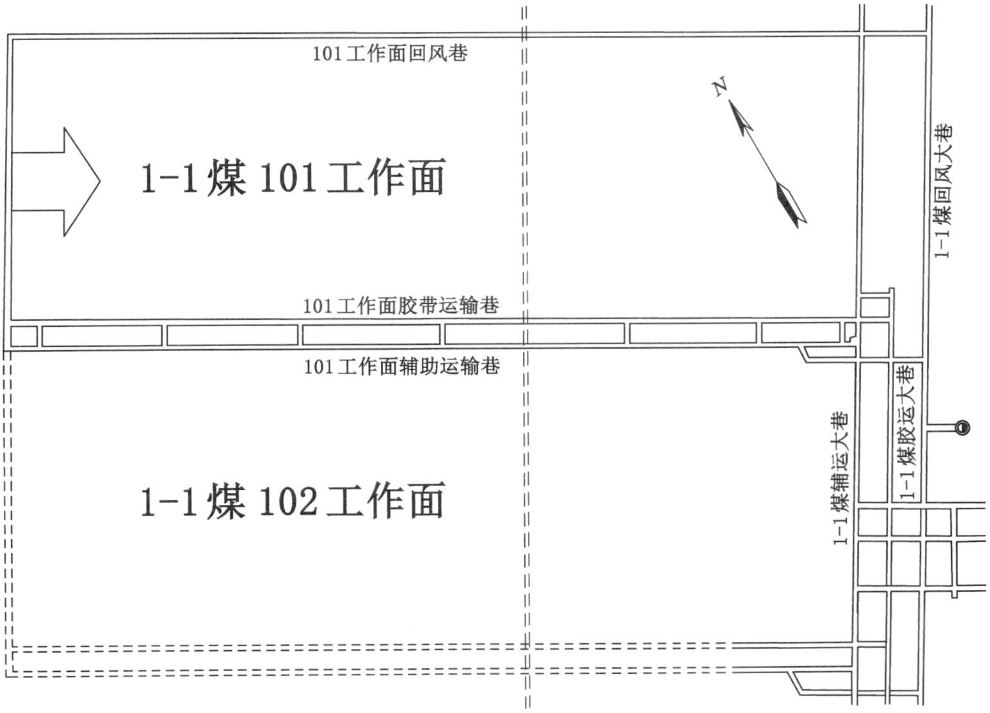

图 8-19　101 工作面布置平面图

8.2.2　监测内容及方案

8.2.2.1　监测内容

以光纤传感技术和矿压监测理论为基础，设计 101 工作面光纤传感矿压监测方案。通过实测、分析监测结果掌握 101 工作面的矿压状况，检验光纤传感矿压监测系统的性能。监测主要内容和目的见表 8-6。

表 8-6　监测内容

序号	项目	监测内容	监测目的
1	支架工作阻力	液压支架立柱油压	掌握工作面矿压状况
2	锚杆载荷	锚杆受力大小	掌握锚杆工作载荷和支护效果
3	顶板离层	巷道顶板浅部及深部位移量	掌握顶板岩层稳定性状况
4	煤岩体应力	巷道周围煤、岩体应力大小	掌握巷道围岩应力状态
5	锚杆杆体应力	锚杆杆体的应力分布特征	掌握锚杆受力状态

8.2.2.2　监测方案

1) 工作面矿压监测方案

在工作面液压支架中共布置 5 个测站，第一测站包括靠近 101 工作面胶带运输巷端头的 1# ～5# 液压支架(中间架)，第二测站包括 42# ～46# 支架，第三测站包括 83# ～87# 支架，第四测站包括 124# ～128# 支架，第五测站包括 165# ～169# 支架，共 25 台液压支架，测站布置如图 8-20 所示。在测站中,由液压支架辅助阀中的测压孔引出油管连接光纤光栅压力表,监测液压支架的工作阻力。

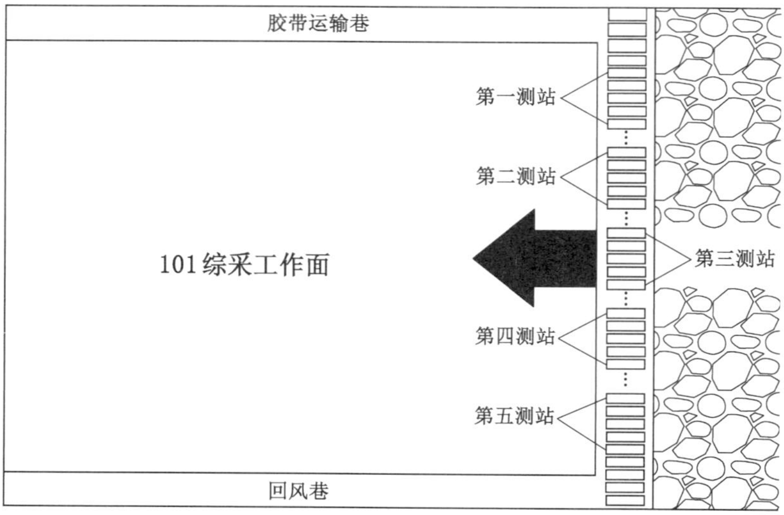

图 8-20　液压支架工作阻力监测测站布置方案

2) 超前巷道矿压监测方案

在 101 工作面的超前巷道中布置 2 组综合测站,如图 8-21 所示。在 101 工作面胶带运输巷和回风巷分别布置 2 个测站,综一测站距开切眼 100 m,同一巷道内两个测站的间距为 50 m。监测测站在工作面开始生产之前布置好。在各测站超前巷道监测断面中,分别在两帮打钻孔埋设光纤光栅钻孔应力计、安装光纤光栅测力锚杆和锚杆测力计,在巷道顶板安装光纤光栅顶板离层仪。

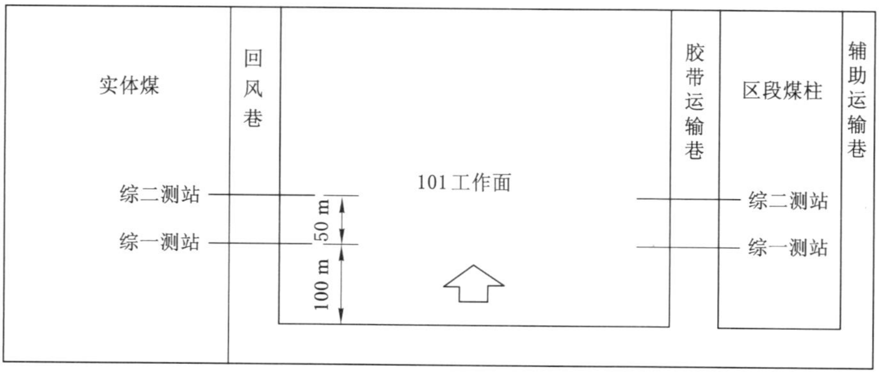

图 8-21　监测测站分布图

8.2.2.3 监测方案实施

1) 光纤光栅钻孔应力计布置方案

各测站中钻孔间距为 2 m,回风巷和胶带运输巷的工作面侧 5 个钻孔深度分别为 3 m、5 m、10 m、15 m 和 20 m,回风巷和胶带运输巷的区段煤柱侧钻孔深度分别为 3 m、6 m、9 m、12 m 和 15 m。101 工作面的回采巷道沿煤层底板掘进,煤层厚度约为 2 m,钻孔高度距煤层底板 1 m,沿水平方向打钻孔。每个钻孔内安装 1 个光纤光栅钻孔应力计。以综一测站为例,钻孔及应力计的布置参数如图 8-22 所示;现场安装图如图 8-23 所示。

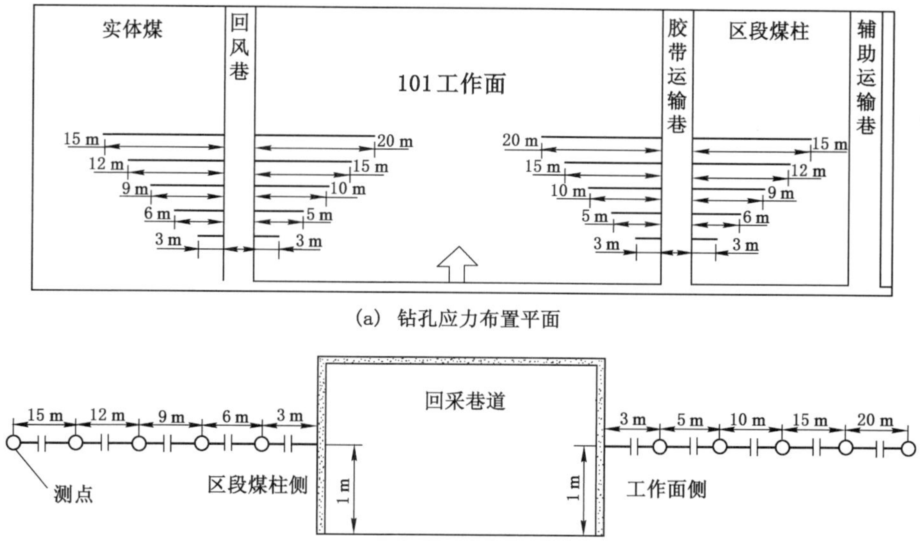

(a) 钻孔应力布置平面

(b) 钻孔应力布置断面

图 8-22　光纤光栅钻孔应力计布置方案

图 8-23　光纤光栅钻孔应力现场安装图

2) 光纤光栅测力锚杆和锚杆测力计布置方案

在各综合测站中,在超前巷道顶板中部安装 1 个光纤光栅测力锚杆和锚杆测力计,在巷道两顶角与水平方向成 45°角处各安装 1 个光纤光栅测力锚杆和锚杆测力计,在两帮距巷道底板 1 m 处各安装 1 个光纤光栅测力锚杆和锚杆测力计,如图 8-24 和图 8-25 所示。

3) 光纤光栅顶板离层仪布置方案

在各综合测站中,在超前巷道顶板中部安装 1 个光纤光栅顶板离层仪,根据超前巷道的顶板岩层厚度分布,光纤光栅顶板离层仪的浅层固定在 2 m,深层固定在 7 m,如图 8-26所示和如图 8-27 所示。

4) 光纤光栅液压支架压力表布置及安装方案

光纤光栅液压支架压力表布置方案。光纤光栅液压支架压力表安装在 101 工作面液压支架监测测站内的液压支架上,通过油管连接液压支架立柱油路,监测液压支架的工作阻

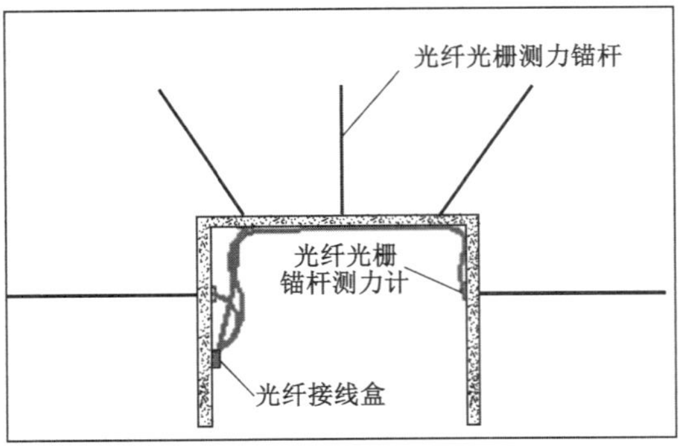

图 8-24　光纤光栅测力锚杆及测力计布置方案

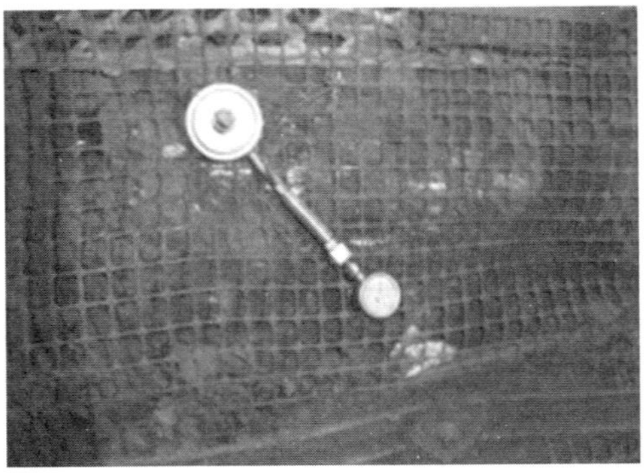
图 8-25　光纤光栅锚杆测力计现场安装图

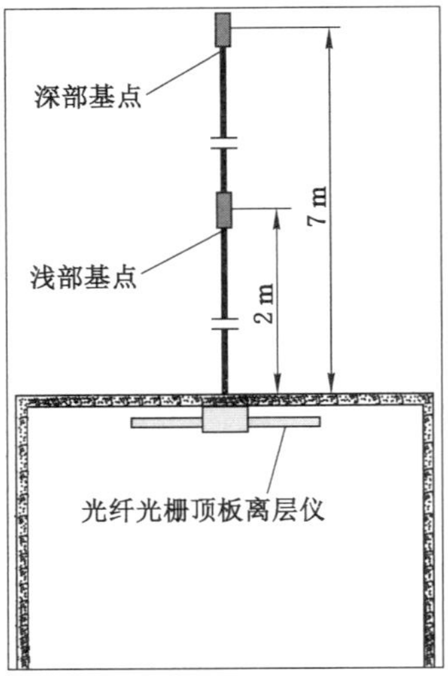

图 8-26　光纤光栅顶板离层仪布置方案

图 8-27　光纤光栅顶板离层仪现场安装图

力。光纤光栅液压支架压力表的布置方案在之前小节工作面矿压监测方案中已有介绍(如图 8-20 所示);现场安装图如图 8-28 所示。

经过上述施工操作,上述各传感器连接到传输光缆干路,将传输光缆沿规定的路线,铺设到巷道控制站或就近的采区变电所,与光纤光栅解调仪接通,用网线将光纤光栅解调仪接入到矿井以太网,同时解调主机接入到矿井以太网,并对光纤光栅解调仪的数据信息分析处理,实时记录、显示监测参量的动态变化,实现煤矿井下多参量数据的智能感知与精准预警。

图 8-28　光纤光栅液压支架压力表现场安装图

8.2.3 监测结果分析

1）液压支架工作阻力监测结果分析

周期来压分析以支架的平均循环末阻力与其均方差之和作为判断顶板周期来压的主要指标。周期来压判据为：

$$P' = \overline{P}_t + \sigma_p \tag{8-1}$$

式中　σ_p——循环末阻力平均值的均方差，$\sigma_p = \sqrt{\frac{1}{n}\sum_{i=1}^{n}(P_{t,i} - \overline{P}_t)^2}$。其中，$n$ 为实测循环数，$P_{t,i}$ 为各循环的实测循环末阻力。

$\overline{P}_t$——循环末阻力的平均值。

按照式(8-1)，根据实测结果得测站内各支架的来压判据见表 8-7。

表 8-7　测站中各支架循环末阻力监测结果

测站序号	测点序号	支架编号	循环末阻力/MPa		
			平均末阻力	均方差	来压判据
一测站	1	1	29.94	3.41	33.35
	2	2	30.05	3.83	33.88
	3	3	31.35	2.25	33.6
	4	4	28.72	2.79	31.51
	5	5	30.56	4.33	34.89
二测站	6	42	31.63	3.29	34.92
	7	43	31.27	2.21	33.48
	8	44	32.9	1.41	34.31
	9	45	32.71	1.55	34.26
	10	46	32.68	2.04	34.72
三测站	11	83	33.37	1.52	34.89
	12	84	33.68	1.61	35.29
	13	85	34.56	2.03	36.59
	14	86	34.41	1.39	35.8
	15	87	34.5	1.58	36.08
四测站	16	124	32.08	3.82	35.9
	17	125	33.23	3.29	36.52
	18	126	29.78	3.38	33.16
	19	127	30.29	2.23	32.52
	20	128	30.93	2.45	33.38
五测站	21	165	30.77	2.03	32.8
	22	166	30.41	1.39	31.8
	23	167	31.96	1.06	33.02
	24	168	32.15	1.66	33.81
	25	169	28.7	1.32	30.02

由表可知，101 工作面液压支架的循环末阻力分布主要分布在 30～33 MPa，均方差 1～4 MPa，说明该工作面的循环末阻力波动较小，周期来压不明显；来压判据分布在 32～36.5 MPa，整体偏大，但在液压支架的额定工作阻力 39.8 MPa 以下，在液压支架的可支撑压力范围内。根据现场观测，101 工作面液压支架漏液现象不明显，初撑力基本符合要求，顶板来压正常，在控制范围之内。

工作面在推进过程中，其工作阻力是表征工作面矿压状况的重要参数，测站内各支架的工作阻力统计见表 8-8。

表 8-8 测站内各支架的工作阻力监测结果

测站序号	测点序号	支架编号	平均工作阻力/MPa	测站平均工作阻力/MPa
一测站	1	1	25.7	28.24
	2	2	29.1	
	3	3	30.8	
	4	4	26.2	
	5	5	29.4	
二测站	6	42	29.3	30
	7	43	30.7	
	8	44	30.3	
	9	45	28.5	
	10	46	31.2	
三测站	11	83	32.5	33.02
	12	84	32.7	
	13	85	33.2	
	14	86	33.4	
	15	87	33.3	
四测站	16	124	30.1	29.6
	17	125	32.6	
	18	126	29.1	
	19	127	28.3	
	20	128	27.9	
五测站	21	165	28.4	28.68
	22	166	28.5	
	23	167	29.9	
	24	168	30.3	
	25	169	26.3	

由表中可知，5 个测站的液压支架工作阻力呈现对称分布，中间测站工作阻力较大，平均工作阻力为 33.02 MPa，工作面两端工作阻力较小，平均工作阻力为 28.24 MPa 和 28.68 MPa，中间测站两侧的测站支架工作阻力次之，平均工作阻力为 30 MPa 和 29.6 MPa。两端测站支

架的工作阻力较低，其主要原因是工作面两端头的端头架对顶板有很好的支撑作用，分担了顶板压力，另外，一、五测站的初撑力不足，致使一、五测站的工作阻力偏低。101 工作面的液压支架初撑力为 31.5 MPa，从统计数据来看，仍有大部分支架工作阻力在 31.5 MPa 以下，且初撑力不足。

（2）锚杆载荷监测结果分析

根据设计的监测方案可知现场实施监测的锚杆载荷较多，鉴于本书篇幅所限，选取第一测站的数据进行整理和分析，得出锚杆（索）载荷分布规律，如图 8-29 所示。因为监测所使用的光纤光栅锚杆测力计所得数据采用应力单位（MPa），所以在载荷分析过程中以应力作为基础单位进行数据整理与分析。

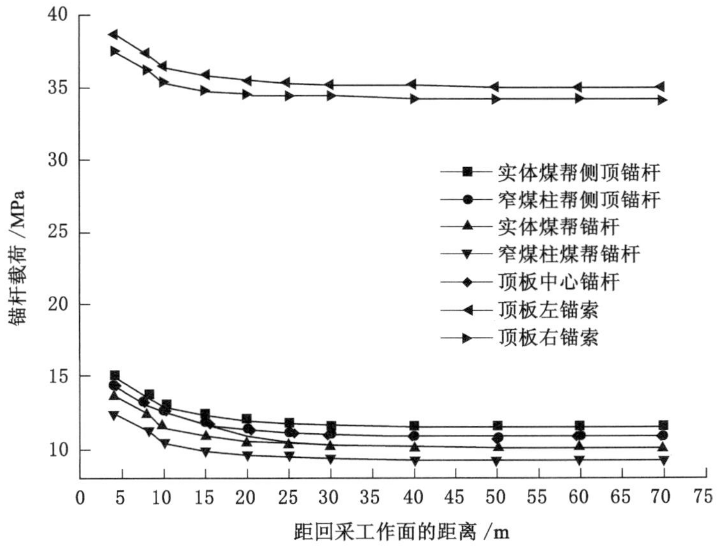

图 8-29　锚杆（索）载荷分布规律

由图可知，在工作面推进过程，锚杆载荷变化可分以下几个阶段：第一阶段，当监测断面未受采动影响时，锚杆（索）载荷趋于平稳，即距工作面 30 m 以外的范围，锚杆载荷范围为 9.6～11.2 MPa，锚索载荷的范围为 34.4～35.3 MPa；当监测断面距工作面 30 m 时，锚杆（索）载荷受到采动的影响，开始缓慢增加，即进入了第二阶段；在距工作面 4～20 m 范围内，采动影响剧烈，锚杆（索）载荷开始载荷急剧增大，至 4 m 时停止监测，各个测点载荷值也达到最大值。其中，实体煤帮两锚杆载荷最大值分别为 13.7 MPa、15 MPa，窄煤柱帮两锚杆载荷最大值分别为 12.5 MPa、14.3 MPa，顶板中心锚杆载荷最大值为 14.8 MPa，顶板两锚索的最大值分别为 37.5 MPa、38.7 MPa。

3）锚杆杆体受力监测结果分析

选取 2015 年 2 月 12 日至 5 月 15 日时间段内的监测结果进行整理分析，期间工作面一共推进了 169 m，得到第二综合测站内的光纤光栅测力锚杆监测曲线，如图 8-30 所示。由图可知，在受工作面采动影响之前，测站内的锚杆杆体受力变化较小，从 2015 年 4 月 7 日开始，此时锚杆距离工作面 45 m，锚杆杆体受力变化开始显著增加。锚杆杆体受力变化规律具有一致性，且在整个锚杆中锚杆尾部受力最小，中间部位受力最大，且中间部位的变化幅度最大；当工作面推进至测点前 9 m 左右时，锚杆杆体受力达到最大，达到 50～55 kN，推过之后，杆体受力急剧下降并失效。另外，位于采煤帮的锚杆杆体受力变化要稍高于非采煤帮的锚杆杆体受力变化。

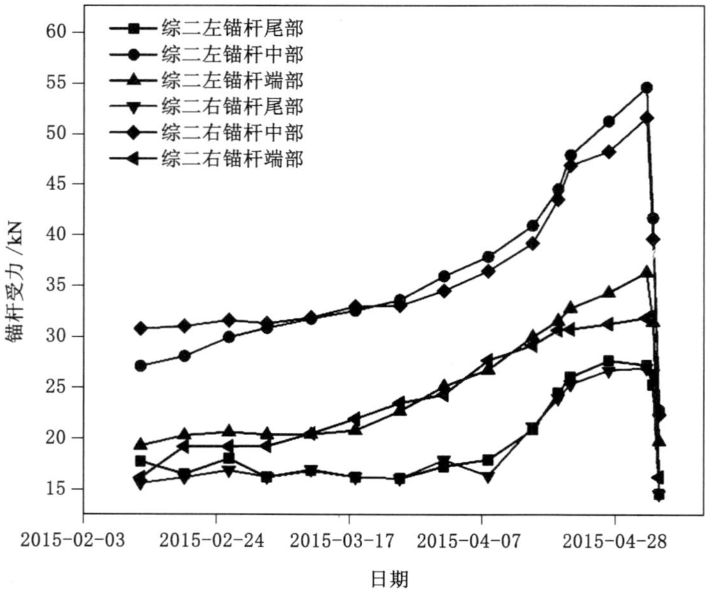

图 8-30　测站锚杆杆体受力变化曲线

4）顶板离层监测结果分析

选取 2015 年 2 月 12 日至 6 月 19 日时间段内的监测结果进行整理分析，期间工作面一共推进了 250 m，得到光纤光栅顶板离层仪监测曲线，如图 8-31 所示。由图中可知，在受工作面采动影响之前，巷道顶板离层主要表现为锚杆锚固区内围岩的离层，锚杆锚固区外离层较小；距离工作面 52 m 时，巷道顶板深基点和浅基点离层值开始显著增加，深基点位移值达到 35.3 mm，浅基点位移值为 19.8 mm，顶板离层量约 15.5 mm，说明此时离层仪开始受工作面采动影响。当工作面推到离层仪位置时顶板离层值继续增大，深基点位移为 109.2 mm，浅基点位移为 49.6 mm，顶板离层量约 59.6 mm；工作面推过后，顶板离层值进一步增加；2015 年 5 月 15 日开始顶板离层出现急剧变化，2015 年 5 月 22 日，此时工作面已推过监测位置 36 m，巷道顶板深基点位移值达到最大 128.4 mm，而浅基点位移值急剧降低为 18.7 mm，顶板离层量约 99.7 mm，说明浅基点岩层可能出现破断并回转下沉。

5）围岩应力监测结果分析

测站所在的回风巷和胶带运输巷，其钻孔应力在支承压力的作用下具有相似的应力演变规律，不同之处在于它们的应力大小。本书以胶带运输巷的两帮钻孔应力变化结果进行整理分析，回风巷监测数据作为对照。根据光纤光栅钻孔应力计的监测数据，得出巷道围岩应力分布规律（系列 1～5 分别代表孔深 20 m、3 m、15 m、10 m、6 m），如图 8-32 所示。

由图分析可知，随着工作面回采，煤体原岩应力状态被破坏，应力集中位置远离巷帮向工作面深部转移；回采过程中应力变化分为如下几个阶段：工作面距测站 55 m 以外，钻孔应力未受采动影响，为巷道开挖后应力平衡后的应力状态；在孔深 6 m 处应力较高，该位置

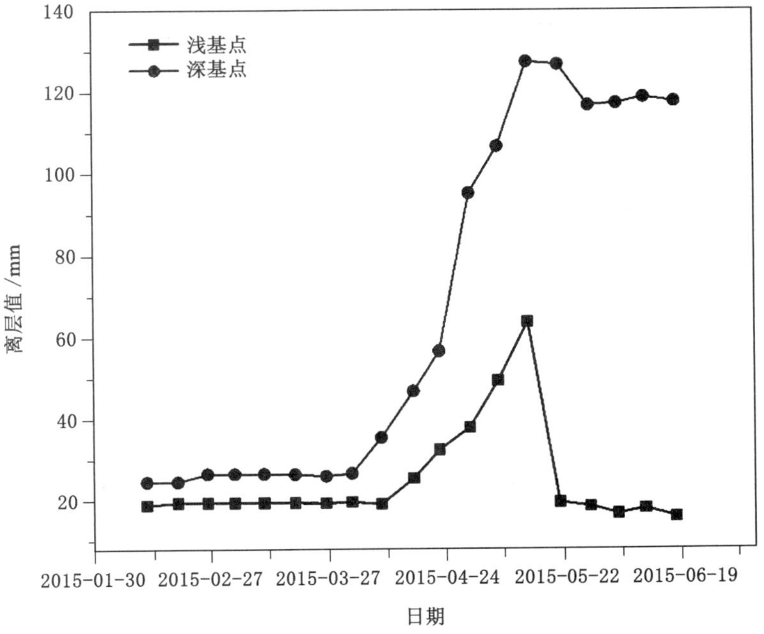

图 8-31 顶板离层变化曲线

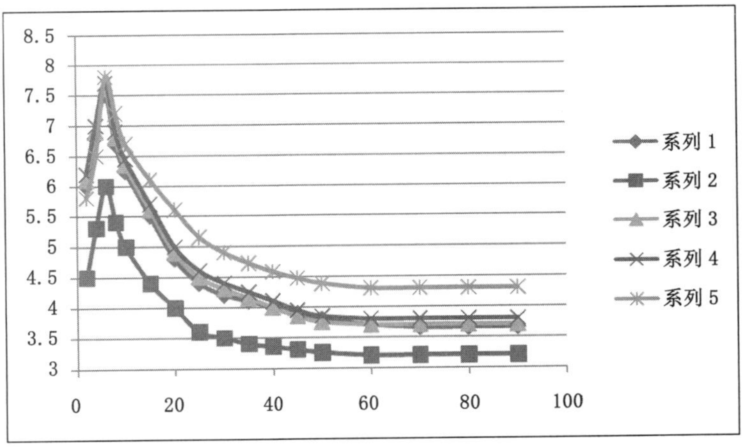

图 8-32 胶带运输巷工作面侧钻孔应力监测结果

的应力集中系数约为 1.32,3 m 深钻孔的应力状态接近原岩应力状态;随着工作面继续向前推进,测点的支承压力在超前工作面 55～25 m 范围内缓慢增加;超前工作面 25 m 以内为采动剧烈影响区,测点应力增长速率随着工作面推进明显增高,6 m 测点增长率最高,表明应力峰值点向距巷帮 6m 位置移进,说明工作面采动引起应力集中位置远离巷帮逐步向煤体深部转移,工作面塑性区发育宽度为 6 m 左右;在超前工作面 4～8 m 范围内,6 m、10 m、15 m 和 20 m 测点应力峰值接近,约为 7.8 MPa,3 m 测点应力增长缓慢,应力最低约为 6 MPa,说明巷道围岩破裂区边界距巷帮宽度小于 3 m;随后工作面继续推进,超前支承压力呈现应力降趋势。

煤柱侧钻孔应力监测结果与工作面侧监测结果相似，如图 8-33 所示。钻孔应力变化过程相同，不同之处在于该侧钻孔应力整体比工作面侧偏低 0.5～0.8 MPa，而且在工作面推进至测点位置时，监测系统监测到钻孔应力继续迅速下降，这是由于工作面直接顶跨落，巷道侧顶板成为悬臂梁，向采空区侧弯曲下沉，煤柱的应力得以释放。

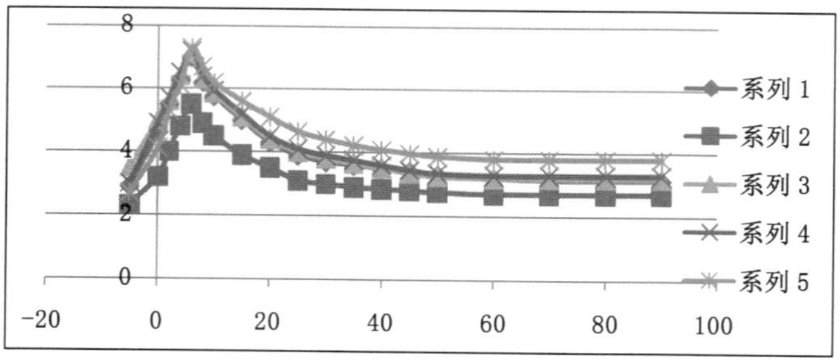

图 8-33　胶带运输巷煤柱侧钻孔应力监测结果

8.3　智能掘进工作面工程实例

8.3.1　工程概况

曹家滩煤矿位于陕西省榆林市榆阳区孟家湾乡，交通条件便利，地理位置优越。井田位于榆神矿区一期规划区西中部，矿井地质储量 27.42 亿 t，可采储量 15.11 亿 t，核定产能为 15 Mt/a。矿井采用斜井开拓、综合机械化开采。井田主采 2^{-2}煤层，2^{-2}煤层位于延安组第四段顶部，上距 1^{-2}煤层平均间距 28.93 m，下距 3^{-1}煤平均间距 35.69 m，平均埋深 286 m；煤层厚度为 8.47～12.03 m，属厚煤层；煤层一般不含夹矸，局部含 1 层夹矸，个别 2～3 层夹矸，厚度为 0.10～0.90 m，岩性主要为粉砂岩，次为泥岩及炭质泥岩，结构简单，为全区可采；煤层厚度变化较大但规律性明显，煤层结构简单，属于稳定型煤层，密度为 1.32 t/m³，普氏硬度 $f<3$；井田地层总体为走向 NE，倾向 NW，倾角不足 1°的单斜构造，无岩浆岩、陷落柱以及大的褶皱构造，但煤层沿走向或倾向方向有小型起伏，对巷道掘进施工影响不大；矿井水文地质类型为复杂型；目前，矿井正常涌水量为 580 m³/h，最大涌水量为 1 370 m³/h。

2^{-2}煤层顶板岩性主要为粉砂岩、细粒砂岩，次为中粒砂岩、泥岩、砂质泥岩；底板岩性主要为粉砂岩、次为细粒砂岩、砂质泥岩，局部中粒砂岩、砂质泥岩，顶底板岩石普氏硬度 $3<f<6$。目前，正在回采 2^{-2}煤层 122106 综采工作面，据矿井生产接续计划，122106 工作面回采结束后回采 122109 综放工作面，然后回采 122108 工作面。

目前，122108 工作面回采巷道处于掘进准备阶段。122108 主运平巷断面尺寸为 6.5 m×4.45 m，掘进断面为矩形，采用沿煤层底板方式掘进，预留 500 mm 底煤至巷道设计高度。122108 主运输位于矿井 2^{-2}煤层 12 盘区，煤层底板标高＋964～＋997 m，地面标高＋1 254～＋1 327 m。地面位于大柠条湾，野鸡河三队北部，补拉湾村三组北部。井下工作面西部是为整个矿井服务的四条大巷，东临井田边界煤柱，南部为 122110 工作面（设计），北部是正在回采的 122106 工作面，巷道掘进范围绝对瓦斯涌出量 1.17 m^3/min，相对瓦斯涌出量 0.785 m^3/t；煤尘具有爆炸性，煤层属于Ⅰ类容易自燃煤层，属于地温正常区，但由于开采煤层埋藏深度较大，故地温对矿井开采具有一定的地热危害。122108 主要运输巷道位置如图 8-34所示；顶、底板情况见表 8-9。

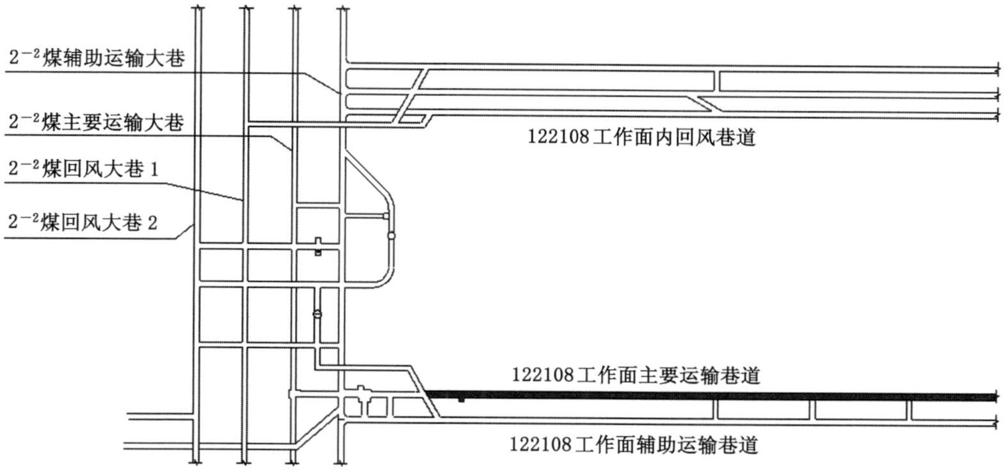

图 8-34　122108 主要运输巷道位置关系

表 8-9　煤层顶、底板情况

顶、底板	岩性	厚度/m	岩性特征
基本顶	中粒砂岩	17.52～22.68	灰白色，成分以石英为主，长石次之，分选中等，次圆状，局部钙质胶结，块状层理，见炭屑、镜煤条带
直接顶	细粒砂岩	6.42～7.61	灰色、浅灰色，波状层理，见炭屑、镜煤条带
2^{-2}煤	煤	8.47～12.03	黑色，块状，弱沥青～沥青光泽，局部油脂光泽。亮煤，暗煤为主，夹镜煤条带及透镜体。结构简单
直接底	粉砂岩	1.41～5.7	灰色，波状层理，见煤线、炭屑、植物化石，夹细粒砂岩薄层
基本底	细粒砂岩	3.4～14.3	浅灰色，灰白色，成分以石英为主、长石次之，分选较好，次圆状，局部钙质胶结，块状层理，见镜煤条带

8.3.2　大断面快速掘锚装备

采掘协调一直是煤炭生产过程中关注的重要问题。经过几十年的发展，我国煤巷掘进技术水平有了大幅度提高，主要表现为：国有重点煤矿掘进装载机械化程度达到 87.38%；掘进机的截割功率和整机性能有了大幅度提高；巷道掘进速度与功效等指标有了较大提高。

但是，高效快速掘进系统仍然存在不足：系统仅适应条件较好的矿区，系统的适应性不高；

系统配套装备的机械化、自动化、智能化总体不高，存在进一步提升的空间；单机设备的可靠性有待提高；系统没有实现掘锚平行作业。在煤矿智能化发展趋势和必然方向的基础下，探索煤矿智能快速掘进也将成为智能化煤矿发展的关键技术。

曹家滩煤矿生产能力大，工作面推进速度快，导致回采巷道年消耗量较大，依然存在采掘比例失调的问题，因此在煤矿井下进行了国内第一套大断面快速掘锚成套装备的工程试验。快速掘锚成套装备是中国铁建重工集团研制的，目前月进度在 1 200～1 500 m，为曹家滩矿采煤接续起到了推进作用。

大断面快速掘锚成套装备集煤矿巷道快速掘进、支护、运输协同连续作业功能于一身，是国内首台实现巷宽 6.5 m、巷高 4.5 m 大断面机械化施工的全新掘支运一体化成套装备。掘锚成套机组由 1 台掘锚一体机、2 台液压锚杆台车和 1 台大跨距桥式装载带式输送机组成，主机总长 35.7 m，有效转载距离 60 m。整机采用可伸缩式超宽截割装置，一键启动完成全断面截割，通过数字导向系统精确控制巷道中线，并根据巷道支护要求对锚杆钻车进行针对性设计，优化匹配大断面掘进速度与锚护同步作业工序，最后配合大跨距物料转运系统完成截割落料的连续运输，实现巷道掘进、支护、运输多工序同步施工同步完成。其单个掘进循环进尺 1 m，可一次完成 10 个顶锚杆、6 个帮锚杆和 2 个顶锚索全机械化作业，能够实现复杂地质条件下煤矿巷道大断面一次截割成型和全断面机械化支护，设计掘进速度 1 500 m/月，比传统的悬臂式掘进机施工速度提高了 3 倍以上，为我国大型煤矿巷道掘进效率的提高、掘进装备智能化的发展都提供了重要技术。大断面快速掘锚成套装备如图 8-35 所示。

图 8-35　快速掘锚成套装备

8.3.3　122108 主运输巷道顺槽锚杆支护参数设计

1）顶板锚杆支护参数

锚杆支护：顶板锚杆采用规格为 ϕ22×2 600 mm 的 BHRB335 号左旋无纵筋螺纹钢锚杆，间排距为 1 200 mm×1 000 mm，每排 6 根锚杆，最外侧锚杆距帮部 250 mm，带 15°外扎角施工，中间 4 根锚杆垂直顶板施工，锚杆孔深 2 550 mm。每根锚杆采用 1 支 MSK2380 型树脂药卷锚固，预紧力要求不小于 200 N·m，锚固力不小于 10 t。锚杆托盘选用规格为 150 mm×150 mm×10 mm 的拱形高强度托盘。

锚索支护：顶板每排布置 2 根锚索，采用规格为 ϕ17.8×6 250 mm 的钢绞线，锚索孔深 6 000 mm。锚索间排距为 2 400×3 000 mm，均垂直岩面施工。每根锚索采用 2 支 MSK2380 型树脂药卷，锚索预紧力 14 t，锚固力不小于 24 t。锚索托盘规格为 250 mm×

250 mm×20 mm 的高强度拱形可调心托板。

网片：掘锚一体机实现自动铺网，顶部网片为整体护表的塑钢网，塑钢网为内含四根细钢丝的抗撕裂高强网片，单根丝的破断强度为 4 kN，其规格为长 15 m，宽 3.2 m，网孔为方孔，规格为 50×50 mm。

2）回采帮锚杆支护参数

锚杆采用规格为 ϕ22×2 400 mm 的 GQN60 型高强抗扭玻璃钢锚杆及配套塔形托盘螺母，间排距为 1 000 mm×1 000 mm，每排 4 根锚杆，最上部锚杆距顶板 300 mm，带 15°上仰角施工，其余锚杆垂直岩面施工，锚杆孔深 2 300 mm。每根锚杆采用 1 支 MSK2380 型树脂药卷锚固，预紧力要求不小于 50 N·m，锚固力不小于 10 t。网片选用塑钢网，规格为 3 800 mm×2 100 mm，竖向铺网，帮网与顶网搭接宽度 100 mm，帮网与帮网的搭接宽度为 100 mm。帮部塑钢网内不含钢丝，网孔规格为 50×50 mm。

（3）煤柱帮锚杆支护参数

锚杆采用规格为 ϕ20×2 200 mm 的 BHRB335 号左旋无纵筋螺纹钢锚杆，间排距为 1 000 mm×1 000 mm，每排 4 根锚杆，最上部锚杆距顶板 300 mm，带 15°上仰角施工，其余锚杆垂直岩面施工，锚杆孔深 2 150 mm。每根锚杆采用 1 支 MSK2380 型树脂药卷锚固，预紧力要求不小于 120 N·m，锚固力不小于 10 t。锚杆托盘选用规格为 150 mm×150 mm×10 mm 蝶形铁托盘。钢筋网规格为 3 800 mm×1 100 mm 的电弧焊钢筋网，钢筋直径为 5 mm，网格尺寸 100 mm×100 mm，与顶网搭接宽度 100 mm，帮网与帮网搭接宽度 100 mm。

122108 主运输巷道支护断面图如图 8-36 所示。

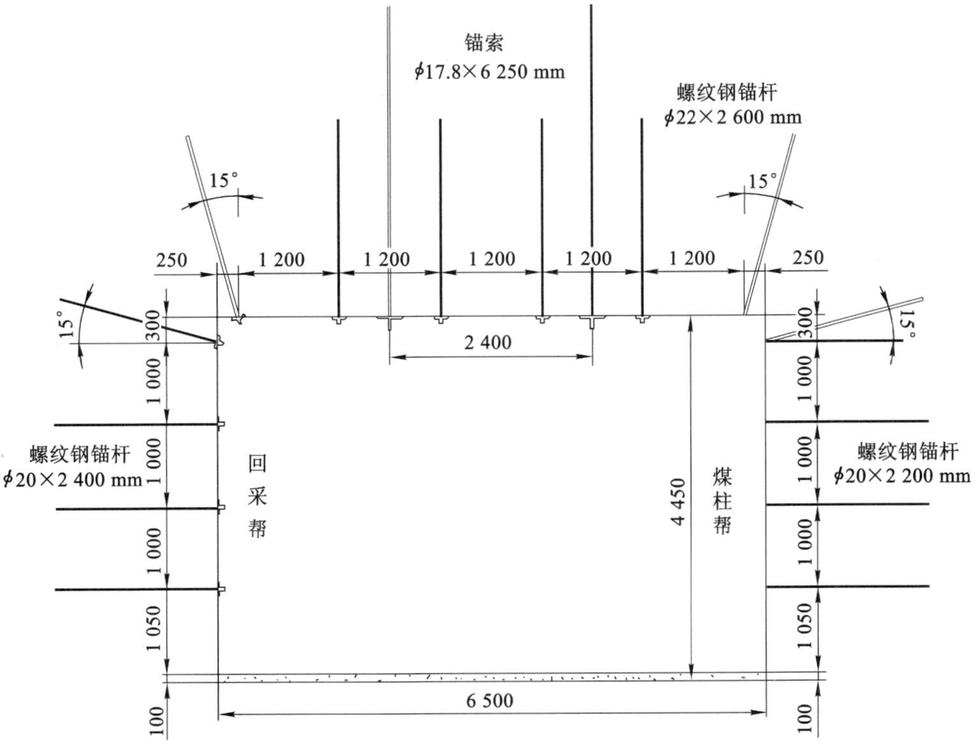

图 8-36　巷道支护断面图

参考文献

[1] 杜计平,汪理全.煤矿特殊开采方法[M].徐州:中国矿业大学出版社,2011.

[2] 樊启高,李威.综采工作面“三机”控制中设备定位及任务协调研究[J].机械工程学报,2015,51(9):152-152.

[3] 范京道,王国法,张金虎,等.黄陵智能化无人工作面开采系统集成设计与实践[J].煤炭工程,2016,48(1):84-87.

[4] 方新秋,何杰,郭敏江,等.煤矿无人工作面开采技术研究[J].科技导报,2008,26(9):56-61.

[5] 方新秋,何杰,张斌,等.无人工作面采煤机自主定位系统[J].西安科技大学学报,2008,28(2):349-353.

[6] 方新秋,宁耀圣,李爽,等.基于光纤光栅的刮板输送机直线度感知关键技术研究[J].煤炭科学技术,2019,47(1):152-158.

[7] 方新秋.薄煤层无人工作面煤与瓦斯共采技术[M].徐州:中国矿业大学出版社,2013.

[8] 葛世荣,苏忠水,李昂,等.基于地理信息系统(GIS)的采煤机定位定姿技术研究[J].煤炭学报,2015,40(11):2503-2508.

[9] 葛世荣,王忠宾,王世博.互联网+采煤机智能化关键技术研究[J].煤炭科学技术,2016,44(7):1-9.

[10] 葛世荣.智能化采煤装备的关键技术[J].煤炭科学技术,2014,42(9):7-11.

[11] 巩宪锋.光纤光栅传感器及其应用的关键技术研究[D].北京:北京科技大学,2004.

[12] 谷超.液压支架姿态智能感知系统及基于BP神经网络决策研究[D].徐州:中国矿业大学,2019.

[13] 郭科伟.液压支架电液控制系统的研究与实现[D].重庆:重庆大学,2012.

[14] 郭永兴,熊丽,孔建益,等.滑动式光纤布拉格光栅位移传感器[J].光学精密工程,2017,25(1):50-58.

[15] 胡省三,刘修源,成玉琪.采煤史上的技术革命:我国综采发展40年[J].煤炭学报,2010,35(11):1769-1771.

[16] 胡秀坤.基于光纤光栅传感器的巷道矿压在线监测系统构建及应用[D].徐州:中国矿业大学,2017.

[17] 黄曾华.可视远程干预无人化开采技术研究[J].煤炭科学技术,2016,44(10):131-135,187.

[18] 金静飞.液压支架电液控制系统测试平台关键技术研究[D].徐州:中国矿业大学,2015.

[19] 康红普,王国法,姜鹏飞,等.煤矿千米深井围岩控制及智能开采技术构想[J].煤炭学报,2018,43(7):1789-1800.

[20] 寇子明.液压支架动态特性分析与检测[M].北京:冶金工业出版社,1996.
[21] 李化敏,王伸,李东印,等.煤矿采场智能岩层控制原理及方法[J].煤炭学报,2019,44(1):127-140.
[22] 梁敏富,方新秋,柏桦林,等.温补型光纤 Bragg 光栅压力传感器在锚杆支护质量监测中的应用[J].煤炭学报,2017,42(11):2826-2833.
[23] 梁敏富,方新秋,陈宁宁,等.表贴式光纤光栅锚杆应变感知机理与应用研究[J].中国矿业大学学报,2018,47(6):1243-1251.
[24] 梁敏富.煤矿开采多参量光纤光栅智能感知理论及关键技术[D].徐州:中国矿业大学,2019.
[25] 吕鹏飞,郭军.我国煤矿数字化矿山发展现状及关键技术探讨[J].工矿自动化,2009,35(9):16-20.
[26] 马洪礼,司凯文,吕东跃.无人工作面智能化采煤机监控系统的研发[J].煤炭科学技术,2014,42(9):67-71.
[27] 马盟.基于光纤传感技术的液压支架姿态监测研究[D].徐州:中国矿业大学,2018.
[28] 苗永新,马海林,王志荣.煤矿设备动态管理信息系统设计[J].工矿自动化,2013,39(5):87-89.
[29] 宁耀圣.智能工作面刮板输送机直线度感知机理研究[D].徐州:中国矿业大学,2019.
[30] 牛剑峰.无人工作面智能本安型摄像仪研究[J].煤炭科学技术,2015,43(1):77-80,85.
[31] 牛剑峰.综采液压支架跟机自动化智能化控制系统研究[J].煤炭科学技术,2015,43(12):85-91.
[32] 邱锦波.滚筒采煤机自动化与智能化控制技术发展及应用[J].煤炭科学技术,2013,41(11):10-13.
[33] 任怀伟,王国法,李首滨,等.7 m 大采高综采智能化工作面成套装备研制[J].煤炭科学技术,2015,43(11):116-121.
[34] 司垒,王忠宾,刘新华,等.基于煤层分布预测的采煤机截割路径规划[J].中国矿业大学学报,2014,43(3):464-471.
[35] 宋振骐.安全高效智能化开采技术现状与展望[J].煤炭与化工,2014,37(1):1-4.
[36] 苏秀平.采煤机自动调高控制及其关键技术研究[D].徐州:中国矿业大学,2013.
[37] 王超.综采工作面刮板输送机直线度控制技术研究[D].徐州:中国矿业大学,2018.
[38] 王峰.综采无人工作面自动化开采技术研究与应用[J].工矿自动化,2015,41(7):5-9.
[39] 王刚,方新秋,谢小平,等.薄煤层无人工作面自动化开采技术应用[J].工矿自动化,2013,39(8):9-13.
[40] 王国彪,饶明杰.液压支架优化设计与计算机模拟分析[M].北京:机械工业出版社,1994.
[41] 王国法,范京道,徐亚军,等.煤炭智能化开采关键技术创新进展与展望[J].工矿自动化,2018,44(2):5-12.
[42] 王国法,王虹,任怀伟,等.智慧煤矿 2025 情景目标和发展路径[J].煤炭学报,2018,43(2):295-305.
[43] 王国法,张金虎.煤矿高效开采技术与装备的最新发展[J].煤矿开采,2018,23(1):1-

4,12
[44] 王国法,赵国瑞,任怀伟.智慧煤矿与智能化开采关键核心技术分析[J].煤炭学报,2019,44(1):34-41.
[45] 王国法.工作面支护与液压支架技术理论体系[J].煤炭学报,2014,39(8):1593-1601.
[46] 王国法.综采自动化智能化无人化成套技术与装备发展方向[J].煤炭科学技术,2014,42(9):30-34,39.
[47] 王虹.综采工作面智能化关键技术研究现状与发展方向[J].煤炭科学技术,2014,42(1):60-64.
[48] 王惠文.光纤传感技术与应用[M].北京:国防工业出版社,2001.
[49] 王金华,黄乐亭,李首滨,等.综采工作面智能化技术与装备的发展[J].煤炭学报,2014,39(8):1418-1423.
[50] 王世佳,王世博,张博渊,等.采煤机惯性导航定位动态零速修正技术[J].煤炭学报,2018,43(2):578-583.
[51] 吴朝霞,吴飞.光纤光栅传感原理及应用[M].北京:国防工业出版社,2011.
[52] 吴立新,汪云甲,丁恩杰,等.三论数字矿山-借力物联网保障矿山安全与智能采矿[J].煤炭学报,2012,37(3):357-365.
[53] 吴永红,屈文俊,邵长江,等.光纤光栅应变传感器光-力转换的理论方程[J].光学学报,2009,29(8):2067-2070.
[54] 吴永红,邵长江,屈文俊,等.简化的光纤光栅应变传感器光-力转换的时变方程[J].光学学报,2010,30(7):1965-1970.
[55] 邢晓鹏.基于光纤光栅钻孔应力计的巷道围岩采动应力监测系统开发与应用[D].徐州:中国矿业大学,2017.
[56] 熊和金.智能信息处理[M].北京:国防工业出版社,2012.
[57] 徐西华.液压支架姿态监测关键技术研究[D].徐州:中国矿业大学,2017.
[58] 徐亚军,王国法,任怀伟.液压支架与围岩刚度耦合理论与应用[J].煤炭学报,2015,40(11):2528-2533.
[59] 徐亚军,王国法.液压支架群组支护原理与承载特性[J].岩石力学与工程学报,2017,36(增刊):3367-3373.
[60] 于斌,徐刚,黄志增,等.特厚煤层智能化综放开采理论与关键技术架构[J].煤炭学报,2019,44(1):42-53.
[61] 袁亮.煤炭精准开采科学构想[J].煤炭学报,2017,42(1):1-7.
[62] 张斌,方新秋,邹永洺,等.基于陀螺仪和里程计的无人工作面采煤机自主定位系统[J].矿山机械,2010,38(9):10-13.
[63] 张科学.综掘工作面智能化开采技术研究[J].煤炭科学技术,2017,45(7):106-111.
[64] REID D C,HAINSWORTH D W,RALSTON J C, et al. Inertial navigation:enabling technology for longwall mining automation[R]. Calgary:Computer Application in Minerals Industries,2003.
[65] FANG X Q,ZHAO J,HU Y. Tests and error analysis of a self-positioning shearer operating at a manless working face[J]. Mining science and technology (China),2010,

20(1):53-58.

[66] HILL K O, MALO B, BILODEAU F, et al. Bragg gratings fabricated in monomode photosensitive optical fiber by UV exposure through a phase mask[J]. Applied Physics Letters, 1993, 62(10):1035-1037.

[67] LI Q, LI G, WANG G. Elasto-plastic bond mechanics of embedded fiber optic sensors in concrete under uniaxial tension with strain localization[J]. Smart material structures, 2003, 12(6):851.

[68] LIANG M F, FANG X Q, WU G, et al. Fiber Bragg grating pressure sensor with temperature compensation based on diaphragm-cantilever structure[J]. Optik, 2017, 145: 503-512.

[69] LIANG M, FANG X, NING Y. Temperature compensation fiber Bragg grating pressure sensor based on plane diaphragm[J]. Photonic sensors, 2018, 8(2):157-167.

[70] LING H Y, LAU K T, CHENG L, et al. Viability of using an embedded FBG sensor in a composite structure for dynamic strain measurement[J]. Measurement, 2006, 39(4):328-334.

[71] REID D C, HAINSWORTH D W, RALSTON J C. et at. Inertial navigation: enabling technology for longwall mining automation [R]. Calgry: Computer Application in Minerals Industries, 2003.

[72] RODRIGUES C, FÉlIX C, LAGE A, et al. Development of a long-term monitoring system based on FBG sensors applied to concrete bridges[J]. Engineering structures, 2010, 32(8):1993-2002.

[73] ZHANG W, FANG L, LIU Y. FBG pressure sensor based on the double shell cylinder with temperature compensation[J]. Measurement, 2009, 42(3):408-411.